GREEN BOOK

智 库 成 果 出 版 与 传 播 平 台

黄河生态文明绿皮书
GREEN BOOK OF YELLOW RIVER ECO-CIVILIZATION

黄河流域生态文明建设发展报告（2020）

ANNUAL REPORT ON ECO-CIVILIZATION CONSTRUCTION
OF THE YELLOW RIVER BASIN (2020)

山水林田湖草沙冰一体化保护和系统治理

主　编／安黎哲
执行主编／林　震

北京林业大学黄河流域生态保护和高质量发展研究院
国家林业和草原局黄河流域生态保护重点实验室
国家林业和草原局黄河流域生态保护和高质量发展科技协同创新中心
北京林业大学"两山理念"与可持续发展研究中心
北京林业大学生态文明研究院

社会科学文献出版社
SOCIAL SCIENCES ACADEMIC PRESS (CHINA)

图书在版编目（CIP）数据

黄河流域生态文明建设发展报告 . 2020：山水林田
湖草沙冰一体化保护和系统治理/安黎哲主编 . -- 北京：
社会科学文献出版社，2021. 12
　（黄河生态文明绿皮书）
　ISBN 978 - 7 - 5201 - 9610 - 9

Ⅰ. ①黄…　Ⅱ. ①安…　Ⅲ. ①黄河流域 - 生态环境建
设 - 研究报告 - 2020　Ⅳ. ①X321. 2

中国版本图书馆 CIP 数据核字（2021）第 278191 号

黄河生态文明绿皮书

黄河流域生态文明建设发展报告（2020）
——山水林田湖草沙冰一体化保护和系统治理

主　　编 / 安黎哲
执行主编 / 林　震

出 版 人 / 王利民
责任编辑 / 张建中
文稿编辑 / 李惠惠
责任印制 / 王京美

出　　版 / 社会科学文献出版社·政法传媒分社（010）59367156
　　　　　地址：北京市北三环中路甲 29 号院华龙大厦　邮编：100029
　　　　　网址：www. ssap. com. cn
发　　行 / 市场营销中心（010）59367081　59367083
印　　装 / 三河市东方印刷有限公司

规　　格 / 开　本：787mm × 1092mm　1/16
　　　　　印　张：24.25　字　数：362 千字
版　　次 / 2021 年 12 月第 1 版　2021 年 12 月第 1 次印刷
书　　号 / ISBN 978 - 7 - 5201 - 9610 - 9
定　　价 / 148.00 元

主要编撰者简介

安黎哲 男，1963 年 6 月生，甘肃天水人，博士，教授，毕业于兰州大学生命科学学院。现任北京林业大学校长，黄河流域生态保护和高质量发展研究院院长，生态文明建设与管理交叉学科博士生导师。兼任中国生态学学会副理事长、中国林学会副理事长、中国高等教育学会理科教育专业委员会副理事长、教育部高等学校生物科学类专业教学指导委员会副主任、《植物生态学报》和《应用生态学报》副主编等职。长期从事生物学和生态学方面的研究，先后主持国家杰出青年科学基金项目、国家自然科学基金重点项目、科技部国际合作项目、中国科学院"百人计划"项目、教育部"跨世纪优秀人才"基金、中国科学院"西部之光"人才培养计划项目、科技部"国家转基因植物研究与产业化"专项、教育部科技基础资源数据平台建设项目、国家自然科学基金委员会"中国西部环境和生态科学"重大研究计划、国家自然科学基金面上项目和甘肃省科学技术攻关项目。编写出版专著 5 部，在国内外学术刊物上发表论文 210 余篇，获得发明专利 4 项。获得教育部高等学校自然科学奖一等奖、甘肃省自然科学奖二等奖、甘肃省高等教育教学成果一等奖等奖项。

林 震 男，1972 年 6 月生，福建福清人，博士，教授，毕业于北京大学政府管理学院。现任北京林业大学生态文明研究院院长，马克思主义学院教授，生态文明建设与管理交叉学科博士生导师，北京林业大学侨联主席。兼任北京市侨联常委、北京市海淀区政协委员、中国行政管理学会常务理事、中国生态文明研究与促进会理事、中国区域科学协会生态文明研究专业委员会副主任委员、中国林学会林业史分会副主任委员、北京生态文化协会副会长等职。致力于生态文明、绿色治理、生态文化和比较政治等领域的研究。

主编的话

　　黄河是中华民族的母亲河，但也以"善淤、善决、善徙"成为国家和人民的心腹之患。"黄河宁，天下平"是人们对国泰民安的殷切向往，是对人与自然和谐共生的美好企盼。党的十八大以来，习近平总书记多次强调指出，建设生态文明是中华民族永续发展的千年大计、根本大计。2019 年 9 月 18 日，他在主持召开的黄河流域生态保护和高质量发展座谈会上指出，保护黄河是事关中华民族伟大复兴的千秋大计。黄河流域生态文明建设就是为落实这两个千年大计、为实现中华民族的千年梦想而做出的战略选择。

　　2019 年 10 月 16 日，《求是》杂志全文刊登习近平总书记在黄河流域生态保护和高质量发展座谈会上的讲话。那一天恰逢北京林业大学 67 周年校庆。学校党委高度重视，党委理论学习中心组召开集中学习扩大会对习近平总书记的重要讲话进行专题学习，并决定举全校之力成立黄河流域生态保护和高质量发展研究院。北京林业大学被誉为全国最高绿色学府，2017 年入选世界一流学科建设高校。长期以来，学校将生态文明建设作为立校之本、强校之基，正全力以赴建设扎根中国大地的世界一流林业大学，不遗余力打造国家生态文明建设的先锋队，生态优先、绿色发展的排头兵，农林高等教育创新发展的引领者。多年来，学校不断完善服务生态文明建设的人才培养体系，全面打造服务绿色发展的一流学科专业体系，扎实推进绿色发展的科技创新体系，建立健全绿色发展的社会服务体系和国际交流体系，为促进人与自然和谐共生的现代化做出一代代北林人的贡献。因此，在全国率先建立黄河流域生态保护和高质量发展研究院是北京林业大学的使命和责任。

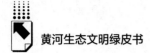

2019年10月18日，北京林业大学黄河流域生态保护和高质量发展研究院正式揭牌成立，国家林业和草原局副局长彭有冬、中国工程院院士沈国舫、校党委书记王洪元、校长安黎哲共同为研究院揭牌。2020年10月16日，研究院获批成立国家林业和草原局黄河流域生态保护重点实验室、黄河流域生态保护和高质量发展科技协同创新中心两个科技平台。

研究院在成立之初就汇聚力量，争取资源，把创设"黄河生态文明绿皮书"品牌和连续出版《黄河流域生态文明建设发展报告》作为发挥新型高校智库和国家高端智库作用、服务国家战略和区域发展的重要工作。2020年春季，在社会科学文献出版社的大力支持下，绿皮书编撰工作正式启动，全校有近百名教师和数十名博士、硕士研究生和本科生共同参与。2020年秋季《黄河流域生态文明建设发展报告（2020）》初稿编撰完成，包括生态保护和治理、高质量发展、黄河文化三个部分共30多万字。虽受疫情影响，很多研究难以开展实地调研，但本着精益求精的原则，各分报告编撰人员对相关问题多次进行深入研究探讨，对书稿进行反复修改完善。在此期间，中央制定出台了《黄河流域生态保护和高质量发展规划纲要》，明确了统筹山水林田湖草沙的治理思路；十九届五中全会把"推动黄河流域生态保护和高质量发展"纳入"十四五"规划建议；2021年全国人大审议批准的《中华人民共和国国民经济和社会发展第十四个五年规划和2035年远景目标纲要》对"扎实推进黄河流域生态保护和高质量发展"做了专门部署；2021年7月中央审议通过的《青藏高原生态环境保护和可持续发展方案》强调要坚持山水林田湖草沙冰系统治理。为此，我们决定把"黄河生态文明绿皮书"的第一部《黄河流域生态文明建设发展报告（2020）》的主题确定为"山水林田湖草沙冰一体化保护和系统治理"，后续第二部和第三部将分别聚焦"黄河文化"和"高质量发展"。

不经砥砺，难见光华。几经删改，几易其稿，凝聚着全体参编人员智慧和心血的首部"黄河生态文明绿皮书"终于刊印了。今后争取每三年为一个周期，就黄河流域生态保护、黄河文化、高质量发展等主题进行持续跟踪和系统研究，为把黄河建设成为造福人民的幸福河做出我们的努力。

序　一

黄河是中华民族的母亲河，是中华民族赖以生存和发展的宝贵资源。党的十八大以来，习近平总书记多次实地考察黄河流域生态保护和发展情况。2019 年 9 月，习近平总书记在郑州召开黄河流域生态保护和高质量发展座谈会并发表重要讲话。习近平总书记指出，黄河流域是我国重要的生态屏障和重要经济地带，是打赢脱贫攻坚战的重要区域，在我国经济社会发展和生态安全方面具有十分重要的地位。保护黄河是事关中华民族伟大复兴和永续发展的千秋大计。

北京林业大学成立于 1952 年，适逢毛泽东主席提出"要把黄河的事情办好"之际。长期以来，一代代北林人始终坚守着"誓让黄河流碧水，赤地变青山"的庄严承诺，将精彩论文写在祖国大地上，写在黄河流域的广袤土地上。建校伊始，我校关君蔚先生便提出了在黄河流域推广"草田耕作制"等尊重自然规律、维护生态平衡的思想，为黄河流域水土保持研究做出了开创性的贡献。改革开放以来，在党的领导下，北林师生始终致力于服务黄河流域生态保护和治理，在黄河上游三江源地区生态保护、中游黄土高原地区水土保持和荒漠化防治、下游黄河三角洲湿地保护等领域开展了大量科学研究和社会服务工作。累计承担各级科技项目 1000 余项，到账科研经费超过 10 亿元，获得国家级科技成果奖项 18 项，省部级科技成果奖项 39 项。黄河流域生态保护和高质量发展上升为重大国家战略之后，北京林业大学率先在全国成立黄河流域生态保护和高质量发展研究院，后又获批成立国家林业和草原局黄河流域生态保护重点实验室、黄河流域生态保护和高

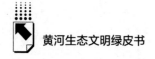

质量发展科技协同创新中心两个科技平台，扎根黄河上中下游开展重大科技攻关，并积极建言献策，全方位服务重大国家战略的实施。

坚持党的领导、服务国家战略是北林"守初心、担使命"的必然要求和具体体现，是指引科学研究前进的旗帜和号角，认识并把握黄河流域生态保护和高质量发展这一重大国家战略契机，就要求我们在认识上有"大提升"，行动上有"大作为"。

习近平总书记指出，共同抓好大保护，协同推进大治理，加强生态保护，保障黄河长治久安，让黄河成为造福人民的幸福河。我们要充分认识黄河流域生态保护和高质量发展这一重大国家战略的意义。作为中国最高绿色学府，北京林业大学绝大多数学科专业跟黄河流域生态保护和高质量发展有密切关系，我们充分认识到学校在服务重大国家战略、融入国家治理体系中的重要作用和可为之处。学校要始终坚持以习近平新时代中国特色社会主义思想为指导，贯彻落实习近平生态文明思想，发挥智力优势、人才优势，围绕服务黄河流域生态、经济、文化、社会等方面贡献力量。

学校第十一次党员代表大会提出，全面贯彻党的教育方针，开启北林崛起新征程，为建成扎根中国大地的世界一流林业大学而努力奋斗。守住"绿色"初心，担起"美丽"使命，实现"强校"目标，要主动融入、主动对接、主动服务黄河流域生态保护和高质量发展重大国家战略。此次由北京林业大学黄河流域生态保护和高质量发展研究院牵头编撰的"黄河生态文明绿皮书"，是学校紧抓这个难得的历史机遇，协同各方力量，全面推进黄河流域生态保护和高质量发展，摸清黄河流域本底状况所作的重要探索。绿皮书阐释了黄河流域生态保护和高质量发展总体情况，彰显了学校以更高站位、更实举措，肩负起黄河流域生态保护和高质量发展的重大责任的使命担当；展示了学校深度参与重大国家战略，为党和国家培养更多黄河流域生态保护和高质量发展的未来领军人才的信心和决心。

推动重大国家战略实施需要全社会的共同努力，在国家相关部门的指导支持下，在各位专家学者的共同努力下，在更多青年学子的积极参与下，在新时代新征程中，北京林业大学也将继续在黄河流域生态保护、高质量发展和黄河文化等方面，拿出更多高质量、有影响力的学术成果和政策建议，不断为美丽黄河、美丽中国建设贡献"北林人才、北林智慧、北林方案"。

王洪元

北京林业大学党委书记

序　二

党的十八大以来，以习近平同志为核心的党中央把生态文明建设摆在全局工作的突出位置，其中黄河流域的治理、保护和发展是总书记长期牵挂在心的重要问题。2019年，习近平总书记主持召开黄河流域生态保护和高质量发展座谈会并发表重要讲话，对推动黄河流域生态保护和高质量发展作出重要部署，他强调"保护黄河是事关中华民族伟大复兴和永续发展的千秋大计"，明确提出了黄河流域生态保护和高质量发展的目标任务并将其上升为重大国家战略。这一重大国家战略的提出，为新时代黄河流域生态保护和高质量发展指明了方向，开启了黄河治理的新篇章。

"黄河宁，天下平"，这既是说黄河治理从古至今都是兴国安邦利民的一件大事，也说明黄河治理面临的困难之大、挑战之多。从洪水风险看，黄河下游防洪短板突出，"地上悬河"风险严重威胁黄河流域居民生命财产安全；从生态环境看，黄河流域水质污染依然严重，劣Ⅴ类水占比远高于全国平均水平；从水资源保障形势看，供需矛盾尖锐，人均占有量不足全国平均水平的1/3；从发展质量看，发展不平衡不充分问题突出，流域内各地区人均生产总值差距显著。这些问题既有历史自然因素导致的先天不足，也有后天人为造成的难题顽疾。要解决这些难题，推动黄河流域生态保护和高质量发展，就需要加强统筹协调，综合各方力量，因地制宜、分类施策，把黄河改造成造福人民的幸福河。

在做好黄河流域高质量发展大文章的过程中，科研工作者有义不容辞的责任。2019年，北京林业大学发挥自身优势，成立国内首个以服务黄河保护和治理为主要目标的新型高端智库机构——黄河流域生态保护和高质量发展研究院。同年12月，北京林业大学发展战略咨询委员会成立大会暨第一次咨询会议召开，与会的九名中国工程院院士、两名中国科学院院士就黄河流域生态问题和发展问题提出六个方面的立项建议，为推动黄河流域生态保护和高质量发展奠定了坚实的基础。经过一年多的努力，黄河流域生态保护和高质量发展研究院编撰完成国内首部系统研究黄河生态文明的绿皮书——《黄河流域生态文明建设发展报告（2020）》，全面梳理了黄河流域生态保护和高质量发展的现实基础和最新进展。

我们常说黄河"九曲十八弯"，研究黄河首先要科学认识黄河，尤其要认识到黄河的复杂性。从水资源角度和自然角度看，黄河横跨四个地貌单元、三级地形阶梯，流经九个省区，上、中、下游各有不同。从经济视角和文化视角来看，黄河既孕育了古代文明，也滋养着以京津冀为代表的现代文明，既哺育了农耕文明，也繁荣了草原文明。这种复杂性注定了研究黄河不能用一个学科、一个视角、一种思维，否则会陷入"一叶障目，不见泰山"的困境。因此，《黄河流域生态文明建设发展报告（2020）》汇聚不同专业的90余名教师共同编撰，内容涵盖生态保护治理、高质量发展和黄河文化三大板块，涉及数十个领域，以扎实的内容和多元的视野为黄河流域更严格、更科学的生态保护和更高质量、更可持续的发展提供借鉴参考和智力支撑。

大河奔流，岁月悠悠。相比于奔流不息的万里黄河，黄河流域生态保护和高质量发展研究院才刚刚起步，看到研究院取得的成绩，我深感欣慰，对研究院的未来充满信心。我相信《黄河流域生态文明建设发展报告（2020）》的出版发行，对社会各界了解和认识黄河流域的治理开发，对建设生态文明具有重要意义，并将吸引更多有志于美丽中国建设的学者加入我们的队伍，为促进学科发展做出贡献，为宏观决策提供科学依据，为服务国家重大战略贡献更大力量。

沈国舫

中国工程院院士、原副院长

北京林业大学原校长

序 三

黄河是中华民族的母亲河，哺育了灿烂的中华文明。保护黄河，就是保护中华民族的根和魂。加强黄河生态保护，实现高质量发展，促进黄河长治久安是中华民族的夙愿，也是建设美丽中国的根基。

党的十八大以来，习近平总书记多次实地考察黄河流域生态保护和发展情况并做出指示和要求。2019 年 9 月 18 日，习近平总书记在郑州主持召开黄河流域生态保护和高质量发展座谈会并发表重要讲话，黄河流域生态保护和高质量发展上升为重大国家战略。习近平总书记指出，新中国成立以来，在党中央坚强领导下，沿黄军民和黄河建设者开展了大规模的黄河治理保护和经济社会发展工作，取得了举世瞩目的成就。

治理黄河，重在保护，要在治理。在肯定治理成效的同时，我们也要看到黄河流域生态系统和经济发展依旧面临着诸多威胁和挑战。从黄河流域生态问题来看，上游局部地区生态系统退化、水源涵养功能减弱，中游地区水土流失严重、支流污染问题突出，下游地区生态流量偏低、河口湿地萎缩；从黄河流域经济发展来看，上中游七省区发展不充分，同东部地区及长江流域相比存在明显差距，具体表现在传统产业转型升级步伐滞后、内生动力不足、对外开放程度低等方面。

习近平总书记强调，黄河流域必须下大气力进行大保护、大治理，走生态保护和高质量发展的路子。这就要求我们要坚持生态优先、绿色发展，以水而定、量水而行，因地制宜、分类施策，统筹谋划，共同抓好大保护、协同推进大治理。其中很关键的一环就是要摸清本底状况，黄河流域的生态环境和经济社会发展基础和条件复杂多样，资源禀赋差异巨大，如果搞不清楚本底状况，系统治理就不可能实现。

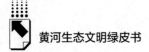

北京林业大学在推动黄河流域生态文明建设方面具有强大的学科优势和历史传统，培养了中国水土保持事业奠基者关君蔚院士、"三倍体毛白杨"之父朱之悌院士、"当代吕梁英雄"王斌瑞等一大批知名专家学者，学校科研团队提出的"适地适树""径流林业"等科学概念及技术方法，被黄河流域沿线省区广泛推广应用。老一辈科学工作者把精彩论文写在祖国大地上的精神在今天青年一代学者身上得到传承。这次参加编写《黄河流域生态文明建设发展报告(2020)》的上百名中青年专家学者都是相关领域的佼佼者，他们原来分散在各个学科，现在由于黄河流域生态文明建设的研究走在一起，他们的观点和实践探索值得肯定，必将为黄河流域生态保护和高质量发展提供科学参考和智力支持。

黄河流域生态保护和高质量发展是一个复杂的系统工程，有很多学术前沿问题需要深入探究，有很多重大科技难题需要逐一攻克。服务党和国家事业发展是大学科研工作的重要使命，坚持面向黄河流域生态保护科技前沿、面向黄河流域经济社会发展主战场、面向黄河流域人民生命健康，重点围绕黄河生态系统保护、黄河流域森林资源保育等领域开展科研攻关和社会服务是全体生态科技工作者的责任。

北京林业大学黄河流域生态保护和高质量发展研究院聚焦黄河流域生态文明建设面临的问题、机遇、挑战，探讨新理论、新方法、关键技术、解决方案以及体制机制创新等，取得了阶段性的成绩。他们发挥新型高校智库的作用，创新"黄河生态文明绿皮书"品牌，计划连续出版《黄河流域生态文明建设发展报告》，这是可喜可贺的事情！希望黄河研究团队能以此为契机，团结国内外学术同人，加强跨学科的合作研究和协同创新，不断推深和拓宽黄河流域生态文明研究，同时也促进生态文明交叉学科的发展和复合人才的培养，助力黄河流域的科学治理和全方位发展，为实现新时代建设美丽中国的宏伟蓝图做出更大贡献。

尹伟伦

中国工程院院士

北京林业大学原校长

摘　要

　　黄河是中华民族的母亲河，但也因生态脆弱、水患频繁影响国家和人民的安全和发展。保护黄河是事关中华民族伟大复兴的千秋大计，建设生态文明是中华民族永续发展的千年大计。黄河流域生态保护和高质量发展在2019年秋天成为重大国家战略。北京林业大学在全国率先成立黄河流域生态保护和高质量发展研究院（以下简称"研究院"），随后成为国家林业和草原局黄河流域生态保护和高质量发展科技协同创新中心。为了更好地服务国家战略和区域发展，发挥新型高校智库和国家高端智库的作用，研究院创新"黄河生态文明绿皮书"品牌，整合学校多学科和交叉学科优势，联合国内外专家学者开展协同创新研究，出版年度《黄河流域生态文明建设发展报告》，为加强黄河流域生态保护以根治黄河水患、促进高质量发展以实现共同富裕、讲好"黄河故事"以增强文化自信提供智力支持和理论支撑。

　　黄河流域生态保护和高质量发展是一个复杂的系统工程。习近平总书记指出，黄河流域存在的问题，表象在黄河，根子在流域；治理黄河，重在保护，要在治理；需要更加注重保护和治理的系统性、整体性、协同性，坚持山水林田湖草沙冰综合治理、系统治理、源头治理。《黄河流域生态文明建设发展报告（2020）》是"黄河生态文明绿皮书"的第一本，以"山水林田湖草沙冰一体化保护和系统治理"为主题，包括1个总报告和15个分报告。总报告首先从生态和文明两个维度阐述了黄河流域生态系统多样一体、文化体系多元统一的特征，进而梳理了数千年中华文明史中人与黄河、人与自然的辩证关系，然后系统阐明了新时代在习近平生态文明思想指导下统筹黄河

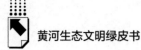

流域山水林田湖草沙冰一体化保护和系统治理的意义和内涵，全面分析了黄河流域生态保护和治理的现状和存在的问题，最后从加强顶层设计、制度保障和基础研究等方面提出了政策建议。15 个分报告包含三个方面的主题，一是对黄河流域生态系统和自然资源的现状和利用情况的分析，包括林业、草原和草业、湿地、冰川冻土、水资源和水利设施、生物质能源等；二是对黄河流域生态环境开展综合治理、系统治理、源头治理进展情况的分析，包括自然保护地建设、水土保持、沙化土地治理、矿山生态修复、水污染和大气污染防治、城市绿色空间建设和农村人居环境整治；三是对黄河流域生态文明建设的支持和保障系统的分析，包括"绿色智慧黄河"信息化建设和以黄河保护法为统领的法治建设。这些分报告从整个流域的视角对各个具体领域做了深度分析，并面向"十四五"提出加强黄河流域保护和治理的政策建议。

关键词： 生态文明建设　生态保护　高质量发展　黄河流域

目 录 ◤▶▨▨▨

| 总报告

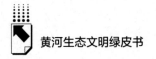
Ⅱ 分报告

皮书数据库阅读**使用指南**

总 报 告

General Report

G.1

统筹黄河流域山水林田湖草沙冰
一体化保护和系统治理

林 震 贾黎明 李成茂 吴明红*

摘 要： 黄河是中国的第二大河，跨越三级阶梯，形成多样一体的生态系统；黄河是中华民族的母亲河，哺育了亿万华夏儿女，形成了多元统一的文化体系。在数千年的黄河水患治理中有成功的经验，也有失败的教训，贯穿其中的是人与水、人与自然的关系。新中国成立以来，中国共产党领导人民综合治理黄河，取得了岁岁安澜的成就。如今黄河流域生态保护和高质量发展成为重大国家战略，要统筹山水林田湖草沙冰一体化保护和系统治理，让黄河成为造福人民的幸福河。

* 林震，博士，北京林业大学生态文明研究院院长，马克思主义学院教授、博士生导师，研究方向为生态文明建设与管理；贾黎明，博士，北京林业大学林学院教授、博士生导师，研究方向为森林培育；李成茂，博士，北京林业大学马克思主义学院党委副书记、副院长、副教授，研究方向为生态文明建设与管理；吴明红，博士，北京林业大学马克思主义学院院长助理、副教授，研究方向为生态文明建设与管理。

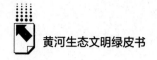
关键词： 生态文明 系统治理 黄河流域 黄河文明

一 黄河流域生态和文明的多元一体

（一）黄河流域生态系统的多样一体

黄河是一条生态的河。"黄河之水天上来，奔流到海不复回。"黄河是天造地化的产物，是大自然鬼斧神工的杰作。相比于地球的年龄来说，黄河算是一条年轻的大河。发生于1亿年前的中生代燕山运动基本奠定了中国大陆的地貌轮廓，新生代第三纪的喜山运动造就了世界上最年轻的高原——青藏高原，形成了一系列东西走向的高大山脉，也形塑了中国自西向东三级阶梯的地形格局。大约150万～170万年以前，黄河正是在这样的地质条件下开始形成和发展。一般认为，黄河先后经历过最初华北—塔里木古陆块上的若干独立的内陆湖盆水系的孕育期，中更新世（距今115万～10万年）各湖盆水系逐渐贯通的成长期，最后在距今10万～1万年的晚更新世时期形成一统的海洋水系。

今天我们看到的黄河源区位于青海省果洛藏族自治州玛多县多石峡以上的盆地地区，属于汇聚雪山和冰川融水的高寒湿地。历史上经常把巴颜喀拉山北麓约古宗列盆地的星宿海（在玉树藏族自治州曲麻莱县境内）作为黄河源头，后来勘测发现其上还有约古宗列曲、卡日曲、扎曲等众多溪流，1985年黄河水利委员会根据历史文化传统，确定约古宗列曲源头的玛曲曲果为黄河正源，并树立了河源标志。约古宗列曲与卡日曲汇合成黄河源头最初的河道玛曲（藏语意为孔雀河），然后注入星宿海。黄河由星宿海向东，形成扎陵湖（藏语意为白色长湖）和鄂陵湖（藏语意为蓝色长湖）两个黄河源头最大的高原淡水湖泊，之后向东偏南流去，干流至此始称黄河，此后往返于若尔盖地区，形成九曲黄河第一湾和世界上面积最大的高寒泥炭沼泽——若尔盖泥炭沼泽。黄河经甘肃省甘南藏族自治州玛曲县重新进入青海境内，在贵德以下至甘青交界为黄河谷地，黄河在这里流出第一级阶梯，进入黄土高原。

"天下黄河贵德清。"黄河再次进入甘肃之前还是清澈碧绿的。黄河水开始变得浑浊是由于洮河的汇入。洮河是黄河上游第一大一级支流，是黄河流域水量仅次于渭河的河流，发源于青海省河南蒙古族自治县境内的西倾山东麓勒尔当。洮河在上中游水多沙少，从甘肃定西市临洮县的海奠峡开始为下游，属于陇西黄土高原的临洮盆地，这里是重要的灌溉区，植被破坏和水土流失比较严重，河水较为浑浊。洮河在刘家峡水库汇入黄河，一清一浊，"泾渭分明"，交融却不渗透，再加上河中石山，形成"二龙戏珠"的自然奇观。在刘家峡水库下方不远处，黄河上游含沙量最大的支流——湟水在永靖县达家川注入黄河，滚滚黄水直奔兰州穿城而过。

黄土高原赋予黄河土地的色彩。黄河由甘肃景泰进入宁夏的沙坡头，流经腾格里沙漠南缘，穿行于阿拉善高原和鄂尔多斯高原之间。黄河在宁夏境内一路向北到内蒙古巴彦淖尔折而向东，其间冲击出富饶和广阔的河套平原，包括贺兰山以东的西套平原（也称银川平原或宁夏平原），内蒙古狼山、大青山以南的后套平原（又称巴彦淖尔平原）及包头、呼和浩特和喇嘛湾之间的前套平原（又称土默川平原，即敕勒川），后套平原和前套平原合称东套平原。从石嘴山出宁夏，穿过乌兰布和沙漠和库布齐沙漠。黄河从宁夏到内蒙古托克托县形成"几"字形大拐弯，先后流经宁夏河东沙地、乌兰布和沙漠、库布齐沙漠，流程大约 1000 公里。"几"字弯向南包裹的是鄂尔多斯高原，库布齐沙漠位于高原北缘，毛乌素沙漠绵延于高原南部。高原内散落着众多盐碱湖泊，雨水径流汇入湖中，成为黄河流域内的一片内流区。

黄河干流河道根据流域形成发育的地理、地质条件及水文情况，分为上、中、下游三个部分。上游从河源至内蒙古托克托县的河口镇，河长3471.6 公里，流域面积42.8 万平方公里，占全流域面积的 53.8%。从河口镇至河南郑州市的桃花峪为中游，河长 1206.4 公里，流域面积34.4 万平方公里，占全流域面积的 43.3%。黄河中游主要穿行于晋陕峡谷，由于黄土

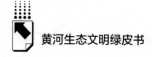
高原土质疏松,植被稀疏,加上支流水系发达,平均每年向干流输送泥沙曾多达 9 亿吨,占全河年输沙量的一半以上,是黄河流域泥沙来源最多的地区。

黄河在陕西省渭南市潼关县接纳了全流域最大的支流——渭河。渭河发源于甘肃省定西市渭源县鸟鼠山,流经黄土丘陵沟壑区和关中平原区,是向黄河输送水、沙最多的支流。泾河是渭河的第一大支流,两河在陕西西安高陵区交汇,汇流后河道内出现一段清浊自分的二水并流景象,形成举世闻名的"泾渭分明"的自然景观。实际上,泾河在非汛期的含沙量小于渭河,是"泾清渭浊";而在汛期的含沙量大于渭河,表现为"渭清泾浊"。

黄河从河口镇自北向南奔腾而下,因遇秦岭的华山阻挡,在山西运城风陵渡拐了个直角,折向东流,从郑州荥阳市的桃花峪流出第二级阶梯,此后直到入海口是下游。历史上黄河下游多次泛滥、改道,由此形成了巨大的黄河冲积扇,北到海河,南达淮河,构成黄淮海平原(即华北平原)的主体部分。黄河下游河道从花园口开始为地上悬河,支流很少。受人工堤坝的约束,黄河在兰考县的东坝头拐了最后一道弯,转向东北直到渤海。黄河下游河长 785.6 公里,流域面积 2.3 万平方公里,仅占全流域面积的 3%,河道总面积 4240 平方公里,河床普遍高出背河地面 4~6 米,部分河段甚至高出10 米以上,成为淮河、海河水系的分水岭。今天黄河的入海口在山东省东营市垦利区,以往正常年份,黄河每年携沙造陆 3 万亩左右,成为中国唯一能"生长土地"的地方。近年来,由于黄河输沙量的减少,黄河口出现了海水倒灌等问题。

总体来看,整个黄河流域位于我国北方中纬度地区,介于北纬 32°10′~41°50′,东经 95°53′~119°05′,西起巴颜喀拉山,东到渤海,北抵阴山,南达秦岭,东西长约 1900 公里,南北宽约 1100 公里,流域面积为 75.2 万平方公里,若包括鄂尔多斯内流区面积,则为 79.4 万平方公里。黄河干流自河源到入海口全长 5464 公里,为中国第二大河,河道多弯曲,素有"九曲黄河"之称。黄河支流众多,流域面积大于 100 平方公里的一级支流共 220条,其中面积大于 1000 平方公里的有 76 条,大于 1 万平方公里的有 11 条,这 11 条支流的流域面积达 37 万平方公里，占全河集流面积的 50%，较大支流构成黄河流域面积的主体。黄河流域内地势西高东低，自西而东、由高及低跨越三级地形阶梯，包括青藏高原、内蒙古高原、黄土高原、太行山山区和华北平原等地貌单元，流域内气候类型多样、差异显著，包含暖温带、中温带和高原气候区，以及干旱、半干旱和半湿润气候，气温季节差别大，降水季节分布不均，夏季多雨炎热、冬季寒冷干燥。黄河的河段长度和流域面积，因泥沙淤积、河口延伸处于不断变化之中。

黄河流域是我国重要的生态功能区，也是实现国家粮食安全的重点区域。黄河流域水资源总量占全国水资源总量的 2.6%，在全国七大江河中居第 4 位。人均水资源量 905 立方米，亩均水资源量 381 立方米，分别是全国人均、亩均水资源量的 1/3 和 1/5，在全国七大江河中分别占第 4 位和第 5 位。黄河承担了全国 12% 的人口和 17% 的耕地，以及 50 多座大中城市的供水任务。黄河流经的大部分生态功能区是国家主体功能区中的生态脆弱区，这些区域对于黄河流域的生态保护乃至全国的生态安全有着不可替代的重要作用。

（二）黄河流域文化体系的多元统一

黄河是一条文明的河。黄河被誉为"中华民族的母亲河"，千万年来滋养了无数华夏儿女，孕育了丰富多彩的黄河文化，见证了中华文明的起源与发展。

水是生命之源，生产之要，生态之基。古人云："水者何也？万物之本原也，诸生之宗室也"（《管子·水地》）。亦云："圣人之处国者，必于不倾之地，而择地形之肥饶者。乡山，左右经水若泽"（《管子·度地》）。河流可以带来源源不断的淡水，满足人类生产生活的需要，促进文明的发展。世界上一些著名的古代文明大都位于大江大河流域，例如尼罗河文明、恒河文明、两河文明等。在我国的黄河流域和长江流域诞生了光辉灿烂且延续至今的中华文明。习近平总书记指出："黄河文化是中华文明的重要组成部分，是中华民族的根和魂。"[1] 根据上古神话传说，被称为中华民族的"人

---

[1] 《习近平在黄河流域生态保护和高质量发展座谈会上的讲话》，《求是》2019 年第 20 期。

文始祖""三皇之首"的伏羲出生于渭河上游黄土高原中的雷泽（在今甘肃天水秦安境内），早期活动于葫芦河、清水河一带，后来沿渭河和黄河东迁，一直到达今天的河南、山东等地。他观天文、察地理，参"日月星辰"，悟"阴阳变化"，望"天水一色"，得"河图洛书"，从而"一画开天"，创造先天八卦和龙图腾，开启中华文化之源。他和女娲繁衍后代，教民文字音乐、结网捕猎、驯养家畜，确立婚姻姓氏和社会管理制度，使中国从蛮荒进入文明时代。他们的子孙炎帝、黄帝等部落不断向黄河下游拓展生存空间，在竞争与合作中逐渐融合形成华夏民族的主体。当然，整个黄河流域是广袤辽阔的，生活于其中的民族也是多元并存的，今天汉族人口占多数，还聚居着其他8个主要的少数民族——藏族、回族、蒙古族、东乡族、土族、撒拉族、保安族和满族，少数民族人口约占流域人口的10%。历史上在这个区域兴盛过的民族还有匈奴族、鲜卑族、羯族、氐族、羌族等，后来大都融入中华民族的大家庭。

神话传说并非空穴来风，它往往是一个民族的记忆和渊源。三皇五帝可能不是某一个具象的人物，却是中华民族文明进程的历史缩影。现代考古发现，黄河上、中、下游分布着广泛的史前文化遗址，具代表性的有大地湾文化、仰韶文化、马家窑文化、齐家文化、龙山文化、二里头文化、大汶口文化等。其中仰韶文化指的是大约公元前5000年至公元前3000年（距今5000年前）存在于黄河中游地区一种重要的新石器时代彩陶文化。龙山文化泛指公元前2500年至公元前2000年（距今4000年前）黄河中下游地区新石器时代晚期铜石并用的文化遗存。一般认为，华夏族（汉族前身）是在仰韶文化和龙山文化的基础上孕育的。作为仰韶文化的重要来源之一，在甘肃天水地区发现的距今8000年至4800年的大地湾文化（也称老官台文化）则是华夏族先民在黄河流域创造的更为古老的文化遗迹。中华文明探源工程研究结果表明，距今5800年前后，黄河、长江中下游以及西辽河等区域就出现了文明起源迹象。距今5300年前后，中华大地各地区陆续进入文明阶段。距今3800年前后，中原地区形成了更为成熟的文明形态，并向四方辐射文化影响力，成为中华文明总进程的核心与引领者。从那时起一直到宋朝，黄河流域有 3000 多年都是全国政治、经济、文化中心。

历经数千年的风风雨雨，如今的黄河文化已经成为多元纷呈、和谐相容的整体。黄河干流自西向东流经我国青海省、四川省、甘肃省、宁夏回族自治区、内蒙古自治区、山西省、陕西省、河南省、山东省 9 个省区，包括 44 个市（州、盟），141 个县（市、区、旗），其中少数民族自治区 2 个，自治州 8 个，自治县 6 个，黄河流域涉及的市县更多一些。从地域上看，黄河文化的类型主要有上游地区的河湟文化、藏羌文化、河套文化，中游地区的关中文化、河洛文化、三晋文化，下游地区的齐鲁文化等；从性质上分，有古色的传统文化、红色的革命文化、绿色的生态文化、蓝色的河海文化等。这些文化需要我们更好地去认知、挖掘、传承和创新，要讲好"黄河故事"，增强文化自信，为中华民族的伟大复兴奠定坚实的文化根基。

二　千年黄河治理中人与自然的辩证关系

水是生命的根脉，也是国家的命脉。水可载舟，亦可覆舟，水给人类带来好处，也带来危害，季风气候带来的暴雨山洪常常使黄河流域的先民陷于危险境地。中华民族临水而居，得水而兴，用自己的智慧和勇气做到了治水而安，因此古人得出"治国必先治水"的道理。

（一）湮堵还是疏导

"黄河宁，天下平。"自古以来，中华民族始终在同黄河水旱灾害作斗争。传说中女娲抟黄土做人，炼五彩石补天，实则是以自然之道安民于天地之间，救民于水火之中，这是中华民族最早的治水记忆。而后世流传的大禹治水的故事则更鲜明地展示出我们的祖先以水为师、疏川导滞、尊重自然规律的治水理念。大禹的父亲鲧在尧舜时期负责治水，他采取湮堵的办法，建堤筑城，防水保民，但没能解决黄河泥沙淤积、河床抬高等问题，被舜帝杀于羽山。大禹临危受命，带人查勘地势，改堵为疏，"导河积石，至于龙门"，引导黄河东出孟津后从大伾山折向北流，在今天津一带注入渤海。这就是所谓的禹河故道，在其后相当长一段时间内都是比较稳定的。大禹带领民众兢兢业业治河，三过家门而不入，最终取得胜利，由此形成以公而忘私、民族至上、民为邦本、科学创新等为内涵的大禹治水精神，成为中华民族精神的源头和象征。

但随着人口的增长和生产力的提高，人们因为开垦、建造、燃料甚至战争而砍伐森林、破坏草地，人类活动对大自然造成的压力越来越大，使本就脆弱的黄土高原不堪重负，水土流失越来越严重，黄河也逐渐成为全世界含沙量最大的河流，以"善淤、善决、善徙"著称，造成"三年两决口、百年一改道"的天灾人祸。据统计，从周定王五年（公元前602年）到新中国成立前的2500多年间，黄河下游共决溢1500多次，改道26次，其中重大改道5次，影响北达天津、侵袭海河水系，南抵江淮、侵袭淮河水系，纵横达25万平方公里，水患所至，"城郭坏沮，稸积漂流，百姓木栖，千里无庐"。黄河由此也成了中华民族的心腹之患。

历代有为君王和有识之士为了治河可谓殚精竭虑、鞠躬尽瘁。汉武帝元封二年（公元前109年），亲眼看到黄河瓠子决口23年的惨状后，汉武帝亲率十余万军民堵口成功，亲历这一过程的司马迁为此写下《史记·河渠书》，系统梳理自上古迄秦汉的水利发展简史，感慨"甚哉，水之为利害也"。《史记·河渠书》成为我国第一部水利通史。汉成帝绥和二年（公元前7年），针对黄河泥沙淤积、河床抬高等问题，贾让应诏提出治河三策。他的上策是让黄河改道北流，设置滞洪区，迁出人口使不与水争地，则"河定民安，千年无患"；中策是开渠建闸，引黄灌溉，分流洪水，这样"民田适治，河堤亦成"，两全其美，可以保证"富国安民，兴利除害，支数百岁"；下策是继续加固堤防，维持河道现状，但这样只会"劳费无已，数逢其害，后患无穷"。贾让的治河策略被誉为"我国治理黄河史上第一个除害兴利的规划"，对后世产生了积极影响。

（二）分流杀势还是束水攻沙

随着西汉的衰微，黄河水患并未得到有效治理。立志改革的王莽新朝却无心治河，反而因黄河多次决口改道助长民变，终被推翻。直到东汉明帝永平十二年（公元69年），整修汴渠有功的王景与助手王吴受命率数十万民工治理黄河，他摒弃任水自流的想法，也反对盲目恢复禹河故道，而是相度地势，开凿山阜，裁弯取直，疏决壅积，修筑了自荥阳东至千乘海口千余里的黄河堤防；同时，"十里立一水门，令更相洄注"，使"河汴分流"、水沙分开，不再有溃漏之患，取得了防洪、航运和稳定河道的巨大效益。"王景治河，千年无恙。"在此后的近千年当中，黄河未发生过大的溃决和改道。也有人认为，这跟东汉至宋期间游牧民族重新主导黄土高原北部带来的田退草进、耕地回归草原有关。

宋金对峙时期，黄河被人为决口，向南夺淮入海，一直持续了六百多年。元明时期，因为统治中心位于北方，为保障大运河南粮北运的作用，以元朝贾鲁、明朝刘大夏等为代表的治河官员主张"北岸筑堤，南岸分流"的治河思路，避免黄河向北溃决，同时疏浚黄河南下入淮入海通道，但在地势较为平坦的淮河平原，黄河挟沙能力下降更易发生淤塞风险。明朝中期，总理河道的官员万恭采纳河南虞城一名生员提出的"以人治河，不若以河治河"的主张，排除过去"多穿漕渠以杀水势"的观点，认为黄河的根本问题在于泥沙，由于"水之为性也，专则急，分则缓；沙之为势也，急则通，缓则淤"，因此治理多沙的黄河，不宜分流，只有合流才能"势急如奔马"，使"淤不得停则河深，河深则永不溢"。他的后任潘季驯在此基础上进一步提出"筑堤束水，以水攻沙"的治河方针，创新四种堤防，连接三省河堤，结束了黄河下游河道"忽东忽西，靡有定向"的局面。此法后来延续应用达数百年之久。

1855年夏天，黄河受多地连续大暴雨影响，最终在河南兰阳县（今兰考县）北岸的铜瓦厢处决口，向北夺山东大清河（济水故道）入渤海。这是黄河距今最近的一次大改道。当时的清政府因与太平天国对抗而无暇顾及，采取"暂行缓堵"的放任态度，直到1884年才连通民埝，成为今天我们看到的黄河下游河道。

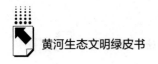

（三）走向统一治理和综合治理

辛亥革命以后，西方现代治水技术开始传入我国。1933 年黄河发生了近代史上有水文记录以来的最大洪水，造成下游 50 余处决口，淹没冀鲁豫三省 60 余县，灾民达 300 多万人。这让留德归国时任黄河水利委员会委员长的李仪祉开始深刻反思治黄问题。1933 年底，他在开封组建黄河历史上第一支水文测量队，并在系统观测的基础上制定黄河治理的方略和计划。他首次提出解决黄河泥沙问题要上、中、下游统一治理，要把重点放在西北黄土高原上，倡导治理黄河要与发展当地的农林牧副业结合起来。李仪祉是我国现代水利教育的奠基者，遗憾的是壮志未酬，1938 年因积劳成疾而英年早逝。

在李仪祉去世三个月后，1938 年 6 月 9 日，为阻止日军西侵，指挥无能的蒋介石下令扒开郑州花园口黄河大堤，虽然暂时延缓了日军进攻的计划，却造成黄泛区老百姓死亡 89 万人、受灾 1250 万人的人间惨剧。抗战胜利后，国民党又想堵复花园口，借机让黄河回归故道，以阻碍共产党领导的晋冀鲁豫解放区的发展。本着以民族大义和人民安危为上，中国共产党一方面同国民党协商谈判修复方案，另一方面于 1946 年 2 月成立了冀鲁豫黄河故道管理委员会做好黄河复流的准备。1946 年 5 月，冀鲁豫黄河故道管理委员会改称冀鲁豫区黄河水利委员会，由王化云任主任。1949 年 6 月，中共解放区成立黄河水利委员会，继续由王化云任主任。中华人民共和国成立后黄河水利委员会改为水利部直属机构。

新中国的成立给古老黄河的全新治理带来了春天。王化云在 1949 年的《治理黄河初步意见》中提出，治河方针是防灾和兴利兼顾，应以整个流域为对象，上、中、下游统筹规划，统一治理；在上、中游筑坝建库拦蓄洪水，并开展水土保持工作以减少泥沙淤积。此后两年，在中央人民政府的领导下，各地逐渐由分区治理走向统一治理，在下游开展大规模的修防工程，同时积极开展流域的大查勘工作。1952 年 10 月 26～31 日，新中国成立后首次出京视察的毛泽东顺着山东、河南、平原（平原省现已撤销）三省黄河沿岸，专程考察黄河。他视察了济南附近的黄河地段，登上了兰考的黄河东坝头,查看了邙山水库坝址,考察了引黄灌溉济卫工程,指示"要把黄河的事情办好"。之后,党和政府加快了黄河的治理进程,王化云领导的黄河水利委员会逐步形成了"除害兴利,蓄水拦沙"的治黄思想。1953 年,根据周恩来总理的指示,国务院成立黄河研究组,后改为黄河规划委员会,并在苏联专家组的指导帮助下于 1954 年底完成了《黄河综合利用规划技术经济报告》。1955 年 5 月,中共中央政治局基本通过了该报告并决定提交一届全国人大二次会议审议。1955 年 7 月 30 日,一届全国人大二次会议一致通过了《关于根治黄河水害和开发黄河水利的综合规划的决议》,这是"我国历史上第一次全面地提出了彻底消除黄河灾害,大规模地利用黄河发展灌溉、发电和航运事业的富国利民的伟大计划",标志着新中国治黄工作进入了全面治理、综合开发的历史新阶段。

(四)从人定胜天到顺应自然

在一届全国人大二次会议期间,《人民日报》配发了一篇题为《一个战胜自然的伟大计划》的社论,指出人民翻身得到解放,再加上现代的科学技术水平,使得治理和开发黄河的事业才有了光明的前途。"这个计划雄辩地说明了在新的社会条件和技术条件下人类控制和利用自然的无穷力量。"社论发出了"让高山低头,让河水让路!"的口号。应该说,正是人民群众满怀豪情的主人翁精神和坚强无比的革命斗志,让新中国的治黄事业在较短时间内取得了明显成效,并保证了到今天为止数十年的岁岁安澜。然而我们也应当看到,探索的道路必定有曲折和坎坷。三门峡水库的深刻教训告诉人们要更加全面、科学地认识黄河的规律;水土保持工作的不断反复启示世人协同治理、持续治理的重要性;工农业的发展加重了干支流河水的污染;而上下游对水资源的无序竞争导致黄河断流的出现……

"生态文明建设"成为国家战略则是 21 世纪的事情。2002 年,党的十六大报告强调实施可持续发展战略,走生产发展、生活富裕、生态良好的文明发展道路。2003 年 6 月出台的《中共中央 国务院关于加快林业发展的决定》明确提出"建设山川秀美的生态文明社会"。这是党和国家的重要文件中首次明确肯定和使用"生态文明"概念。2007 年，党的十七大报告首次出现"生态文明"，把"建设生态文明"作为实现全面建设小康社会奋斗目标的新要求。

2012 年，党的十八大把生态文明建设纳入中国特色社会主义事业"五位一体"总体布局，提出要树立尊重自然、顺应自然、保护自然的生态文明理念，努力建设美丽中国，实现中华民族永续发展。在治水方面，中央明确了"节水优先、空间均衡、系统治理、两手发力"的总体思路，黄河的治理和流域经济社会的发展都发生了很大的变化。一是水沙治理取得显著成效。防洪减灾体系基本建成，河道萎缩态势得到初步遏制，黄河含沙量在21 世纪头 20 年累计下降超过八成，流域用水增长过快局面得到有效控制，入渤海水量年均增加约 10%。二是生态环境持续明显向好。水土流失综合防治成效显著，三江源等重大生态保护和修复工程加快实施，上游水源涵养能力稳定提升；中游黄土高原蓄水保土能力显著增强，实现了"人进沙退"的治沙奇迹；下游河口湿地面积逐年回升，生物多样性明显增加。尽管取得了相当的成就，但黄河一直"体弱多病"、水患频繁，黄河流域仍存在一些突出困难和问题。用习近平总书记的话来说，就是"表象在黄河，根子在流域"①。一是洪水风险依然是流域的最大威胁，尤其是下游的"地上悬河"形势严峻。二是流域生态环境脆弱，上游局部地区生态系统退化、水源涵养功能降低；中游水土流失严重，汾河等支流污染问题突出；下游生态流量偏低、一些地方河口湿地萎缩。三是水资源保障形势严峻，水资源利用较为粗放，农业用水效率不高，水资源开发利用率高达 80%，远超一般流域 40%的生态警戒线。四是发展质量有待提高，黄河上中游 7 省区是发展不充分的地区，同东部地区及长江流域相比存在明显差距，源头的青海玉树州与入海口的山东东营人均地区生产总值相差超过 10 倍。

针对这些问题，2019 年 9 月 18 日，习近平总书记在黄河流域生态保护和高质量发展座谈会上发表重要讲话，将黄河流域生态保护和高质量发展上

———————————

① 《习近平在黄河流域生态保护和高质量发展座谈会上的讲话》，《求是》2019 年第 20 期。

升为重大国家战略，提出"重在保护，要在治理"，要求"共同抓好大保护，协同推进大治理"，发出"让黄河成为造福人民的幸福河"的伟大号召。① 2020 年 1 月，习近平总书记主持召开中央财经委员会第六次会议，进一步强调"立足于全流域和生态系统的整体性"，"黄河流域必须下大气力进行大保护、大治理，走生态保护和高质量发展的路子"②。2020 年 8 月，中共中央政治局召开会议，审议《黄河流域生态保护和高质量发展规划纲要》。会议指出，要把黄河流域生态保护和高质量发展作为事关中华民族伟大复兴的千秋大计，贯彻新发展理念，遵循自然规律和客观规律，统筹推进山水林田湖草沙综合治理、系统治理、源头治理，改善黄河流域生态环境，优化水资源配置，促进全流域高质量发展，改善人民群众生活，保护传承弘扬黄河文化，让黄河成为造福人民的幸福河。

三 新时代统筹黄河流域生态保护和高质量发展的战略意义

　　黄河流域生态保护和高质量发展是实现中华民族伟大复兴的必然要求。新中国成立 70 多年来，党领导人民开创了治黄事业新篇章，创造了黄河岁岁安澜的历史奇迹。党的十八大以来，以习近平同志为核心的党中央着眼于生态文明建设全局，明确了"节水优先、空间均衡、系统治理、两手发力"的治水思路，黄河流域经济社会发展和百姓生活发生了很大的变化。黄河流域在我国经济社会发展和生态安全方面具有十分重要的地位，保护黄河是事关中华民族伟大复兴的千秋大计；黄河流域生态保护和高质量发展是重大国家战略。实践证明，只有在中国共产党的领导下，发挥社会主义制度优势，才能真正实现黄河治理从被动到主动的历史性转变。奋进新时代、筑梦新征程，加强黄河治理保护，推动黄河流域高质量发展，是亿万人民的共同愿

---

① 《习近平在黄河流域生态保护和高质量发展座谈会上的讲话》，《求是》2019 年第 20 期。
② 《开创黄河流域生态保护和高质量发展新局面》，"中国青年报"百家号，2020 年 1 月 5 日，https：//baijiahao. baidu. com/s?id = 1654851592082891631&wfr = spider&for = pc。

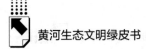
望,是迈向高质量发展的必然要求,也是实现中华民族伟大复兴的必然选择。

黄河流域生态保护和高质量发展是全面建成小康社会的需要。黄河流域是我国重要的生态屏障和经济地带,也是打赢脱贫攻坚战的重要区域。黄河流域生态保护和高质量发展,同京津冀协同发展、长江经济带发展、粤港澳大湾区建设、长三角一体化发展一样,是重大国家战略。加强黄河治理保护,推动黄河流域高质量发展,积极支持流域省区打赢脱贫攻坚战,解决好流域人民群众特别是少数民族群众关心的防洪安全、饮水安全、生态安全等问题,对维护社会稳定、促进民族团结具有重要意义。习近平总书记在黄河流域生态保护和高质量发展座谈会上,对推动黄河流域生态保护和高质量发展作出了重要部署:坚持"绿水青山就是金山银山"的理念,坚持生态优先、绿色发展,以水而定、量水而行,因地制宜、分类施策,上下游、干支流、左右岸统筹谋划,共同抓好大保护,协同推进大治理,着力加强生态保护治理、保障黄河长治久安、促进全流域高质量发展、改善人民群众生活、保护传承弘扬黄河文化,让黄河成为造福人民的幸福河。推动黄河流域生态保护和高质量发展,必须坚持生态优先,把生态环境保护摆在第一位。生态兴则文明兴,生态衰则文明衰,这是人类文明史所揭示的朴素真理。经济发展的经验证明,先污染再治理的代价太大,是不可持续的。黄河上游、中游是国家重要的生态安全屏障区,生态环境脆弱,水土流失严重,推动黄河流域生态保护和高质量发展,对建设好黄河生态经济带有重大现实意义。

黄河流域生态保护和高质量发展是解决经济社会发展主要矛盾的重要举措。党的十九大报告指出,中国特色社会主义进入新时代,我国社会主要矛盾已经转化为人民日益增长的美好生活需要和不平衡不充分的发展之间的矛盾。社会主要矛盾的变化是关系全局的历史性变化,要求我们在继续推动发展的基础上大力提升发展质量和效益,更好满足人民日益增长的美好生活需要。河川之危是生态环境之危,也关乎民族存续、文明传承。当前黄河流域仍存在一些突出困难和问题。黄河流域主要为欧亚大陆干旱半干旱地区，降水稀少，年径流量只占全国径流量的2%。但黄河又是西北、华北的重要水源，承担着沿黄几十座大中城市和能源基地的供水任务，水资源供需矛盾十分突出。黄河凌汛问题至今没有解决，黄河长期以来"体弱多病"，黄河洪水仍是心腹大患，黄河水资源短缺与流域省区经济社会生态发展之间的矛盾依然突出。究其原因，既有先天不足的客观制约，也有后天失养的人为因素。可以说，这些问题，表象在黄河，根子在流域。其中，洪水风险依然是流域的最大威胁，流域生态环境脆弱，水资源保障形势严峻，发展质量有待提高。推动黄河流域生态保护和高质量发展，坚持山水林田湖草沙冰综合治理、系统治理、源头治理，着力加强生态保护和治理、保障黄河长治久安、促进全流域高质量发展、改善人民群众生活、保护传承弘扬黄河文化。

黄河流域生态保护和高质量发展是推动区域协调发展的现实需求。协调发展是新发展理念的重要组成部分，区域协调又是其中的重中之重。黄河流域目前的经济社会发展呈阶梯状分布：上游落后、中游崛起、下游发达。尤其是黄河上游的青海、甘肃、宁夏在全国的经济排名中经常垫底，构成了事实上的西北经济塌陷区，与黄河中游的关中城市群、晋陕豫黄河金三角、中原城市群和下游的山东半岛城市群、黄河三角洲高效生态经济区相比，黄河上游地区的落后更加明显。将黄河流域生态保护和高质量发展上升为重大国家战略，能够促进西部大开发形成新格局、中部（原）实现崛起和下游发达地区的山东实现新旧动能转换，缩小西北地区与中东部地区的发展差距，整体进入高质量发展新阶段。

黄河流域生态保护和高质量发展是推进黄河文明永久延续的必然选择。黄河之水要奔腾不息，黄河文化的血脉也要永久延续。黄河文化是中华文明的重要组成部分，是中华民族的根和魂。习近平总书记明确要求，要保护、传承、弘扬黄河文化。既要推进黄河文化遗产的系统保护，守好老祖宗留给我们的宝贵遗产，又要深入挖掘黄河文化蕴含的时代价值，讲好"黄河故事"。要将黄河承载的华夏儿女与灾害抗争所蕴含的伟大创造精神、奋斗精神、团结精神、梦想精神传承好、弘扬好，使之成为实现中华民族伟大复兴

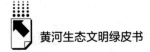

的中国梦的不竭力量源泉。新时期推进黄河流域生态保护和高质量发展对于中华民族的伟大复兴、中华文化的传承弘扬、中国国家的现代治理、中国经济的持续发展来说都具有重大的意义。

中央提出要构建国内国际双循环相互促进的新发展格局，这对于黄河流域来说是重大发展机遇。推动黄河流域生态保护和高质量发展，要发挥我国社会主义制度集中力量办大事的优越性，牢固树立"一盘棋"思想，尊重规律，统筹水资源保护与开发利用，统筹生态安全与粮食安全，统筹脱贫攻坚与生态保护，统筹城乡环境治理与基本公共服务供给；要聚焦民生保障和改善，尊重发展规律，强化统筹协调，更加注重保护和治理的系统性、整体性、协同性，齐心协力开创黄河流域生态保护和高质量发展新局面。

四　山水林田湖草沙冰一体化保护和系统治理的生态内涵

山水林田湖草沙冰一体化保护和系统治理是一项复杂的系统工程，其理论依据是把山水林田湖草沙冰作为一个生命共同体来看待。

所谓"共同体"一般指人们在共同条件下结成的集体。在人类历史上普遍存在的社会共同体有家庭、氏族、村落、民族、国家等。在生态学中，"共同体"对应的是"群落"概念，指在相同时间内聚集在同一区域的，相互之间具有直接或间接关系的各种生物种群的总和，是生态系统的重要组成部分。从生态学视角来看，山水林田湖草沙冰生命共同体思想体现了生态系统的整体性和内部的有机联系性，强调了各自然要素之间协同共生的生态关系，对我国自然生态系统整体保护、系统修复治理和实现区域生态可持续发展具有重大意义。

我国对于"生命共同体"的认识，是一个不断深化的过程。早在2013年11月，习近平总书记在关于《中共中央关于全面深化改革若干重大问题的决定》的说明中就从哲学的高度提出了"生命共同体"的概念，阐述了人与自然生态系统要素之间的辩证关系。他指出："我们要认识到，山水林田湖是一个生命共同体，人的命脉在田，田的命脉在水，水的命脉在山，山的命脉在土，土的命脉在树。""如果种树的只管种树，治水的只管治水，护田的单纯护田，很容易顾此失彼，最终造成生态的系统性破坏"，这是关于"生命共同体"理念的首次系统阐述。他要求"由一个部门负责领土范围内所有国土空间用途管制职责，对山水林田湖进行统一保护、统一修复"。①

2017年10月，习近平总书记在党的十九大报告中明确提出，必须树立和践行"绿水青山就是金山银山"的理念，坚持节约资源和保护环境的基本国策，像对待生命一样对待生态环境，统筹山水林田湖草系统治理。中央听取专家意见，把占国土面积约40%的草纳入系统治理。2018年5月，习近平总书记在全国生态环境保护大会上的讲话指出："山水林田湖草是生命共同体，要统筹兼顾、整体施策、多措并举，全方位、全地域、全过程开展生态文明建设。"② 2019年9月，习近平总书记提出黄河流域生态保护和高质量发展要坚持山水林田湖草综合治理、系统治理、源头治理。

2020年8月，中央政治局审议了《黄河流域生态保护和高质量发展规划纲要》，习近平总书记进一步指出，要统筹推进山水林田湖草沙综合治理、系统治理、源头治理。2021年3月5日在参加十三届全国人大四次会议内蒙古代表团审议时，他再次强调把"沙"加上去。4月22日，他在"领导人气候峰会"上的讲话指出："山水林田湖草沙是不可分割的生态系统。保护生态环境，不能头痛医头、脚痛医脚。我们要按照生态系统的内在规律，统筹考虑自然生态各要素，从而达到增强生态系统循环能力、维护生态平衡的目标。"③

2021年6月，习近平总书记在青海考察时指出，要加强雪山冰川、江源流域、湖泊湿地、草原草甸、沙地荒漠等生态治理修复，全力推动青藏高

① 《中共中央关于全面深化改革若干重大问题的决定》，中国政府网，2013年11月15日，http：//www. gov. cn/jrzg/2013 – 11/15/content_2528179. htm。

② 《人民日报评论部：山水林田湖草是生命共同体》，"环球网"百家号，2020年8月13日，https：//baijiahao. baidu. com/s?id=1674876545079881565&wfr=spider&for=pc。

③ 《生态恢复刻不容缓》，光明网，2021年6月25日，https：//m. gmw. cn/baijia/2021 – 06/25/1302376731. html。

原生物多样性保护。要积极推进黄河流域生态保护和高质量发展，综合整治水土流失，稳固提升水源涵养能力，促进水资源节约集约高效利用。7月9日，他主持召开中央全面深化改革委员会第二十次会议，审议通过了《青藏高原生态环境保护和可持续发展方案》等文件。会议强调，要坚持保护优先，把生态环境保护作为区域发展的基本前提和刚性约束，坚持山水林田湖草沙冰系统治理，严守生态安全红线。要坚持绿色发展，立足青藏高原特有资源禀赋，找准适宜的经济发展模式，大力发展高原特色产业，积极培育新兴产业，走出一条生态友好、绿色低碳、具有高原特色的高质量发展之路。

从"山水林田湖"到"山水林田湖草沙冰"，折射出以习近平同志为核心的党中央对自然生态系统认识的不断深化，是习近平生态文明思想与时俱进、不断升华的外在表现。

在自然环境中，山水林田湖草沙冰等自然要素相互依存，不同要素联合构成了统一的生命共同体，各要素之间存在物质循环和能量流动。山水林田湖草沙冰生命共同体理念包含着辩证唯物主义的基本思想和人与自然和谐共生的生态价值观，体现了生态系统要素的内在自然规律，具有十分丰富的生态内涵。

从要素构成来看，"山"泛指自然界中的山地，其面积约占中国陆地面积的1/3，是森林、草地、湖泊等各类自然要素的重要载体，同时为奔流的江河提供源源不断的动力。"水"泛指自然界中液态、固态、气态的水资源，包括冰川水、河流水、海洋水、地下水等（在这里主要指河流淡水资源），是滋养万物的生命之源，它们发育于高原腹地，汇聚成了长江、黄河、澜沧江等大江大河。"林"泛指自然界的林要素及其森林生态系统，包括森林、林地、林木及依附于其间的野生动物、植物、微生物等。森林是"地球之肺"，具有防风固沙、涵养水源、净化空气、保护生物多样性等多种生态功能。"田"泛指自然界中的田园或农田及其生态系统，包括水田、水浇地、旱地等。农田是人类改造自然的结果，也是与人类的粮食安全密切相关的生态环境要素。"湖"泛指自然界中的大小湖泊及其湿地生态系统。

湖泊是生态系统的重要调节器，湿地被称作"地球之肾"，为动植物生存提供了良好的生态环境。"草"泛指自然界中的草原或草地及其生态系统，包括天然草地、人工牧草地和次生草地等。我国草地约有 60 亿亩，占国土面积的 40% 以上，是重要的生态系统类型，也是畜牧业等经济活动的自然资源基础。"沙"泛指自然界中的沙子、沙地、沙漠及荒漠生态系统。土地沙化或荒漠化被称为地球的"癌症"，是生态系统退化的典型特征，也是自然界对人类不合理行为的报复性表现。同时沙漠也能发挥涵养水源和调节气候等独特的作用。"冰"是固态的水，作为生态要素主要指的是冰川冻土，也泛指寒冷气候带来的冰天雪地。我国是世界上中低纬度带（包括赤道带、热带和温带，大体位于北纬 60°至南纬 60°）冰川数量最多、规模最大的国家，根据《中国冰川目录》统计，共发育冰川 46377 条，面积 59425 平方公里，冰储量 5590 立方公里，冰川年均融水量约 563 亿立方米，约占内河水资源总量的 20%。

五 生命共同体视角下黄河流域生态系统 要素现状与问题

习近平总书记指出，黄河的问题，表象在黄河，根子在流域。流域是地球陆地表面特定的地理单元，黄河流域横跨青藏高原、内蒙古高原、黄土高原、华北平原等四大地貌单元和我国地势三大台阶，拥有黄河天然生态廊道和多个重要生态功能区域，其生态系统涵盖山、水、林、田、湖、草、沙、冰等自然生态要素，它们是相互联系、不可分割的生命共同体，共同构成了黄河流域生态系统。深入了解掌握生态系统要素的现状和问题，是统筹推进黄河流域生态保护和高质量发展的重要基础。

（一）黄河流域生态系统要素之一——山（矿山）

黄河流域以高原山地为主，流域西部的青藏高原为第一级阶梯，平均海拔 4000 米以上，主要山脉有巴颜喀拉山脉和祁连山脉，流域最高点为海拔

6282 米的阿尼玛卿山主峰。流域的第二级阶梯由内蒙古高原和黄土高原组成，海拔在 1000~2000 米，主要山脉有阴山山脉、太行山脉和秦岭。第三阶梯主要为冲积平原，唯一的山地是鲁中的泰山山脉。山是形塑黄河及其支流的主要渊源和主体框架，也是各种矿产资源的富集体。本报告重点分析的是黄河流域的矿山。黄河流域矿产资源尤其是能源资源十分丰富，被称为"能源流域"。在全国已探明的 45 种主要矿产中，黄河流域有 37 种，其中具有全国性优势（储量占全国总储量的 32% 以上）的有稀土、石膏、玻璃用石英岩、铌、煤、铝土矿、钼、耐火粘土等 8 种。在流域探明超过 100 亿吨存储的煤田有 11 个；已探明石油、天然气储量分别为 41 亿吨和 672 亿立方米，分别占全国地质总储量的 26.6% 和 9.0%。流域矿产资源开发利用历史悠久，特别是近代和现代的矿产开采对我国经济发展发挥了极为重要的支撑作用。

但矿产资源开采也导致地貌景观破坏、土地损毁、水资源污染、空气质量下降、生态退化等诸多问题。黄河流域高寒高原区金属矿、煤矿、砂石矿等矿产资源的大规模开采，破坏地貌景观、损毁土地、加剧生态退化。干旱、半干旱高原区在采矿扰动下出现了更严重的缺水、地裂缝、塌陷、水土流失和土地沙漠化等灾害。湿润平原区大规模、高强度的采矿过程引发了固体废弃物压占土地、破坏地表植被、采空区沉陷积水、尾矿库堆积、土壤污染等一系列问题，生态环境日益恶化。

经过多年实践，黄河流域矿山生态修复初步建立了相关理论、法律、法规、技术体系，并开展了大量科学研究，取得了丰富的研究成果。当前，在国家高度重视生态文明建设的大背景下，将人工修复技术和生态自修复作用相结合，创新黄河流域矿区生态修复模式，加快推进绿色矿山建设，是黄河流域生态保护与高质量发展的一项重要工作内容。

（二）黄河流域生态系统要素之二——水

水资源是黄河流域最大的约束性指标。黄河流域水资源总量总体呈上升趋势，1997~2007 年黄河多年平均水资源总量为 625 亿立方米，2008~

2019年黄河多年平均水资源总量为684亿立方米，增幅为9.4%。黄河流域1997~2019年多年平均总用水量为391亿立方米，其中农业用水量最大，多年平均为284亿立方米，占总用水量的72.63%；工业用水多年平均为58亿立方米，占总用水量的14.83%；生活用水量最少，仅占总用水量的10.55%。截至2019年的统计数据表明，黄河流域水资源开发利用率均高于40%，超过国际公认的水资源开发生态警戒线，挤占生态流量，水环境自净能力锐减。

目前存在几个主要问题。一是水资源短缺、供需矛盾十分尖锐。上中游大部分地区位于400毫米等降水量线以西，气候干旱少雨，多年平均降水量446毫米，仅为长江流域的40%；多年平均水资源总量647亿立方米，不到长江的7%；水资源开发利用率高达80%，远超过40%的生态警戒线。二是水土流失防治任务依然十分艰巨。黄河流域有一半以上的水土流失面积没有治理，且未治理部分水土流失强度大、自然条件恶劣，治理难度更大，尤其是中游多沙粗沙区治理进展缓慢，生态环境改善和减沙效果不明显。三是依旧面临洪水的威胁，河湖管理落实不到位。水沙关系不协调，下游泥沙淤积，河道摆动、地上悬河等老问题尚未彻底解决，下游滩区仍有近百万人受洪水威胁，气候变化和极端天气引发超标准洪水的风险依然存在。

当前，水资源已成为黄河流域经济社会可持续发展的瓶颈因素。如何实现黄河流域水资源的科学开发与利用以及经济社会发展和环境的协调，已成为黄河流域生态文明建设和可持续发展的重要战略问题之一。

（三）黄河流域生态系统要素之三——林

根据第九次全国森林资源清查结果，黄河流域现有森林面积1629.48万公顷，森林覆盖率19.74%，活立木蓄积7.33亿立方米。其中天然林面积891.62万公顷，蓄积5.06亿立方米；人工林面积737.86万公顷，蓄积1.47亿立方米。

近20年来，流域林业生产以退耕还林（还草）、天然林资源保护、京津风沙源治理、三北防护林等重点林业生态工程为主体，形成了山西"右玉精神"、内蒙古库布齐沙漠绿化、陕西榆林毛乌素沙地治理、"八步沙"林场植树治沙等一批举世瞩目的成果，国土造林绿化成绩斐然，森林质量大幅提升。以2018年为例，黄河流域造林面积为274.48万公顷，其中人工造林面积为171.18万公顷，新封山（沙）育林面积为47.00万公顷；森林抚育面积为181.29万公顷；四旁（零星）植树68437万株。

林业在黄河流域生态保护中发挥重要作用的同时，在区域经济发展中也发挥着举足轻重的作用。2018年，黄河流域林业产业总产值为1.56万亿元，占流域总产值的6.52%。其中，商品材1076.35万立方米，非商品材132.46万立方米；各类经济林产品总产量为5163.53万吨，其中水果、干果、林产饮料、林产调料、森林食品、森林药材、木本油料和林产工业原料产量分别为5022.19万吨、331.45万吨、32.37万吨、29.90万吨、73.44万吨、112.77万吨、149.00万吨和12.51万吨；森林旅游与休闲收入为2000亿元，直接带动其他产业产值1738亿元。

长期以来，首先，通过大量的重点林业生态工程建设，区域内整体森林覆盖率虽然有所提高，但分布不均，生态脆弱区域森林覆盖率低，生态环境依然极度脆弱；其次，黄土高原地区水土流失状况得到了一定的改善，但水土流失面临的形势依然严峻；再次，近几十年来区域内林业建设取得了巨大成就，但林业科技支撑能力依然严重不足。

（四）黄河流域生态系统要素之四——田

黄河流域是我国农耕文明的发源地，也是国家重要的农耕区。西宁、兰州、天水以北，长城以南的广阔黄土高原，汾渭盆地、宁蒙河套平原、下游沿黄平原，以及湟水、洮河等支流河谷地区，水热条件较好，土地资源丰富，适于多种作物生长，是黄河流域重要的农耕区。其中宁蒙河套平原、汾渭盆地和下游沿黄平原，土地肥沃，灌溉条件好，人口多，农业生产水平较高，是黄河流域三大农业生产基地，也是重要的商品粮基地。黄河流域现有耕地面积1.79亿亩，农田有效灌溉面积7765.5万亩，耕地灌溉率达85%以上。

历史上，黄河中上游地区黄土高原水土流失造成了农田土壤的侵蚀和质量下降，严重影响了农业生产的发展，而且给黄河带来了大量泥沙。20世纪70年代末，黄河输沙量达到16亿吨/年，其中90%以上来源于黄土高原地区。黄河流域先民已经有数千年防治黄土高原水土流失的历史，形成了闸沟筑坝、澄沙淤地的成功经验。新中国成立后我国政府更加注重水土保持工作，经过70多年的不懈努力取得了举世瞩目的成就。特别是近20年来，黄河流域先后实施黄河上中游水土保持重点防治工程、退耕还林（草）工程、黄土高原地区水土保持淤地坝工程等一大批国家重点生态建设工程，探索出一条以小流域为单元，山、水、田、林、路统一规划，沟、坪、梁、峁、坡综合治理，生物措施、工程措施、耕作措施科学配置，生态效益、经济效益、社会效益协调发展的具有黄河流域特色的水土流失治理之路。入黄泥沙量由每年的16亿吨锐减至2000～2018年年均2.5亿吨，这对确保黄河安澜发挥了重要作用；近20年来，通过采取水土保持措施累计增产粮食9731万吨、果品13063万吨，累计取得经济效益9556亿元，保障了流域农业生产高质量发展。

黄土高原水土流失不仅使土壤干旱、贫瘠，严重影响了农业生产的发展，而且给黄河带来了大量泥沙。黄河上、中游土地沙化面积主要是草地沙化和耕地沙化面积。黄河流域降水量的60%～80%集中于6～9月，有些地区的降水量往往集中为一两场暴雨，并且丰水年降水量一般为枯水年降水量的3～4倍，因此，无雨时长期干旱，而一旦降雨又往往形成涝灾。目前，黄河流域农业生产亟须开展区域产业结构调整，促进高质量发展，增进民生福祉。同时，水土保持工作也需要科学拦沙调沙、以水定林，保障全流域生态健康和生态安全。

（五）黄河流域生态系统要素之五——湖（湿地）

黄河流域蕴藏着重要的湿地资源。根据第二次全国湿地资源调查统计，黄河流域9省区湿地总面积约2060万公顷，约占全国湿地面积的38.48%，流域内湿地总面积392.92万公顷，湿地率4.94%。其中，流域内的沼泽湿地、河流湿地、湖泊湿地、人工湿地和滨海湿地的面积分别占总面积的59.34%、26.06%、7.12%、6.78%和0.70%。流域重要湿地包括以下几个类型。(1) 三江源湿地：世界上海拔最高、面积最大的高原湿地生态系统，以湖泊和河流型湿地为主，有大小湖泊 16500 多个，被誉为"中华水塔"；(2) 若尔盖湿地：我国三大湿地之一，为典型的沼泽湿地，被看作气候变化的敏感区和预警区；(3) 乌梁素海湿地：我国八大淡水湖之一，全球同一纬度最大的自然湿地；(4) 黄河三角洲湿地：我国暖温带最完整、最广阔、最年轻的湿地生态系统，是"中国六大最美湿地"之一。

虽然黄河流域中湿地面积不大，湿地率低于全国平均水平（5.58%），但流域湿地对维护区域乃至国家生态安全起着举足轻重的作用。湿地是黄河水资源重要赋存方式，没有三江源湿地和若尔盖湿地，黄河水资源就没有最早的水分来源；湿地是流域生态系统有机组成部分，在调节气候、水源涵养、水体净化、蓄水滞洪、水土保持、保护生物多样性方面发挥着重要作用，同时还蕴含着重要的景观和文化功能。"十三五"以来，中央安排财政资金 20.18 亿元，实施了一批流域湿地生态效益补偿，退耕还湿、湿地保护与恢复、湿地保护奖励等补助项目；安排预算内投资 4.52 亿元，实施湿地保护与修复工程 14 个；开展三江源和祁连山国家公园试点建设。这些举措，抢救性保护和恢复了流域内一批重要湿地，一定程度上维护了区域生态安全。

但目前，流域湿地仍存在水资源过度开发利用和水体污染加剧等造成的面积萎缩，土地沙化，涵养水源、保持水土、生物多样性保护等功能下降等一系列严重问题。第一，水资源过度开发利用，开发利用率高达 80%，远超一般流域 40% 的生态警戒线；第二，水体污染严重，2018 年参与评价的水功能区，达标率仅为 63.3%；第三，湿地萎缩，荒漠化和沙化草地的面积不断扩大，许多湖泊干涸；第四，湿地功能下降，湿地斑块数增加、破碎化程度升高；第五，湿地生物多样性降低，黄河源区的大量湖泊退化，部分生物栖息地丧失。这些问题，关系到"中华水塔"是否稳固，关系到流域生态是否安全。

（六）黄河流域生态系统要素之六——草

黄河流域是我国重要的草原分布区和草业发展区。按照第二次全国土地调查数据，确定黄河流域 9 省区 481 个旗县，天然草原面积约为 9.3 亿亩，类型包括高寒草原、高寒草甸、高寒荒漠等 10 大类型，面积约占我国草地面积的 56%。其中，流域上游的天然草原面积约为 7.83 亿亩，类型以高寒草甸为主，生态功能主要为涵养水源和维持生物多样性；流域中游的天然草原面积约为 0.88 亿亩，类型以暖性灌丛、暖性灌草丛为主，生态功能主要为水土保持和防风固沙；流域下游的天然草原面积约为 0.59 亿亩，类型主要为暖性灌草丛，生态功能主要为防风固沙和水分调节。

多年来，由于全球气候变化、区域工农业发展、过度放牧、鼠害猖獗、生态环境脆弱等原因，天然草场大面积退化，生态环境恶化严重。从 2000 年开始，国家加大了对草原的保护和修复力度，先后实施了退耕还草、轮牧草原围栏、牲畜圈养、退化草原改良、毒害草治理、鼠害防治等一系列工程，取得了显著成果。2018 年统计数据表明，流域草原生态环境恶化势头得到控制，草地质量下降趋势得到缓解，草原综合植被盖度达到 52.9%。2009～2018 年，草原植被覆盖显著改善面积占 25.67%。与 2000～2009 年相比，呈退化趋势的草原面积占比下降 53.8%。随着草原植被状况改善和杂毒草防除，草地质量进一步提高。2019 年，黄河流域天然草原的草群平均高 30.8 厘米，干草总产量 5232 万吨，单位面积产量 0.84 吨/公顷。2010～2019 年，黄河流域草原年均净初级生产力 1.14 亿吨，比 2000～2009 年提高了 21.28%。由于以上原因，草原承载力随之提高。2019 年，黄河流域上游饲草料总储量为 2689.75 万吨，合理载畜量为 6112.68 万羊单位，实际载畜量为 7162.50 万羊单位，草畜平衡率为 82.83%。随之，流域草原和草地生态环境得到极大改善。

虽然草地保护和修复取得了积极的进展，但流域上游草地退化仍很严重，鼠害猖獗，天然草原退化面积仍达 12.5%，鼠害面积约占 16.12%；流域中游水土流失严重、沙化问题突出，水土流失面积占全区总面积的 75.3%，沙化面积占全区总面积的 14.8%；流域下游浅平洼地排水不畅，草地盐碱化问题突出，草业生产专业化程度低，难以形成规模化草产业基地。

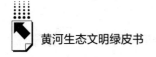

（七）黄河流域生态系统要素之七——沙（荒漠）

黄河流域荒漠化和沙化土地面积高达38.5万平方公里，约占流域总面积的50%。按照空间分布，可分为黄河源高寒荒漠化区（约2.2万平方公里）、上游干旱半干旱典型沙漠化区（约20万平方公里）、中游风水复合侵蚀荒漠化区（约15万平方公里）和下游黄河故道土地沙化区（约1.3万平方公里）；按照类型划分，涵盖了风蚀、水蚀、盐渍和冻融4种荒漠化类型。

黄河上游干旱半干旱典型沙漠化区是黄河流域沙化土地的核心区域，也是我国沙漠化最严重的地区之一，面积超过20万平方公里，占流域总面积的26.7%，主要包括乌兰布和沙漠、腾格里沙漠、库布齐沙漠、毛乌素沙地等，分布于陕、甘、宁、蒙4个省区。黄河干、支流进沙1.63亿吨/年，约占黄河多年平均输沙量的1/10。1975～2000年，黄河流域沙化土地面积整体增加了1.03万公顷。土地沙化造成流域原生植被破坏、土地生产力下降、生物多样性减少，严重影响区域农牧业等行业的发展，也造成人居生活环境的恶化，如1982～1999年，宁夏春季共发生区域性沙尘暴27次，其中严重沙尘暴5次。

我国非常重视流域沙化土地治理，已形成一批成效显著的实用技术模式。（1）沙质农田沙害治理中的"三圈"农田防护林技术模式和保护性耕作技术模式；（2）流动半固定沙地治理中的以草方格等机械沙障为主要特征的工程治沙技术模式、人工造林种草的生物治沙技术模式；（3）交通沿线沙害治理中的"五带一体"（防火平台、灌溉林带、草障植物带、前沿阻沙带、封沙育草带等五带）的铁路治沙模式；（4）黄河流域沙化草场治理中的封禁、飞播和草场防护林等治沙技术模式。

从黄河流域沙化土地变化可看出防沙治沙的效果。宁夏回族自治区从20世纪70年代至2019年，沙化土地面积由2475万亩减少到1686万亩。"五带一体"交通线路防护体系成功应用于包兰铁路沿线沙害防治，植被覆盖率由不足5%提升到50%，被联合国粮食及农业组织誉为"世界治沙史上的奇迹",荣获国家科技进步奖特等奖、"全球500佳"环境奖等重大奖项。截至2019年,内蒙古自治区沙漠扩展现象得到遏制,黄河流域内沙化土地面积比2009年减少0.29万平方公里,2014年"库布齐沙漠生态财富创造模式"被联合国环境规划署评为全球沙漠"生态经济示范区"。经过60多年的不懈努力,陕西省榆林市流动沙地从新中国成立前的57.33万平方公里减小至0.35万平方公里,沙区林草植被覆盖率从0.9%提高到40%以上。甘肃腾格里沙漠"八步沙"林场的治沙模式,实现封沙育林37万亩、植树4000万株,形成了牢固的绿色防护带。这些防沙治沙的模式,不仅是我国成功经验,也成为世界典范。

但黄河流域沙化土地治理还存在一些问题。一是重治理轻保护、植树种草—自然修复协同、农林水经系统联动治理等缺乏统筹;二是源头治理有缺失,草场管理不够规范,超载滥牧现象仍很严重;三是植被恢复不够科学,乡土植物应用不足,植被结构不尽合理,依水而定还未实现;四是保障机制不健全,沙产业发展滞后,科技支撑基础薄弱。

(八)黄河流域生态系统要素之八——冰(冰川冻土)

黄河流域冰川主要分布于上游黄河源区和大通河流域。2009年前后黄河流域总计分布有冰川164条,总面积126.7平方公里,估算储量8.53立方公里。中国两次冰川编目的对比显示,1960~2009年黄河源区的冰川条数减少19条,总面积减少45.6平方公里,面积变化率达到-26.5%,年均面积萎缩幅度约为0.6%。阿尼玛卿山地区冰川占整个黄河流域冰川总面积的81.3%,其冰量在1985~2013年整体损失约1.44×10^9立方米。此外,阿尼玛卿山地区的冰川还表现为以跃动冰川为主,且已经连续造成了冰崩、冰川阻塞湖溃决等严重冰川地质灾害事件,亟须未来进行密切关注。

黄河源区整体位于青藏高原大片连续多年冻土东北边缘,其源头及大通河源区为不连续多年冻土、岛状多年冻土和季节冻土交错分布,多年冻土热状态极不稳定;其他区域主要覆盖中—深季节冻土,最大季节冻结深度在1米以上。研究发现,过去40年来,黄河源区多年冻土活动层厚度平均值从

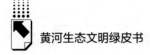

1.8 米增加到 2.4 米，活动层底板年均温度平均值从 -1.1℃升高到 -0.6℃，多年冻土面积由 2.4 万平方公里减少到 2.2 万平方公里，年均减少 74 平方公里。预计到 21 世纪末大部分地区低温多年冻土将可能变为高温多年冻土，而高温多年冻土将变为季节冻土。

黄河流域生态系统要素问题看似各自独立存在，但是这些问题一经叠加，就给整个流域带来了系统性的生态问题。黄河流域上游的高原冰川、草原草甸和三江源、祁连山，中游的黄土高原，下游的黄河三角洲等，都极易发生生态退化，恢复难度极大且过程缓慢，这些问题共同造成了黄河"体弱多病"的现状，因此，坚持以生命共同体理念为指导，统筹推进黄河流域山水林田湖草沙冰系统治理，既是现实选择，也是必然路径。

六 黄河流域山水林田湖草沙冰一体化保护和系统治理的思路与路径

生命共同体理念为统筹推进山水林田湖草沙冰一体化保护和系统治理，维护黄河流域生态系统多样性、完整性和稳定性，提供了重要的理论支撑。习近平总书记指出，治理黄河，重在保护，要在治理。我们要充分发挥黄河流域兼有青藏高原、黄土高原、北方防沙带、黄河口海岸等生态屏障的综合优势，以促进黄河生态系统良性永续循环、增强生态屏障质量效能为出发点，遵循生命共同体的自然生态原理，运用系统治理的系统工程方法，构建黄河流域生态保护"一带五区多点"的空间布局，着眼全流域开展生态保护治理，综合提升上游"中华水塔"水源涵养能力、中游黄土高原水土保持水平和下游湿地生态系统稳定性，为黄河长治久安提供坚实保障，让黄河成为造福人民的幸福河。

（一）着力创新体制机制，统筹推进系统保护治理

要坚持中央统筹、省负总责、市县落实的工作机制。中央层面主要负责制定全流域重大规划政策和立法，协调解决跨区域重大问题，相关部门通力

支持。省级层面要履行好主体责任，加强组织动员和推进实施。市县层面按照部署逐项落实到位。要完善流域管理体系，完善跨区域管理协调机制，完善河长制湖长制组织体系，加强流域内水生态环境保护修复联合防治、联合执法，统筹推进黄河流域生态保护和治理。

（二）坚持人与自然和谐共生，促进生命共同体协同发展

牢固树立和落实人与自然和谐共生理念，坚持人类与其他自然要素平等的思想，把人类经济社会可持续发展牢固建立在自然可持续发展的基础上。牢固树立黄河流域生态保护和治理的大局观、全局观，坚持黄河流域山水林田湖草沙冰生命共同体多尺度、跨区域协同发展，提高上游水源涵养能力，保护和筑牢"中华水塔"；提高中游水土保持、防沙治沙与污染治理能力，科学协调水沙关系，提高农田土壤质量；提高下游水患治理、科学节水、生物多样性保护等能力；全流域形成稳定生态系统，确保沿岸人民安全、生态安全。

（三）坚持以水而定原则，把水资源作为流域高质量发展的最大刚性约束

水资源是黄河流域生态保护和高质量发展的命脉。坚持以水定城、以水定地、以水定人、以水定产、以水定林（草）、以水定措，在全流域科学确定水资源可利用量，把水资源作为流域高质量发展的最大刚性约束；建立水生态补偿制度，建立黄河流域重要水源涵养区和省级行政区水量纵向补偿与省界断面水质横向补偿相结合的补偿模式；基于全流域水资源的承载能力、可利用量、调配能力，合理规划人口、城市和产业发展，合理开展生态保护与治理工作；大力保护、积极恢复和有限利用湿地资源，合理配置流域水资源，治理流域水污染，维护湿地生态系统健康安全，重视发挥黄河流域湿地的多种功能；大力发展节水产业和技术，大力推进农业节水，实施全社会节水行动，推动用水方式由粗放向节约集约转变，进一步提高水资源利用效率。

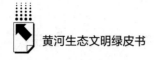

（四）积极推进流域国土绿化，促进林草质量精准提升

进一步持续推进重点区域国土绿化行动，科学阐明林（草）水关系，提高林草植被覆盖率，处理好森林生态系统与农田、草原、荒漠和湿地等生态系统的协同关系，大幅提升流域生态环境质量；进一步巩固退耕还林（草）成果，加强重点区域森林资源保育，加大森林经营管理力度，精准提升森林质量，提高森林涵养水源、保持水土和防风固沙的核心作用；实行流域不同草原和草地分区分级管理和综合系统治理，构建新型草地农业生产系统，建立一批实用有效的草原和草地治理试验示范区和项目；加快生态产业建设步伐，提高林（草）业产业在区域脱贫攻坚、乡村振兴和经济社会可持续发展中的作用，促进区域绿色发展。

（五）持续抓好水土保持和矿山修复，促进流域生态高水平发展

高水平发展流域水土保持，需要统筹各类型生态空间和环境污染协同治理，构建上中下游水土流失综合防治体系，注重保护和治理的系统性；坚持以小流域为单元的治理模式，同时还要将小流域充分融入大流域统一管理目标，因时因地科学拦蓄、利用、调控局部水资源，分区域分时段合理拦沙调沙；因地制宜大力发展旱作梯田和淤地坝，提高区域农田质量，合理开展植被建设，促进区域农业产业结构调整；建立健全矿山生态修复法律法规，创新矿山生态修复技术，采取"采—排—复"一体化治理技术体系，建立智慧矿山，为黄河流域生态修复作出贡献。

（六）明确沙漠（沙地）生态地位，科学合理防沙治沙

科学确立沙漠（沙地）、沙化土地在黄河流域的生态地位，黄河流域防沙治沙要"有所为有所不为"；阐明黄河流域水沙耦合关系、植物水生态平衡、生态系统演变机制、土壤风蚀机理等理论问题和创新沙化防治的关键技术问题，实现创新引领防沙治沙工作；以水定绿、以草定畜，宜乔则乔、宜灌则灌、宜草则草、宜沙则沙，自然修复与人工修复协同，生物措施、工程措施

和管理措施相结合精准治沙，促进沙产业健康可持续发展；完善制度，建立健全沙化防治的法治保障体系，拓展设立草原、沙漠国家公园，弘扬防沙治沙的生态文化，切实推进黄河流域沙化防治的治理体系和治理能力现代化。

七　加强黄河流域生态保护和治理基础研究的政策建议

黄河流域生态保护和高质量发展是重大国家战略，而全流域的生态保护和治理是基础。要牢固树立山水林田湖草沙冰生命共同体理念，坚持人与自然和谐共生的思想，统筹推进全流域综合治理、系统治理、源头治理，维护黄河流域生态系统多样性、完整性和稳定性。为此，需要广泛和深入地开展黄河流域自然生态系统的基础研究。

（一）黄河流域生态保护体系构建

坚持山水林田湖草沙冰系统治理原则，针对流域面临的主要生态问题，构建适于黄河流域生态安全与经济发展的生态保护体系，解决黄河流域山水林田湖草沙冰生态空间格局和生态过程的科学问题。

1. 黄河流域综合科学考察

主要内容包括：（1）确定黄河流域的范围和边界，调查上下游、左右岸、干支流的基本状况。构建黄河流域生态系统健康评价指标体系，分析生态系统的环境脆弱性变化特征及趋势，对生态系统健康进行评价。（2）生态系统演变机理，分析生态系统空间演变过程及变化规律，分析生态系统演变在时空上的影响机制与机理。（3）山水林田湖草沙冰生态系统服务功能评估，从生态系统服务供给、需求、流动路径、流量的角度模拟黄河流域各生态系统服务的空间流动。

2. 黄河流域生物多样性保护体系构建

主要内容包括：（1）生物多样性保育，开展黄河流域生物多样性专项调查，分析生物多样性现状、空间分布格局及动态变化，识别重要生态斑块，建立生物多样性监测和风险评估指标体系。（2）野生动植物保育，从不同水平上研究濒危物种濒危机制，以濒危物种为对象，研究种群及生境恢复与管理关键技术。（3）生物多样性保育模式与范式，从政策法规、生态补偿机制、公众参与和利益共享机制等方面构建黄河流域生物多样性保护模式。

3. 黄河流域自然保护地体系构建

主要内容包括：（1）自然保护地专项调研与评价，在调研的基础上，构建自然保护地体系保护管理成效综合评价模型，全面评估流域自然保护地保护管理成效。（2）自然保护地体系构建，为黄河流域自然保护地体系整合、归并与优化提供对策建议，推进构建黄河流域以国家公园为主体的自然保护地体系。

（二）黄河流域森林资源保育

揭示黄河流域典型森林群落的演替规律和稳定性维持、典型森林群落的退化过程和重构等机制，提出典型森林资源构建、修复、改造和提效关键技术，改善和维护森林生态系统功能。

1. 黄河流域典型森林演变规律与退化林重构机制

主要内容包括：（1）森林生态系统优化时空变化格局及多功能价值评价。（2）典型森林群落的演替规律及生物多样性的演变动态。（3）不同森林类型在干扰作用下的演变规律。（4）森林群落结构与功能关系的瓦解过程及重构规律。

2. 黄河流域天然次生林修复

主要内容包括：（1）次生林生态系统结构与功能动态监测技术体系构建。（2）次生林顶级群落树种引入及合理林分结构形成、正向演替序列促进。（3）多种功能约束条件下的森林生态系统空间结构优化经营技术。（4）人工促进天然更新、结构化经营、退化天然次生林多功能经营技术体系。

3. 黄河流域多功能人工林营建和提质改造

主要内容包括：（1）山地人工林营建和近自然化改造。（2）平原和沙地退化防护林改造。（3）沿海防护林质量提升。（4）浅山区和丘陵区干果经济林综合效益提升。

4. 黄河流域森林有害生物生态调控

主要内容包括：（1）森林重大生物灾害的发生机制。（2）集多种方法和检测技术于一体的有害生物精准快速检测和鉴定技术。（3）基于航天遥感、无人机和信息素的生物灾害监测与预警技术。（4）重大森林有害生物生态调控技术体系。

（三）黄河流域生态修复与治理研究

针对黄河流域上游局部地区生态系统退化、水源涵养功能下降，中游水土流失与荒漠化严重、支流污染问题突出，下游生态流量低、一些地方河口湿地萎缩，工业、城镇生活和面源污染导致的水体污染严重及水资源短缺等问题，围绕流域生态修复与治理，开展如下研究。

1. 流域生态要素过程演变及其驱动机制

主要内容包括：（1）流域水文水资源过程演变及其驱动机制。（2）流域不同类型区水土流失过程及其驱动机制。（3）流域不同类型区植被生态建设的水资源承载力和空间布局。（4）生态显著恢复背景下植被—土壤—水文互馈机制。（5）坡面水力侵蚀和沟道重力侵蚀对生态恢复的响应机制。（6）流域水环境演变及污染形成的机制等。

2. 流域生态修复与治理技术

主要内容包括：（1）黄土高原地区水土保持生态建设。（2）湿地生态修复与治理技术。（3）草地生态修复和高质量利用技术。（4）北部风沙区荒漠化防治技术。（5）矿区土地复垦与生态重建、污染土壤及水体修复技术。（6）盐碱地改良与植被恢复与重建技术。

3. 流域水资源保护与水环境治理

主要内容包括：（1）生态农业节水灌溉、农田退水处理与回用技术。（2）城市污水处理厂尾水、雨水径流等水资源的收集、处理、水质保持及回用技术。（3）重点区域水体水质改善及水环境治理技术。（4）区域点源和面源污染控制与水体修复技术。

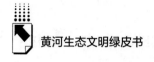

（四）黄河流域人居景观系统质量提升

以研究黄河流域文化景观的形成和发展为基础，聚焦黄河流域人居环境高质量发展目标，开展城镇空间格局构建和乡村生态景观营造技术研究。

1. 黄河流域文化景观研究

主要内容包括：（1）基于水文化的黄河流域传统人居环境营建研究，研究流域中传统水利布局、传统农业生产和传统聚落结构之间的内在关系，剖析传统水景观的生态和文化适应性。（2）传统山水资源保护模式研究。（3）基于地方性的传统风景营建研究，通过考证和形态分析，概括传统风景营建的风格和思想。

2. 黄河流域城镇国土空间格局体系构建和人居环境营建

主要内容包括：（1）重点区域国土空间生态安全格局体系构建研究，对其变化特征及变化趋势进行评估。（2）重点城市国土空间格局优化研究，通过情景规划方法，结合生态系统服务供需分析，形成生态系统服务完善的国土空间格局。（3）公园城市目标下城乡人居环境营造研究，以公园城市建设为目标，研究城乡人居环境景观营造的关键技术。（4）黄河流域海绵城市营建技术研究。

3. 黄河流域乡村生态景观营造

主要内容包括：（1）流域尺度下的乡土景观分类和评价指标体系构建。（2）全周期全链条乡土景观规划设计技术和绩效评价体系研究，提出黄河流域不同区段的乡村生态景观典型营造模式。（3）以物种、基因和生态系统多样性为基础的乡村景观生物多样性维护技术体系研究。（4）应对黄河流域地域差异化的乡土植物营造与应用技术研究。

（五）黄河流域生态系统服务评估与决策

针对黄河流域生态保护、修复和治理现状，采用信息技术与地面调查相结合的技术手段，系统获取并持续跟踪黄河流域各类自然生态系统、社会、经济所构成的复合生态系统动态变化数据，建立科学的评估体系、计算模型，进行流域复合生态系统服务价值评估，为流域生态保护、治理和修复、经济提质增效提供科学依据。以数据为中心，以服务为出口，实现生态服务功能评估与科学决策的规范化、信息化、智能化。

1. 黄河流域复合生态系统数据智能监测

主要内容包括：（1）面向黄河流域复合生态系统的精准监测数据标准与规范制定。（2）流域各生态系统的时空动态监测方法研究，提出多源异构数据融合方法，开发数据感知软硬件产品。（3）天地空一体化的数据获取、数据存储与加工的大数据管理中心建设。

2. 黄河流域复合生态系统服务评估与决策

主要内容包括：建立针对黄河流域复合生态系统中重大生态工程生态效益的评价模型与评价方法，基于黄河流域复合生态系统，建立和完善生态服务价值评估体系、生态系统健康评估体系，甄选和建立科学的评估方法。

3. 黄河流域复合生态系统信息服务

主要内容包括：（1）从不同业务视角、时空维度可视化呈现黄河流域不同区域的社会、经济、水资源、森林、草地、荒漠、生物多样性的现状、动态变化趋势，提供预测预警信息服务。（2）可视化黄河复合生态系统构成、分布与动态变化。

八 结语

习近平总书记指出，保护黄河是事关中华民族伟大复兴的千秋大计，建设生态文明是中华民族永续发展的千年大计。黄河流域生态保护和高质量发展正是这两个千年目标的集中体现。"冰冻三尺，非一日之寒。"黄河生态问题是数千年人类活动影响的产物，因此要根治黄河问题就需要有千年的眼光，有千年的谋划。治理黄河，重在保护，要在治理。"十四五"时期要加强综合治理、系统治理、源头治理，也要重视依法治理、科学治理、持续治理，不断推进黄河流域生态环境治理体系和治理能力现代化，为建设美丽黄河、实现千年安澜而奋斗！

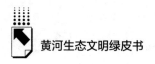
参考文献

陈怡平、傅伯杰：《关于黄河流域生态文明建设的思考》，《中国科学报》2019 年 12 月 20 日。

葛剑雄：《黄河与中华文明》，中华书局，2020。

黄河上中游管理局编著《黄河流域水土保持概论》，黄河水利出版社，2011。

金凤君：《黄河流域生态保护与高质量发展的协调推进策略》，《改革》2019 年第 11 期。

李学勤、徐吉军主编《黄河文化史》（上中下），江西教育出版社，2003。

陆大道、孙东琪：《黄河流域的综合治理与可持续发展》，《地理学报》2019 年第 12 期。

千析、王磊：《人与黄河》，黄河水利出版社，2007。

水利部黄河水利委员会：《黄河年鉴 2020》，黄河年鉴社，2020。

汪芳等：《黄河流域人地耦合与可持续人居环境》，《地理研究》2020 年第 8 期。

王金南：《黄河流域生态保护和高质量发展战略思考》，《环境保护》2020 年第 Z1 期。

王瑞芳：《新中国 70 年的黄河综合治理》，北京出版集团公司、北京人民出版社，2019。

辛德勇：《黄河史话》，社会科学文献出版社，2011。

徐勇、王传胜：《黄河流域生态保护和高质量发展：框架、路径与对策》，《中国科学院院刊》2020 年第 7 期。

许炯心：《黄河河流地貌过程》，科学出版社，2012。

杨明：《极简黄河史》，漓江出版社，2016。

分 报 告

Sub-reports

G.2
黄河流域林业发展报告

王新杰 张春雨 王轶夫 张 鹏*

摘 要: 黄河流域总体上是个缺林少绿的区域,现有森林面积1629.48
万公顷,森林覆盖率19.74%,低于全国平均水平。本报告分析
了2019年整个流域以及青藏高原区、川甘流域区、蒙新高原
区、黄土高原及汾渭平原区、伊洛河及黄淮海平原区五个区域
的森林资源、营林生产、林政管理、林业产业发展以及从业人
员等情况,指出区域林业发展存在的问题并提出提高森林覆盖
率、提升森林质量和森林系统生态稳定性等建议。

关键词: 森林资源 林政管理 林业产业 森林质量 黄河流域

---

* 王新杰,博士,北京林业大学林学院副院长、教授,研究方向为森林资源可持续经营管理;
张春雨,博士,北京林业大学林学院教授、博士生导师,研究方向为森林经营理论与技术;
王轶夫,博士,北京林业大学林学院讲师,研究方向为森林生长与收获预估;张鹏,北京林
业大学林学院博士研究生,研究方向为森林经营理论与技术。

一 黄河流域森林的历史变迁

黄河流域是中华文明最主要的发源地，也是我国开发最早的地区。黄河流域森林的变迁史，就是中华文明史的一个缩影。古代黄河流域森林状态一直是一个有争议的话题，我国著名的科学技术史、文史专家吴德铎研究员通过研究《山海经》《水经注》，揭示古代黄河流域森林植被并非十分茂密，我们所继承的并不是一笔十分丰厚的遗产。[①] 1957 年中国治沙造林学专家高尚武发表研究论文，估算当时黄河流域森林面积约占全流域 2%，且分布不均，以致气候失调，水、旱、风沙灾害频发。[②] 1989 年至今六次全国森林资源清查分流域统计了黄河流域森林概况，显示 1989 年以来黄河流域森林覆盖率、森林面积和活立木蓄积均有大幅增加。尤其是 1994～1998 年，森林覆盖率增幅达到 43.42%，活立木蓄积增长率达到 23.08%；2014～2018 年，森林面积增幅高达 61.65%（见表 1）。[③]

黄河流域涉及青海、四川、甘肃、宁夏、内蒙古、山西、陕西、河南、山东九省（区），总面积 75.24 万平方公里。森林覆盖率最大的是陕西，其次是四川，分别达到了 43.06% 和 30.03%。近 50 年来，森林覆盖率增长最快的是宁夏和青海，分别从 0.5% 和 0.3% 增长到 12.63% 和 5.82%（见表 2）。

表 1 1989～2018 年黄河流域森林面积及蓄积

森林指标	1989～1993 年	1994～1998 年	1999～2003 年	2004～2008 年	2009～2013 年	2014～2018 年
森林覆盖率(%)	5.85	8.39	13.62	16.15	18.12	19.74
森林面积（万公顷）	440.52	631.45	770.42	850.93	1008	1629.48
活立木蓄积（亿立方米）	2.60	3.20	4.10	5.20	6.20	7.33

---

① 吴德铎：《试论古代黄河流域森林概貌》，《史林》1989 年第 S1 期。
② 高尚武：《黄河流域的林业》，《黄河建设》1957 年第 3 期。
③ 本报告相关数据（含图表）除特别说明外，均来自国家林业和草原局《中国林业和草原统计年鉴》以及第一次至第九次全国森林资源清查结果报告。

表2　1973～2018年黄河流域各省（区）森林覆盖率

单位：%

省（区）	1973～1976年	1977～1981年	1984～1988年	1989～1993年	1994～1998年	1999～2003年	2004～2008年	2009～2013年	2014～2018年
宁夏	0.5	1.4	1.78	1.54	2.2	6.08	9.84	11.89	12.63
甘肃	3.2	3.9	4.51	4.33	4.83	6.66	10.42	11.28	11.33
青海	0.3	0.3	0.37	0.35	0.43	4.4	4.57	5.63	5.82
四川	13.3	12	19.21	20.37	23.5	30.27	34.31	35.22	30.03
山西	7	5.2	6.34	8.11	11.72	13.29	14.12	18.03	20.5
陕西	22.3	21.7	22.86	24.15	28.74	32.55	37.26	41.42	43.06
河南	10.9	8.5	9.41	10.5	12.52	16.19	20.16	21.5	24.14
内蒙古	0.8	11.9	11.94	12.14	12.73	17.7	20.0	21.03	22.1
山东	8.7	5.9	10.49	10.7	12.58	13.44	16.72	16.73	17.51

二　黄河流域2018年林业发展状况

（一）总体情况

1. 森林资源现状

根据第九次全国森林资源清查结果，黄河流域现有森林面积1629.48万公顷，森林覆盖率19.74%，活立木蓄积7.33亿立方米。其中天然林面积891.62万公顷，蓄积5.06亿立方米；人工林面积737.86万公顷，蓄积1.47亿立方米。

2. 营林生产

（1）营造林

造林274.48万公顷，其中人工造林171.18万公顷，封山（沙）育林47.00万公顷；森林抚育181.29万公顷；四旁（零星）植树68437万株。

（2）林业主要灾害防治

林业有害生物年度发生面积为438.40万公顷，灾害发生率为8.21%。林业有害生物防治面积为322.38万公顷，灾害防治率为73.54%，无公害防治率为91.09%。

3. 林政管理机构及人员

（1）野生动植物保护机构及人员

黄河流域现拥有国际重要湿地13处，面积为234.10万公顷，有野生动

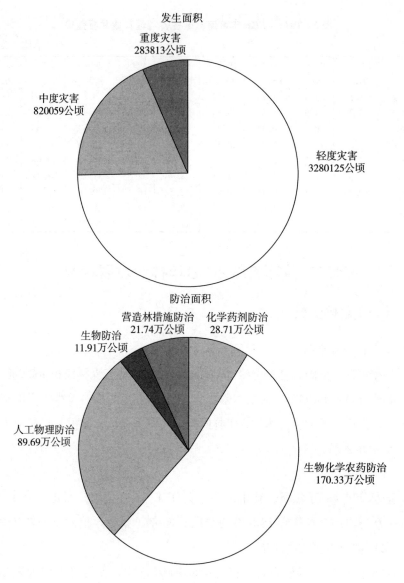

图1 黄河流域林业有害生物发生及防治面积

植物保护管理站、野生动物救护中心、野生动物繁育机构、野生动物疫源疫病监测站等（见表3）。

表3 黄河流域野生动植物保护机构及人员

项目	数量
国际重要湿地(处)	13
野生动植物保护管理站(个)	353
野生动物救护中心(个)	93
野生动物繁育机构(个)	1786
野生动物疫源疫病监测站(个)	349
野生动植物保护职工(人)	15112
各类专业技术人员(人)	4333

（2）林业工作站

黄河流域地（市）级林业工作站95个，县（市、区）级林业工作站757个，乡镇林业工作站7747个，在岗职工23287人。乡镇林业工作站职工文化程度普遍得到了提高，大专及以上学历占65.51%（见图2）。

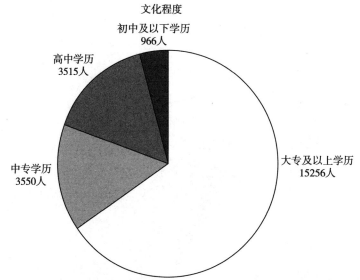

图2 黄河流域乡镇林业工作站在岗职工文化程度

（3）乡村林场及乡村护林员

现有乡村林场3854个，在岗乡村护林员259008人，其中专职人员128593人，兼职人员130415人。护林员队伍学历较低，46岁及以上人员占70.46%（见表4、图3）。

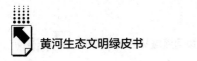

表4 黄河流域乡村林场类型

单位：个

种类	数量	种类	数量
集体林场	1280	户办林场	2424
联办林场	150	总计	3854

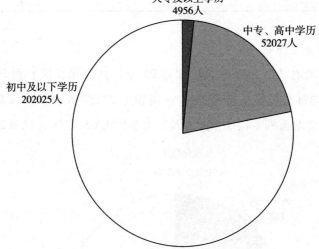

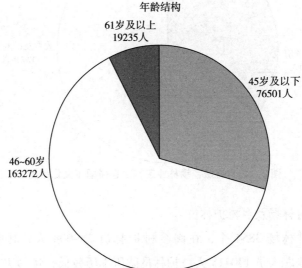

图3 黄河流域乡村护林员人员分布

（4）林业有害生物防治检疫机构及人员

林业有害生物防治检疫机构 1113 个（见表 5），年度资金投入 151457 万元，其中中央财政资金投入 12088 万元，省级财政资金投入 16847 万元，地（市）级财政资金投入 12770 万元，县（市、区）级财政资金投入 67958 万元，社会资金投入 41794 万元。

表 5   黄河流域林业有害生物防治检疫机构及人员情况

单位：个，人

	类别	数量	总计
林业有害生物防治检疫机构	省级	10	1113
	地级	115	
	县级	988	
林业有害生物防治检疫机构检疫人员	省级	188	8811
	地级	1074	
	县级	7549	
林业植物检疫检查站	固定检查站	520	1392
	临时检查站	872	
林业植物检疫检查站检疫人员	专职人员	5506	11014
	兼职人员	5508	
林业有害生物基层测报站点	国家级	313	10015
	省级	206	
	市(县)级	9496	
测报员	专职人员	3998	30562
	兼职人员	26564	

3. 林业产业发展

黄河流域林业产业总产值为 1.56 万亿元，占我国 2018 年林业产业总产值的 20.63%。主要林产品销售实际平均价格略有上升，其中木材平均价格为每立方米 583 元，锯材平均价格为每立方米 1039 元，胶合板平均价格为每立方米 2045 元。

（1）主要经济林、花卉和林产工业产品产量

主要木材、竹材产品产量 1208.81 万立方米，其中商品材产量 1076.35 万立方米，非商品材产量 132.46 万立方米。主要经济林产品、花卉、林产工业产品生产情况见表 6 ~ 表 8。

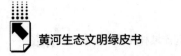

表6　黄河流域主要经济林产品生产情况

单位：万吨

类别	产量
水果产品	5022.19
干果产品	331.45
林产饮料产品（干重）	32.37
林产调料产品（干重）	29.9
森林食品	73.44
森林药材	112.77
木本油料	149
林产工业原料	12.51
总计	5763.53

表7　黄河流域花卉产业发展情况

项目	数量
花卉种植面积(万公顷)	43.03
切花切叶产量(万枝)	298743
盆栽植物产量(万盆)	176621
观赏苗木产量(万株)	216207
草坪产量(万平方米)	1816
花卉市场数量(个)	1413
花卉企业数量(个)	11232
花农数量(万户)	43.63
花卉从业人员人数(万人)	156.27
控温温室面积(万平方米)	3319
日光温室面积(万平方米)	2928

表8　黄河流域主要林产工业产品产量

产品	类别	产量
主要木材加工产品(万立方米)	锯材	2923.76
	木片、木粒加工产品	1942.76
	人造板	9794.56
	其他加工材	357.41
	木竹地板	5173.86
主要林产化工产品(吨)	松香类	325
	木竹热解产品	32972
	木质生物质成型燃料	10700

（2）森林公园及林业休闲产业

森林公园 1207 处，其中国家森林公园 314 处（见表9）。年度旅游 8.03 亿人次，旅游收入为 1999.59 亿元，直接带动其他产业产值 1737.63 亿元。

表9　黄河流域森林公园建设与经营情况

森林公园	类别	数量	总计
森林公园总数（处）	国家森林公园	314	
	省级森林公园	554	1207
	县级森林公园	339	
森林公园总面积（万公顷）	国家森林公园	650.62	
	省级森林公园	278.59	958.51
	县级森林公园	29.29	
森林公园旅游收入（亿元）			261.83
森林公园年度（2018年度）投入资金（亿元）	国家投资	18.56	
	自筹资金	68.71	116.14
	招商引资	28.87	
森林公园职工（人）	导游	5676	
	社会旅游从业人员	307431	368287
	职工	55180	

（二）分区域发展情况

1. 青藏高原区

主要涉及青海省，包括多曲、热曲、东曲、卡日曲、白河、阿珂河、黑河、切木曲、泽曲、曲什安河等领域。巴颜喀拉山、阿尼玛卿山、祁连山有天然林分布。

（1）森林资源现状

森林面积 419.75 万公顷，森林蓄积 4864.15 万立方米（见图4），森林覆盖率 5.82%，以天然林为主。

（2）营林生产

①营造林

造林 20.59 万公顷，其中人工造林 7.00 万公顷，新封山（沙）育林

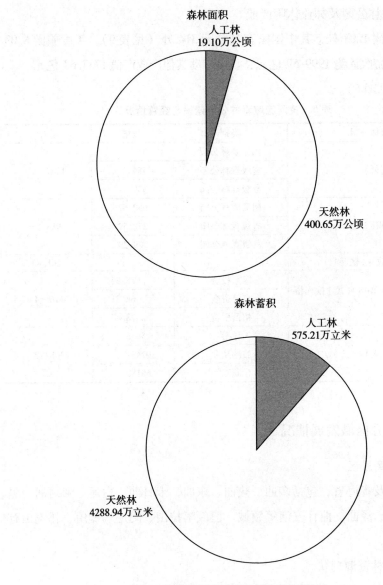

图4　青藏高原区森林面积及蓄积统计

13.59 万公顷；森林抚育 3.83 万公顷；四旁（零星）植树 1586 万株。年度累计完成投资 77681 万元，实际利用外资 407 万美元。

②林业主要灾害防治

林业有害生物年度发生面积 26.78 万公顷，灾害发生率 4.57%。林业有害生物防治面积 22.13 万公顷，灾害防治率 82.63%，无公害防治率 93.94%（见图 5）。

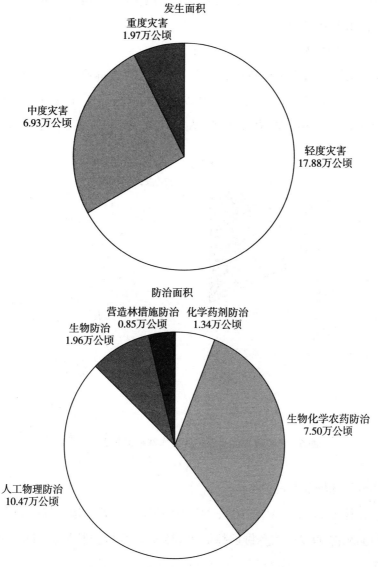

图 5 青藏高原区林业有害生物发生及防治面积统计

（3）林政管理机构及人员

①野生动植物保护机构及人员

青藏高原区拥有国际重要湿地3个，面积为184427公顷，有野生动植物保护管理站6个，野生动物救护中心3个，野生动物繁育机构10个，野生动物疫源疫病监测站16个；从事野生动植物保护的职工144人，其中各类专业技术人员15人。

②林业工作站

地（市）级林业工作站8个，县（市、区）级林业工作站39个。乡镇林业工作站在岗职工497人，大专及以上学历占81.7%（见图6）。35岁及以下人员92人，36～50岁人员352人，51岁及以上人员53人。

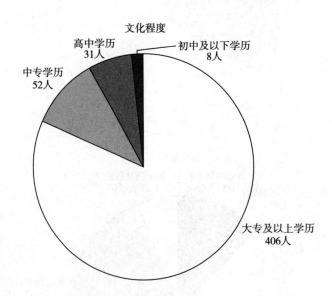

图6　青藏高原区乡镇林业工作站在岗职工人员分布

③乡村林场及乡村护林员

乡村林场77个（见表10），管护面积11.97万公顷，以公益林为主，公益林面积占99.2%，乡村护林员20135人，乡村护林员类别及文化程度见图7。

表10 青藏高原区乡村林场类型

单位：个

种类	数量
集体林场	75
联办林场	1
户办林场	1

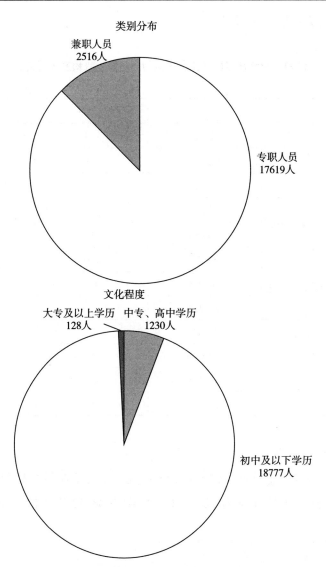

图7 青藏高原区乡村护林员人员分布

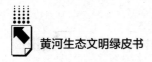

④林业有害生物防治检疫机构及人员

林业有害生物防治检疫机构40个，林业植物检疫检查站14个，基层测报站点209个（见表11）。林业有害生物防治年度资金投入总额为2581万元，其中中央财政资金投入为840万元，省级财政资金投入为1000万元，地（市）级财政资金投入为91万元，县（市、区）级财政资金投入为628万元，社会资金投入为22万元。

表11　青藏高原区林业有害生物防治检疫机构及人员情况

单位：个，人

	类别	数量	总计
林业有害生物防治检疫机构	省级	1	40
	地级	8	
	县级	31	
林业有害生物防治检疫机构检疫人员	省级	6	344
	地级	98	
	县级	240	
林业植物检疫检查站检疫员	专职人员	414	587
	兼职人员	173	
林业有害生物基层测报站点	国家级	28	209
	市(县)级	181	
测报员	专职人员	141	504
	兼职人员	363	

（4）林业产业

林业产业总产值较低，仅为67.53亿元，主要是花果产品和旅游收入。全区森林公园22处（见表12）。年度旅游1038.42万人次，旅游收入为8.41亿元。

表 12　青藏高原区森林公园建设与经营情况

森林公园	类别	数量	总计
森林公园总数(处)	国家森林公园	7	22
	省级森林公园	15	
森林公园总面积(万公顷)	国家森林公园	29.33	53.9
	省级森林公园	24.57	
森林公园旅游收入(万元)			13020
森林公园年度(2018 年度)投入资金(万元)	国家投资	1874	8780
	自筹资金	1201	
	招商引资	5705	
森林公园职工(人)	导游	119	645
	职工	526	

2. 川甘流域区

主要涉及甘肃、四川,包括洮河、大夏河、湟水、大通河等,祁连山林区、白龙江林区分布有天然林。

(1) 森林资源现状

森林面积为 2349.5 万公顷 (见图 8),森林蓄积为 211287.89 万立方米,森林覆盖率为 24.68%,乔木林单位面积蓄积量为 117.56 立方米。

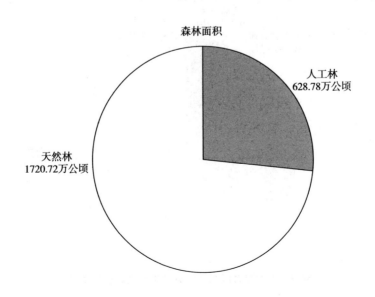

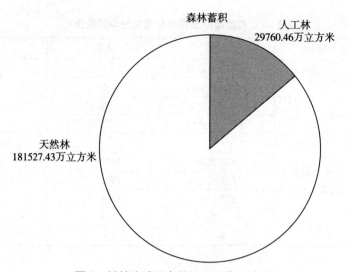

图8　川甘流域区森林面积及蓄积统计

（2）营林生产

①营造林

造林82.96万公顷，森林抚育34.60万公顷，四旁（零星）植树18690万株。累计完成投资32.61亿元，实际利用外资1060万美元。

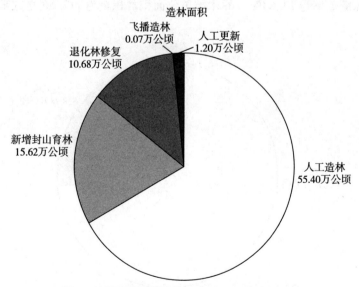

图9　川甘流域区及林业重点生态工程造林情况

②林业主要灾害防治

林业有害生物年度发生面积 1086330 公顷，灾害发生率 4.03%。林业有害生物防治面积 732755 公顷，灾害防治率 67.45%，无公害防治率 87.2%。

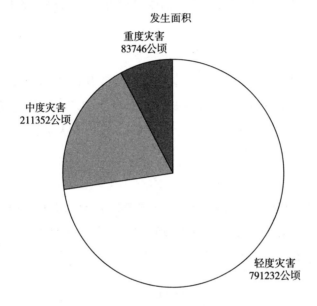

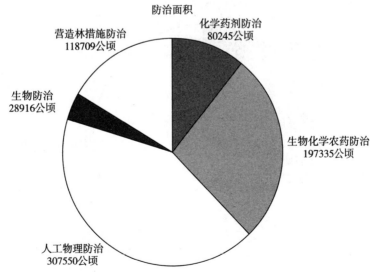

图 10　川甘流域区林业有害生物发生及防治面积

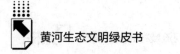

（3）林政管理机构及人员

①野生动植物保护机构及人员

野生动植物保护管理站 73 个，野生动物救护中心 20 个，野生动物繁育机构 1204 个；从事野生动植物保护的职工 6121 人，其中各类专业技术人员 1406 人。

②林业工作站

地（市）级林业工作站 20 个，乡镇林业工作站 2172 个，乡镇林业工作站在岗职工总数 8256 人，大专及以上学历占 67.7%。35 岁及以下人员为 1712 人，36~50 岁人员为 4905 人，51 岁及以上人员为 1639 人（见图 11）。

③乡村林场及乡村护林员

乡村林场 1785 个（见表 13），乡村护林员 65918 人，初中及以下学历占 84.2%（见图 12），管护面积 85.73 万公顷，其中公益林面积 43.49 公顷，商品林面积 13.86 公顷。

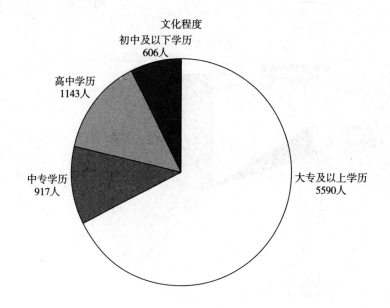

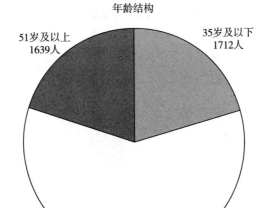

图11　川甘流域区乡镇林业工作站在岗职工人员分布

表13　川甘流域区乡村林场类型

单位：个

种类	数量
集体林场	486
联办林场	50
户办林场	1249

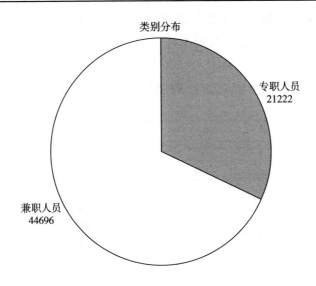

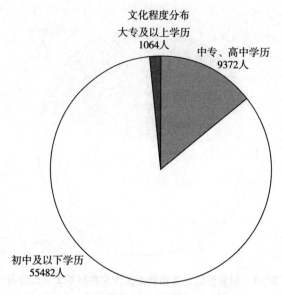

图 12　川甘流域区乡村护林员人员分布

④林业有害生物防治检疫机构及人员

林业有害生物防治检疫机构 312 个，林业植物检疫检查站 627 个，林业有害生物基层测报站点 3444 个，测报员 12149 人（见表 14）。年度资金投入 32448 万元，其中中央财政资金投入 2675 万元，省级财政资金投入 4787 万元，地（市）级财政资金投入 1638 万元，县（市、区）级财政资金投入 18196 万元，社会资金投入 5152 万元。

表 14　川甘流域区林业有害生物防治检疫机构及人员情况

单位：个，人

	类别	数量	总计
林业有害生物防治检疫机构	省级	2	312
	地级	34	
	县级	276	
林业有害生物防治检疫机构检疫人员	省级	48	2173
	地级	287	
	县级	1838	

续表

	类别	数量	总计
林业植物检疫检查站	固定检查站	120	627
	临时检查站	507	
林业植物检疫检查站检疫人员	专职人员	1412	3444
	兼职人员	2032	
林业有害生物基层测报站点	国家级	75	3444
	省级	74	
	市（县）级	3295	
测报员	专职人员	1020	12149
	兼职人员	11129	

（4）林业产业

林业产业总产值 4221.10 亿元。主要木材、竹材产品产量 269.1 万立方米，其中商品材产量 235.15 万立方米，非商品材产量 33.95 万立方米。

①主要经济林、花卉和林产工业产品产量

各类经济林产品年度总产量 1431.11 万吨，花卉种植面积 5.57 万公顷，花卉企业 3317 个，花卉从业人员 24.84 万人（见表 15～表 17）。

表 15　川甘流域区主要经济林产品生产情况

单位：万吨

类别	产量
水果产品	1243.62
干果产品	20.25
林产饮料产品（干重）	15.71
林产调料产品（干重）	13.55
森林食品	20.74
森林药材	42.16
木本油料	74.28
林产工业原料	0.79
总计	1431.11

表 16　川甘流域区花卉产业发展情况

项目	数量
花卉种植面积（公顷）	55730
切花切叶产量（万枝）	51286
盆栽植物产量（万盆）	29757

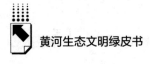

续表

项目	数量
观赏苗木产量(万株)	25736
草坪产量(万平方米)	487
花卉市场数量(个)	468
花卉企业数量(个)	3317
花农数量(万户)	10.19
花卉从业人员人数(万人)	24.84
控温温室面积(万平方米)	216
日光温室面积(万平方米)	494

表17 川甘流域区主要林产工业产品产量

产品	类别	产量
主要木材加工产品(万立方米)	锯材	171.4
	木片、木粒加工产品	167.8
	人造板	569.93
	其他加工材	4.24
	木竹地板	307.11
主要林产化工产品(吨)	木竹热解产品	2962

②森林公园及林业休闲产业

森林公园共有228处，其中国家森林公园66处（见表18）。年度旅游41991.36万人次，旅游收入为1155.31亿元。

表18 川甘流域区森林公园建设与经营情况

森林公园	类别	数量	总计
森林公园总数(处)	国家森林公园	66	
	省级森林公园	131	228
	县级森林公园	31	
森林公园总面积(公顷)	国家森林公园	2204696	
	省级森林公园	1012150	3228255
	县级森林公园	11409	
森林公园旅游收入(万元)			931435
森林公园年度(2018年度)投入资金(万元)	国家投资	33816	
	自筹资金	116185	177496
	招商引资	27495	
森林公园职工(人)	导游	748	
	职工	9875	10623

3. 蒙新高原区

主要涉及宁夏、内蒙古，包括清水河、昆都仑河、大黑河、乌加河、都思兔河等，大青山、贺兰山、六盘山林区有天然林分布。

（1）森林资源现状

森林面积为 2680.45 万公顷，森林蓄积为 153539.28 万立方米，森林覆盖率为 17.37%，乔木林单位面积蓄积量为 135.2 立方米。

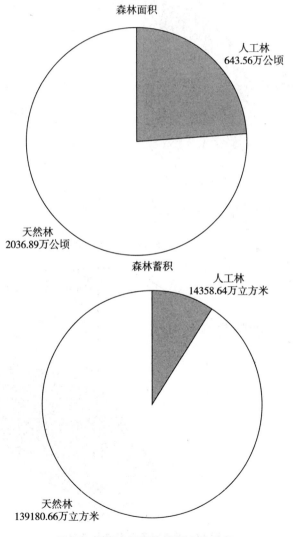

图13　蒙新高原区森林面积及蓄积

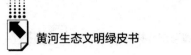
（2）营林生产

①营造林

造林面积700034公顷，森林抚育面积694267公顷，封山（沙）育林面积4009425公顷，四旁（零星）植树1422万株。

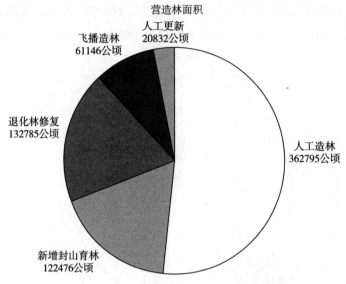

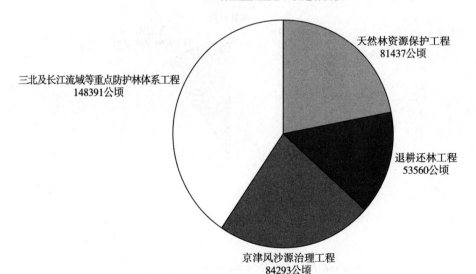

图14 蒙新高原区营造林情况

②林业主要灾害防治

林业有害生物年度发生面积 1323005 公顷，灾害发生率 12.92%。林业有害生物防治面积 767951 公顷，灾害防治率 58.05%，无公害防治率 89.87%（见图15）。

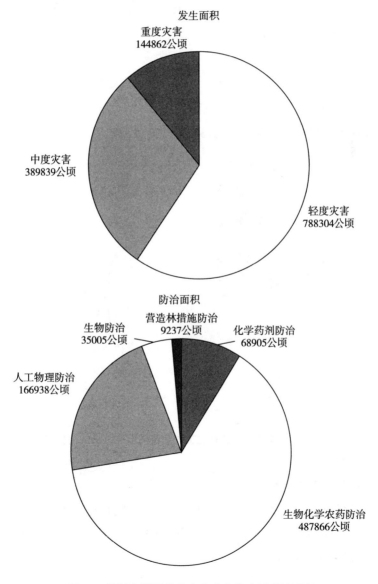

图15 蒙新高原区林业有害生物发生及防治面积

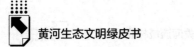

（3）林政管理机构及人员

①野生动植物保护机构及人员

蒙新高原区拥有野生动植物保护管理站 129 个，野生动物救护中心 10 个，野生动物繁育机构 198 个；从事野生动植物保护的职工 3049 人，其中各类专业技术人员 841 人；野生动植物保护投资完成额为 3592 万元，其中中央投资 2435 万元，地方投资 1157 万元。

②林业工作站

地（市）级林业工作站 18 个，乡镇林业工作站 902 个。乡镇林业工作站在岗职工 3248 人，大专及以上学历占 77.68%（见图 16）。35 岁及以下人员为 445 人，36～50 岁人员为 2135 人，51 岁及以上人员为 668 人。

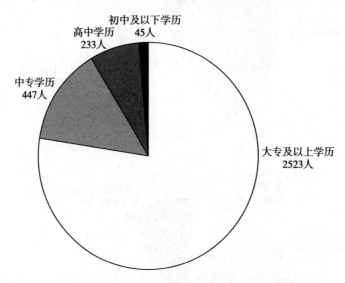

图16 蒙新高原区乡镇林业工作站在岗职工人员文化程度

③乡村林场及乡村护林员

乡村林场 561 个；乡村护林员 53391 人；管护面积 1394901 公顷，其中公益林面积 766741 公顷，商品林面积 13037 公顷，其他类别森林面积 615123 公顷（见表 19 和图 17）。

表19　蒙新高原区乡村林场分类统计

单位：个，公顷

	分类	数量
乡村林场个数	集体林场	21
	联办林场	11
	户办林场	529
乡村林场管辖面积	公益林面积	766741
	商品林面积	13037
	其他类别森林面积	615123

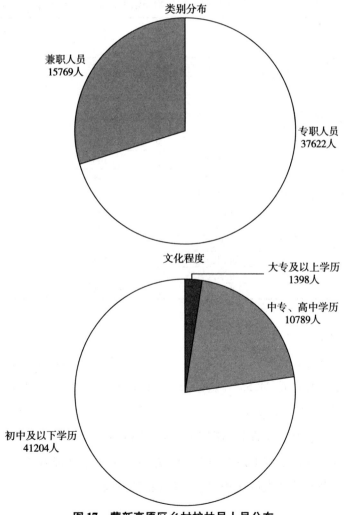

图17　蒙新高原区乡村护林员人员分布

④林业有害生物防治检疫机构及人员

林业有害生物防治检疫机构 170 个，林业植物检疫检查站 241 个，基层测报站点 1228 个（见表 20）。年度资金投入为 22560 万元，其中中央财政资金投入为 2200 万元，省级财政资金投入为 2006 万元，地（市）级财政资金投入为 973 万元，县（市、区）级财政资金投入为 4498 万元，社会资金投入为 12883 万元。

表 20　蒙新高原区林业有害生物防治检疫机构及人员情况

	类别	数量	总计
林业有害生物防治检疫机构	省级	3	170
	地级	17	
	县级	150	
林业有害生物防治检疫机构检疫人员	省级	52	1861
	地级	215	
	县级	1594	
林业植物检疫检查站	固定检查站	166	241
	临时检查站	75	
林业植物检疫检查站检疫人员	专职人员	1230	2271
	兼职人员	1041	
林业有害生物基层测报站点	国家级	60	1228
	省级	34	
	市(县)级	1134	
测报员	专职人员	706	7382
	兼职人员	6676	

（4）林业产业

林业产业总产值 662.91 亿元。主要木材、竹材产品产量 75.30 万立方米，其中商品材产量 74.55 万立方米，非商品材产量 0.75 万立方米。林业累计完成投资 125719 万元。

①主要经济林、花卉和林产工业产品产量

各类经济林产品年度总产量 92.48 万吨，花卉种植 6591 公顷，花卉企业 105 个，花卉从业人员 0.93 万人（见表 21～表 23）。

表21　蒙新高原区主要经济林产品生产情况

单位：万吨

类别	产量
水果产品	69.16
干果产品	11
林产饮料产品（干重）	0.449
森林食品	1.322
森林药材	10.36
木本油料	0.1779
总计	92.48

表22　蒙新高原区花卉产业发展情况

项目	数量
花卉种植面积（公顷）	6591
年度（2018年）切花切叶产量（万枝）	9432
盆栽植物产量（万盆）	8164
观赏苗木产量（万株）	10232
草坪产量（万平方米）	61
花卉市场数量（个）	116
花卉企业数量（个）	105
花农数量（万户）	0.2
花卉从业人员人数（万人）	0.93
控温温室面积（万平方米）	24
日光温室面积（万平方米）	416

表23　蒙新高原区主要林产工业产品产量统计

产品	类别	产量
主要木材加工产品（万立方米）	锯材	1260
	木片、木粒加工产品	0.83
	人造板	35.34
	木竹地板	19.9
主要林产化工产品（吨）	木竹热解产品	3000

②森林公园及林业休闲产业

森林公园总数为95处，其中国家森林公园40处（见表24）。年度旅游4069.23万人次，旅游收入1011922万元。

表24　蒙新高原区森林公园建设与经营情况

森林公园	类别	数量	总计
森林公园总数(处)	国家森林公园	40	95
	省级森林公园	28	
	县级森林公园	27	
森林公园总面积(公顷)	国家森林公园	1125071	1356138
	省级森林公园	215162	
	县级森林公园	15905	
森林公园旅游收入(万元)			40263
森林公园年度投入资金(万元)	国家投资	15936	104068
	自筹资金	44367	
	招商引资	43765	
森林公园职工(人)	导游	334	4311
	职工	3977	

4. 黄土高原、汾渭平原区

主要涉及山西、陕西，包括三川河、漱水河、蔚汾河、岚漪河、偏关河、县川河、朱家川、红河、乌兰木伦河、皇甫川、清水川、秃尾河、红柳河、秀延河、延水、汾川河、昕水河、渭河、白水河、汾河、沁河等流域，吕梁山、秦岭、太岳山、中条山有天然林分布。

(1) 森林资源现状

森林面积为1207.93万公顷，森林蓄积为60790.07万立方米(见图18)，森林覆盖率为33.31%，乔木林单位面积蓄积量为120.57立方米。

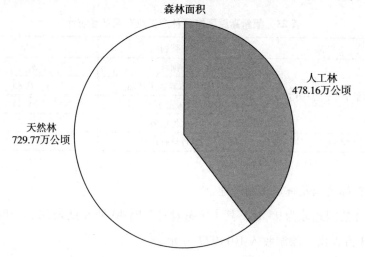

森林面积

人工林
478.16万公顷

天然林
729.77万公顷

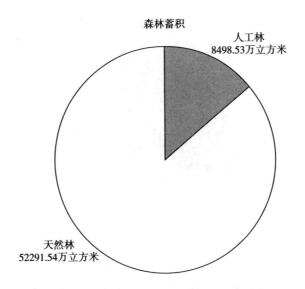

图18 黄土高原、汾渭平原区森林面积及蓄积统计

（2）营林生产

①营造林

造林688242公顷（见图19），森林抚育229372公顷，封山（沙）育林1301403公顷，四旁（零星）植树18261万株。

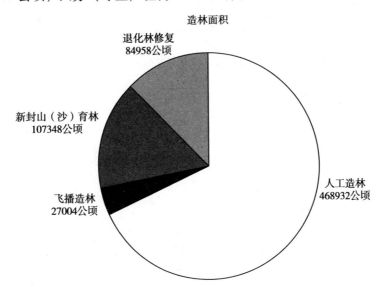

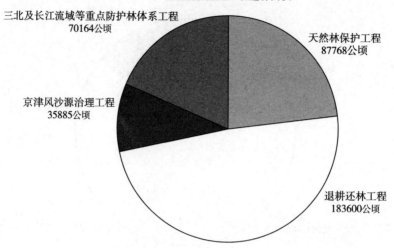

图19　黄土高原、汾渭平原区林业重点生态工程造林面积

②林业主要灾害防治

林业有害生物年度发生面积651157公顷，灾害发生率4.48%。林业有害生物防治面积513595公顷，灾害防治率78.87%，无公害防治率94.7%（见图20）。

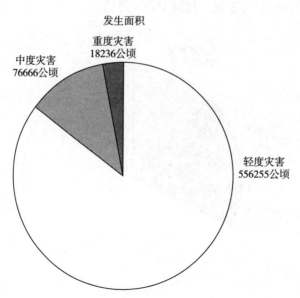

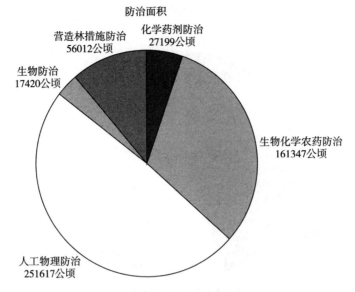

图20 黄土高原、汾渭平原区林业有害生物发生及防治面积

（2）林政管理机构及人员

①野生动植物保护机构及人员

野生动植物保护管理站82个，野生动物救护中心22个，野生动物繁育机构229个，野生动物疫源疫病监测站104个；从事野生动植物保护的职工2594人，其中各类专业技术人员1015人；野生动植物保护投资完成额为4889万元，其中中央投资2612万元，地方投资2277万元。

②林业工作站

地（市）级林业工作站20个，乡镇林业工作站1880个。乡镇林业工作站在岗职工4741人（见图21），其中，35岁及以下人员为884人，36～50岁人员为2741人，51岁及以上人员为1116人。

③乡村林场及乡村护林员

乡村林场333个，乡村护林员62920人，管护面积816436公顷，其中公益林面积563096公顷，商品林面积78247公顷，其他类别森林面积175093公顷（见表25和图22）。

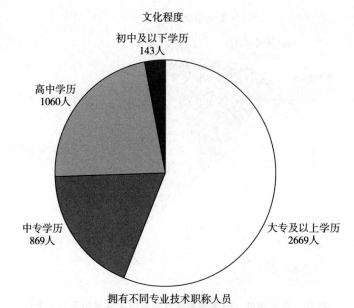

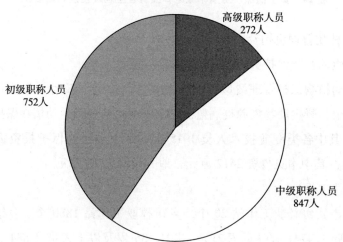

图21 黄土高原、汾渭平原区乡镇林业工作站在岗职工人员分布

表25 黄土高原、汾渭平原区乡村林场分类统计

单位：个，公顷

	分类	数量
乡村林场个数	集体林场	244
	联办林场	28
	户办林场	61

续表

	分类	数量
	公益林面积	563096
乡村林场管辖面积	商品林面积	78247
	其他类别森林面积	175093

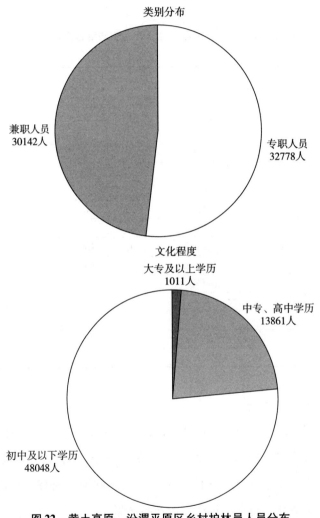

图22　黄土高原、汾渭平原区乡村护林员人员分布

④林业有害生物防治检疫机构及人员

林业有害生物防治检疫机构251个，林业植物检疫检查站416个，基层

测报站点 1646 个（见表 26）。年度资金投入 17818 万元，其中中央财政资金投入 2661 万元，省级财政资金投入 3888 万元，地（市）级财政资金投入 813 万元，县（市、区）级财政资金投入 6762 万元，社会资金投入 3694 万元。

表 26　黄土高原、汾渭平原区林业有害生物防治检疫机构及人员情况

单位：个，人

	类别	数量	总计
林业有害生物防治检疫机构	省级	2	251
	地级	22	
	县级	227	
林业有害生物防治检疫机构检疫人员	省级	43	2316
	地级	191	
	县级	2082	
林业植物检疫检查站	固定检查站	180	416
	临时检查站	236	
林业植物检疫检查站检疫人员	专职人员	878	1648
	兼职人员	770	
林业有害生物基层测报站点	国家级	69	1646
	省级	50	
	市(县)级	1527	
测报员	专职人员	799	3839
	兼职人员	3040	

（4）林业产业发展

黄土高原、汾渭平原区林业产业总产值为 1818.15 亿元。木材、竹材产品产量低，仅仅 73.89 万立方米；经济林产品产量高，占整个区域的 31.5%。林业累计完成投资 291224 万元，实际利用外资 187 万美元。

①主要经济林、花卉和林产工业产品产量

各类经济林产品年度总产量 1628.81 万吨，花卉种植面积 68618 公顷，花卉企业 814 个，花卉从业人员 10.55 万人（见表 27 ~ 表 29）。

表27 黄土高原、汾渭平原区主要经济林产品生产情况

单位：万吨

类别	产量
水果产品	1334.23
干果产品	196.00
林产饮料产品（干重）	8.83
林产调料产品（干重）	8.97
森林食品	13.87
森林药材	29.68
木本油料	33.52
林产工业原料产量	3.71
总计	1628.81

表28 黄土高原、汾渭平原区花卉产业发展情况

项目	数量
花卉种植面积（公顷）	68618
年度（2018年度）切花切叶产量（万枝）	6434
盆栽植物产量（万盆）	24788
观赏苗木产量（万株）	38946
草坪产量（万平方米）	784
花卉市场数量（个）	198
花卉企业数量（个）	814
花农数量（万户）	2.8
花卉从业人员人数（万人）	10.55
控温温室面积（万平方米）	78
日光温室面积（万平方米）	351

表29 黄土高原、汾渭平原区主要林产工业产品产量统计

产品	类别	产量
主要木材加工产品（万立方米）	锯材	23.7
	木片、木粒加工产品	18.22
	人造板	58.24
	其他加工材	2.55
	木竹地板	4.31
主要林产化工产品（吨）	松香类	200
	木竹热解产品	600
	木质生物质成型燃料	10700

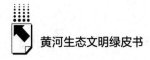
②森林公园及林业休闲产业

森林公园 232 处，其中国家森林公园 61 处（见表 30）。旅游 8552.34 万人次，旅游收入 1411663 万元，直接带动其他产业产值 1139140 万元。

表30　黄土高原、汾渭平原区森林公园建设与经营情况

森林公园	类别	数量	总计
森林公园总数（处）	国家森林公园	61	232
	省级森林公园	108	
	县级森林公园	63	
森林公园总面积（公顷）	国家森林公园	624473	963757
	省级森林公园	293064	
	县级森林公园	46220	
森林公园旅游收入（万元）			230316
森林公园年度（2018 年度）投入资金（万元）	国家投资	51012	192724
	自筹资金	78374	
	招商引资	63338	
森林公园职工（人）	导游人数	1165	82059
	社会旅游从业人员	72667	
	职工总数	8227	

5. 伊洛河、黄淮海平原区林业发展情况

涉及河南省、山东省，包括伊洛河、沁河、丹河、金堤河、玉符河、大汶河等流域，伏牛山、熊耳山、崤山有天然林分布，黄淮海平原以农田防护林为主。

（1）森林资源现状

森林面积 669.69 万公顷，森林蓄积 29880.61 万立方米，森林覆盖率为 20.83%，森林单位面积平均蓄积量 59.75 立方米。

（2）营林生产

①营造林

造林 321077 公顷，其中林业重点工程造林 62218 公顷（见图 23）。森林抚育 504980 公顷，四旁（零星）植树 28478 万株。

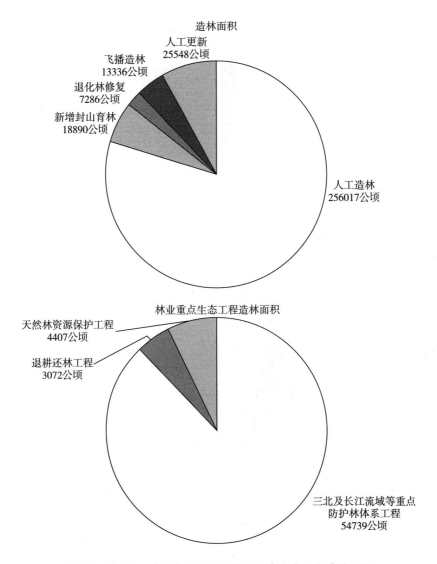

造林面积

人工更新
25548公顷

飞播造林
13336公顷

退化林修复
7286公顷

新增封山育林
18890公顷

人工造林
256017公顷

林业重点生态工程造林面积

天然林资源保护工程
4407公顷

退耕还林工程
3072公顷

三北及长江流域等重点
防护林体系工程
54739公顷

图23 伊洛河、黄淮海平原区及林业重点生态工程造林面积

②林业主要灾害防治

林业有害生物年度发生面积1055745公顷，灾害发生率12.51%。林业有害生物防治面积988201公顷，灾害防治率93.60%，无公害防治率90.15%（见图24）。

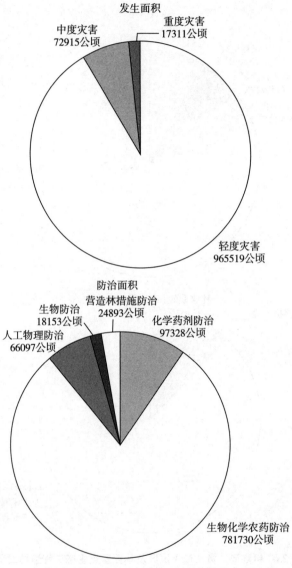

图24 伊洛河、黄淮海平原区林业有害生物发生及防治面积

（3）林政管理机构及人员

①野生动植物保护机构及人员

国际重要湿地2个，面积146711公顷，野生动植物保护站63个，野生动物救助中心38个，野生动物繁育机构145个，野生动物疫源疫病监测站84

个，从事野生动植物人数 3204 人，野生动植物保护投资完成额 4528 万元。

②林业工作站

地（市）级林业工作站 29 个，乡镇林业工作站 2528 个，乡镇林业工作站在岗职工 6545 人，大专及以上学历占 62.2%（见图 25）。35 岁及以下人员 958 人，36～50 岁人员 4474 人，51 岁及以上人员 1113 人。

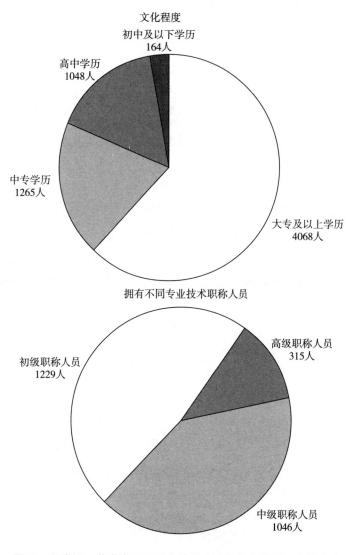

图 25　伊洛河、黄淮海平原区乡镇林业工作站在岗职工人员分布

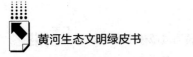

③乡村林场及乡村护林员

乡村林场 1098 个，乡村护林员 56644 人，管护面积 434002 公顷，其中公益林面积 223767 公顷，商品林面积 87259 公顷，其他类别森林面积 122976 公顷（见表 31 和图 26）。

表 31　伊洛河、黄淮海平原区乡村林场分类统计

单位：个，公顷

	分类	数量
乡村林场个数	集体林场	454
	联办林场	60
	户办林场	584
乡村林场管辖面积	公益林面积	223767
	商品林面积	87259
	其他类别森林面积	122976

④林业有害生物防治检疫机构及人员

林业有害生物防治检疫机构 340 个，林业植物检疫检查站 94 个，基层测报站点 3488 个（见表 32）。年度资金投入 76050 万元，其中中央财政资金投入 3712 万元，省级财政资金投入 5166 万元，地（市）级财政资金投入 9255 万元，县（市、区）级财政资金投入 37874 万元，社会资金投入 20043 万元。

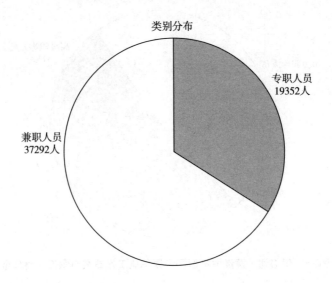

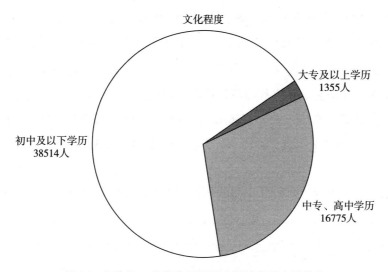

图 26 伊洛河、黄淮海平原区乡村护林员人员分布

表 32 伊洛河、黄淮海平原区林业有害生物防治检疫机构及人员情况

单位：个，人

	类别	数量	总计
林业有害生物防治检疫机构	省级	2	340
	地级	34	
	县级	304	
林业有害生物防治检疫机构检疫人员	省级	39	2117
	地级	283	
	县级	1795	
林业植物检疫检查站	固定检查站	40	94
	临时检查站	54	
林业植物检疫检查站检疫人员	专职人员	1572	3064
	兼职人员	1492	
林业有害生物基层测报站点	国家级	81	3488
	省级	48	
	市（县）级	3359	
测报员	专职人员	1332	6688
	兼职人员	5356	

（4）林业产业

林业产业总产值 88478512 万元。主要木材产量 732.62 万立方米，其中

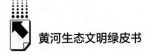

原木产量 643.92 万立方米，薪材产量 88.70 万立方米。林业投资 3796156
万元，其中中央投资 261407 万元，地方投资 969384 万元，利用外资 3061
万美元。

①主要经济林、花卉和林产工业产品产量

各类经济林产品产量 25975698 吨，花卉种植面积 299228 公顷，花卉企
业 6955 个，从事花卉生产 119.87 万人（见表 33 ~ 表 35）。

表 33　伊洛河、黄淮海平原区主要经济林产品生产情况

单位：吨

类别	产量（吨）
水果产品产量	23730136
干果产品产量	1041815
森林食品产量	374985
森林药材产量	219974
林产饮料产品（干重）	72780
林产调料产品（干重）	73852
木本油料	382012
林产工业原料	80144
总计	25975698

表 34　伊洛河、黄淮海平原区花卉产业发展情况

项目	数量
花卉种植面积（公顷）	299228
年度（2018 年度）切花切叶产量（万枝）	231491
盆栽植物产量（万盆）	113462
观赏苗木产量（万株）	141289
花卉市场数量（个）	619
花卉企业数量（个）	6955
花卉从业人员人数（万人）	119.87
控温温室面积（万平方米）	2999
日光温室面积（万平方米）	1663

表35 伊洛河、黄淮海平原区主要林产工业产品产量统计

产品	类别	产量
主要木材加工产品(万立方米)	锯材	1468.85
	木片、木粒加工产品	1755.91
	人造板	9131.05
	其他加工材	350.72
	木竹地板	4842.54
主要林产化工产品(吨)	木竹热解产品产量	26410

②森林公园及林业休闲产业经营

森林公园 424 个，其中国家森林公园 81 个，面积 347279 公顷；省级森林公园 156 个，面积 253387 公顷。相关从业人员 23226 人。旅游总收入 484864 万元，接待旅游人数 9428 万人次。

三 黄河流域林业发展存在的问题与建议

（一）黄河流域林业发展存在的问题

1. 流域内人口密度大，经济社会发展依然相对落后，西部大开发战略给区域发展带来了机遇，但林业面临的形势更加严峻

黄河流域内总人口约 11368 万人，占全国总人口的 8.6%，全流域人口密度为每平方千米 143 人，高于全国平均值每平方千米 134 人，且 70% 左右的人口集中在龙门以下地区，而该区域面积仅占全流域的 32% 左右。流域大部分地处我国中西部，由于历史、自然条件等因素，经济社会发展相对滞后，黄河流域地区生产总值仅占全国的 8%，人均地区生产总值约为全国人均的 90%。近年来，随着西部大开发、中部崛起等战略的实施，流域经济社会得到快速发展，但发展带来的生态环境压力也与日俱增，流域经济社会发展同生态保护的矛盾日渐突出，少数地方对生态保护修复的

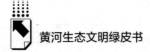
认识不到位，仍然存在"重经济发展、轻生态保护"的现象，保护和发展矛盾凸显，林业发展面临的形势更加严峻。

2. 区域内整体森林覆盖率有所提高，但森林分布不均，生态脆弱区域森林覆盖率低，生态环境依然极度脆弱

黄河流域森林面积为1629.48万公顷，森林覆盖率平均为19.21%，低于全国森林覆盖率（22.96%），且区域内森林分布不均。青藏源头区域森林覆盖率仅为5.82%，与其他区域相比，属于缺林少绿地区，早期营造的防护林林木长势衰弱，防护功能下降，生态承载力不断降低。自黄河中游穿过的黄土高原是我国乃至世界水土流失最为严重的地区，生境破碎，生态系统功能不稳定，生态环境依然极度脆弱。

3. 黄土高原地区水土流失状况得到了一定的改善，但水土流失面临的形势依然严峻

黄河巨量泥沙来源于世界上水土流失面积最广、侵蚀强度最大的黄土高原，水土流失面积45.4万平方千米（占全流域水土流失总面积的97.6%）。虽然经过几十年的治理，但黄河流域还有一半以上的水土流失面积没有得到治理，且未治理部分水土流失强度大、自然条件恶劣，治理难度更大，尤其是中游多沙粗沙区治理进展缓慢，生态环境改善和减沙效果不明显，已初步治理的水土流失区侵蚀模数仍普遍高于轻度侵蚀标准，资源开发与环境保护的矛盾更加尖锐，水土流失防治任务依然艰巨。

4. 近几十年来区域内林业建设取得了巨大成就，但林业科技支撑能力依然严重不足

近几十年来，国家重视中西部地区生态建设，黄河流域人工造林面积约2271.49万公顷，由于科技力量投入不足，造林成活率低，成林面积低，生态效益低下，仅2018年度林业有害生物年度发生面积为438.40万公顷，其中轻度灾害面积为328.01万公顷，中度灾害面积为82.01万公顷，重度灾害面积为28.38万公顷，灾害发生率为8.21%，远远高于全国平均水平。

（二）政策建议

1. 持续推进大规模国土绿化行动，提高森林覆盖率

推进天然林保护修复、三北防护林建设、退耕还林还草、京津风沙源治理等重点工程，以水定林，宜林则林，宜灌则灌，扩大森林资源和生态总量，提升森林生态质量和功能，有序扩大城乡蓝绿空间，集中连片恢复森林，增强区域生态系统互联互通，强化生物多样性保护。

2. 进一步巩固造林成果，加大森林经营管理力度，精准提升森林质量

针对黄河流域人工林面积大，普遍存在生长、结构和主导功能不良的问题，加大科技投入力度，重点开展基于生态阈值定量确定的多尺度立地质量评价和地带性树种适配、森林生长数值模拟及抚育技术决策、近自然化森林密度调控和树种结构调控、退化防护林的树种配置、人工促进天然林更新和抚育、退化防护林的改造等技术研究，精准提升森林质量。

3. 加强分区规划，加强重点区域森林资源保育，进一步提升森林系统生态稳定性

以提高森林生产力、增强森林生态稳定性和功能为目标，针对黄河流域不同区域典型森林和植被类型，通过森林生产力形成机制、森林生长演替规律及对经营的响应机理、森林退化过程与重构机制、森林生态功能的变化特征及其机理研究，提出不同区域森林资源保育的关键技术，并在重点区域和流域开展技术集成与示范，不断改善和维护黄河流域生态环境，保护黄河流域丰富的生物多样性，促进区域经济社会的高质量可持续发展。

G.3
黄河流域草原与草业发展报告

卢欣石 纪宝明 杨秀春 代心灵*

摘 要: 黄河流域有草地25.85亿亩，占全国草地面积的73.4%，是我
国重要的草原分布区和草业发展区，也是世界著名的高寒草
原生物多样性中心。本报告将黄河流域草原草业区划分为上
游青藏高原草原区、中游黄土高原草地区和下游黄淮海平原
草地区三个主要地理类型区，总结了各类型区草原与草业发
展现状与成绩以及存在的问题，并针对不同区域未来发展的
方向和任务，提出了分区分级的系统管理和大力发展草牧业
的战略性建议。

关键词: 草原 草业 高质量发展 黄河流域

黄河流经9个省区，是连接青藏高原、黄土高原、华北平原的重要生态
廊道，拥有三江源国家公园和祁连山国家公园（试点），4个国家草原自然
公园。黄河流域土地面积占全国的37.20%，拥有草地25.85亿亩，占全国
草地面积的73.4%，是我国重要的草原分布区和草业发展区；拥有高寒草
原类、高寒草甸类、高寒荒漠类、温性草原类、温性荒漠类、暖性灌草丛

* 卢欣石，博士，北京林业大学草业与草原学院教授、博士生导师，研究方向为草原资源与生
态及草产业宏观战略；纪宝明，博士，北京林业大学草业与草原学院副院长、教授、博士生
导师，研究方向为草地资源与土壤生态；杨秀春，博士，北京林业大学草业与草原学院教
授、博士生导师，研究方向为草原遥感监测；代心灵，北京林业大学草业与草原学院助教，
研究方向为草原生态。

类、热性灌草丛类、低地草甸类、山地草甸类等草原类型，是世界著名的高寒草原生物多样性中心和草原水源涵养区。

一　区域概况

黄河流域连接我国主要草原牧区、半农半牧区和北方农区，是生态保护建设和农牧业经济发展的核心区域。按照流域地理地貌以及草原和草业的属性，我们将黄河流域分为三个大区，分别为上游青藏高原草原区、中游黄土高原草地区和下游黄淮海平原草地区。

上游青藏高原草原区——该区主要位于青藏高原，涉及青海、甘肃、四川3个省12个市州90个县，土地面积约105万平方公里，草原面积7.83亿亩，约占全国草原面积的13.3%。这个区域分布有三江源草原、甘南草原、阿坝草原、若尔盖草原、祁连山草原等多个草原区，是整个流域最重要的草原生态功能区。草地类型主要是以蒿草属植物为优势种的山地高寒草甸，约占整个黄河流域草地面积的25.9%，高寒草原类约占6.8%，还有极少量山地草地类和高寒荒漠类，分别占4.3%和0.3%，也是青海省天然草原主体。存在的主要生态问题是自然条件恶劣，草原植被盖度下降，草原鼠害猖獗，"黑土滩"类型的草场退化严重，草原生态系统极为脆弱。

中游黄土高原草地区——该区是世界最大的黄土堆积区，主要包括山西、陕西、甘肃、青海、宁夏、内蒙古、河南等7个省区38个市州394个县，面积约60万平方公里，人口1.17亿人，是我国最主要的暖性灌丛、灌草丛草地类型分布区。其中温性草原类约占全流域的22.2%，温性荒漠类约占14.8%，低地草甸类占1.54%。该区域从土地利用形式角度看，是农业耕作区和畜牧区交错的地区，表现为有农有牧、时农时牧；从农业利用角度看，河套区是黄河主要灌溉区；从生态建设角度看，由于水资源短缺，水土流失严重，生态环境恶化，该区域成为我国最重要的退耕还林还草工程区。

下游黄淮海平原草地区——该区位于黄河流域的下游，是典型的冲积平原，主要由黄河、海河、淮河、滦河等携带的大量泥沙沉积所致，多数地方的沉积厚达七八百米，最厚的开封、商丘、徐州一带达 5000 米，土地盐碱化和污染十分严重。该区含 2 个省 16 个市州 137 个县，总人口 8613.3 万人。天然草地面积 596.2 万亩，草地类型主要为暖性灌草丛类，约占整个黄河流域草地面积的 1.6%。

二　黄河流域草原与草业发展的主要方向和任务

根据国家黄河流域生态保护和高质量发展规划精神，黄河流域草原与草业的发展目标将聚焦黄河流域全流域的生态保护建设和草产业的发展，针对各区域存在的不同生态问题和产业发展问题，践行"两山论"，实施"生态产业化、产业生态化"的战略措施，实现流域生态保护和产业的高质量发展。

上游青藏高原草原区的首要方向和任务是认真落实和执行三江源国家公园建设、三江源草原生态保护和建设二期工程，草原退牧还草工程，认真执行省市各级草牧业生态保护建设项目，通过沙化草地治理、黑土滩退化草地治理、草原有害生物防控、一定期限内的禁牧封育补播等生态修复措施，重点保护和提高黄河源头和水源补给的生态功能，确保黄河源头地区输出的水量不少于 38%，阻止黄河源区西北部的塔里木盆地、柴达木盆地和河西走廊的干旱、极干旱荒漠在西北风的作用下向黄河源区和水源补给区扩张，同时保护黄河源区独特的草原生态系统和生物多样性。第二个方向和任务是发展草原生态产业，科学合理地落实草畜平衡、以草定畜，提高草原畜牧业生态效益和经济效率。第三个方向和任务是加强草原牧区文化教育和基础设施建设、牧区能源建设，提高牧民的生活质量和福祉水平。创建草原文化旅游产业，增进民族团结。

中游黄土高原草地区的首要方向和任务是针对黄河流域水土流失问题，认真贯彻落实国家退耕还林还草、坡耕地整治、梯田建设等工程，加强草灌小流域治理，水平梯田退耕还草，减少水土流失，确保黄河生态安全。第二个方向和任务是大力实行农业结构调整，推进传统农业生产方式转变，推行"粮＋经＋饲＋草"的多元种植结构调整，大力发展现代草牧业。第三个方向和任务是培植提升自我发展的能力，提高经济收入水平，改善生产生活条件，发展文化教育，打赢脱贫攻坚战，实现乡村振兴。

下游黄淮海平原草地区的首要方向和任务是利用草地修复技术，实行河道生物治理、大堤植被加固、河滩河道形态重构、河滩河流生态空间植被构建修复，在农耕区实行草田轮作，大力发展农区草牧业、多元种植和综合治理，提高单位面积中低产田的生产力。第二个方向和任务是利用黄河滩区和黄河三角洲良好的畜牧业基础和丰富的农业副产品资源，在传统的饲草种植区和草食家畜比重高的基础上，进一步调整优化农业种植业结构和生产方式，引进抗旱耐盐优质饲草品种，建立优质人工草地，开展草产品加工技术集成示范，饲草品质大幅提升；实施草田轮作，发展豆科饲草—小麦、豆科饲草—水稻、饲草—棉花等高效种植模式，一熟变两熟，土地复种指数增加一倍，有效提高土地利用率；引草入田，发展紫花苜蓿—青贮玉米—饲用高粱等种植模式，实现粮经饲合理配置，实现节水灌溉与藏粮于草、藏粮于技，提高土壤耕层有机质含量，减少化肥和农药施用量；实行种养紧密结合、草畜平衡，提高牛羊饲料转化率和粪污资源化利用率。

三 黄河流域草原生态建设与产业经济发展现状

（一）草原生态保护建设工程情况

1. 流域上游

黄河上游草原区是全流域草原的主体，草原总面积约占流域草地总面积的37.3%，是我国草原生态治理和草业发展的重要区域。从2000年开始，国家重点加大了草原工程建设力度，先后实施了一系列草原生态保护工程。与黄河流域草原区相关的草原生态工程主要有退牧还草工程，草原生态补奖政策、已垦草原治理工程，草原防火工程等。通过这些工程，严格落实禁牧、休牧、轮牧制度，实行以草定畜、草畜平衡，积极推进退化草原修复、黑土滩和毒害草治理，在甘肃、青海、内蒙古 3 省区启动实施退化草原人工种草生态修复试点，全面保护天然草原。截至 2019 年共落实草原生态建设工程中央投资近 180 亿元、草原生态保护补奖政策资金超过 800 亿元，禁牧、休牧面积达到 5600 万公顷，建立省级草原风景名胜区 2 个、市县级草甸草原自然保护区 1 个。

青海、甘肃和四川是黄河源头和上游水补给的主要省份，推行草原生态保护补奖政策绩效管理，这三个省 2018 年落实年度补奖资金达 37.83 亿元，建设草原围栏 142.66 万公顷，治理退化草原 395.5 万公顷，治理黑土滩 9.08 万公顷，草原鼠虫害防治面积已达 158.53 万公顷，其中青海省鼠害一期扫残 46.67 万公顷，防治虫害 26.73 万公顷；人工饲草基地 0.6 万公顷，治理退化草地 173.8 万公顷，退化草地治理率达到 8.4%，超额完成 0.7 个百分点。对 1633 万公顷中度以上退化天然草原实施禁牧补助，对 1526.67 万公顷可利用草原实施草畜平衡奖励。在三江源区新聘用草原管护员 20261 名，目前青海省草原管护员已达到 42778 名。甘肃省 2018 年落实草原禁牧 660 万公顷、草畜平衡 940 万公顷，完成草原承包 1606 万公顷；建成草原围栏 830 多万公顷，补播改良退化草原近 220 万公顷；建成草原防火物资储备库 8 座、防火指挥中心 3 个、草原防火站 25 个、边境草原防火隔离带 71 千米，共有草原扑火应急队伍 529 支，各类基层防火领导小组 304 个，草原防火管理人员达到 3061 名；建成草原鼠虫害测报站 17 个。四川省落实草原保护与建设资金 14.57 亿元，其中中央资金 13.07 亿元、省级资金 1.5 亿元，甘孜、阿坝两州草原生态补奖人均收入 505 元，2018 年开展草原生态保护补助奖励政策禁牧补助 467 万公顷、草畜平衡奖励 947 万公顷，划区轮牧草原围栏 235 万亩，退化草原改良 30 万亩，毒害草治理 2 万亩，黑土滩治理 2 万亩。建立现代家庭牧场 171 个。

2. 流域中游

黄河流域中游的黄土高原区主要分布在甘肃、陕西和山西，是我国退耕还林还草的重点区域。2000 年以来，全国累计实施退耕还林还草 5.08 亿亩。2016 年，国家五部委提出新一轮退耕还林还草工程计划，25 度以上坡耕地 2173 万亩。这部分坡耕地主要分布在黄土高原，由于气候干旱、水资源紧缺、退耕地无灌溉条件，成为退耕还草的主要区域。2018 年，甘肃、陕西、山西三省共完成退耕还林还草面积达到 18.7 万公顷。

2016 ～ 2018 年，分布在甘肃省域内的黄土高原区累计退耕还草面积达到 33.5 万公顷，完成投资 4.4 万亿元，其中 2018 年完成退耕还草面积达到 1 万公顷。陕西省 2018 年完成退耕还林还草面积达到 5.5 万公顷。山西省在黄河流域试点退耕还林还草，截至 2018 年，累计退耕还林还草面积达到 182 万公顷，惠及 153 万户农户 547 万人。2018 年继续完成 12.2 万公顷的退耕还林还草任务。

（二）生态环境改善情况

1. 植被覆盖度改善

通过黄河流域草原治理工程和保护建设，黄河流域草原区生态环境恶化的势头得到控制，草地质量下降的趋势得到缓解，草原综合植被盖度达到 52.9%，其中上游草原区 52.30%、中游草地区 65.30%、下游草地区 75.70%。黄河中下游植被情况好于上游草原区。根据国家林业和草原局发布的《黄河流域林草资源与生态状况监测报告》，2009 ～ 2019 年，草原植被覆盖显著改善的面积占 25.67%、轻微改善的面积占 43.58%、处于稳定不变的面积占 4.94%，与 2000 ～ 2009 年相比，近 10 年呈退化趋势的草原面积下降了 53.8%，天然草原单位面积产草量达到 0.84 吨/公顷，年水源涵养量达到 338.39 亿立方米，土壤保持量达到 50.14 亿吨。植被覆盖改善区域主要集中在中游，其中，甘肃陇南、平凉，陕西延安、商洛，山西晋中、长治改善最为显著。

上游的内蒙古乌兰察布南部，青海三江源、祁连山地区，四川若尔盖地区也有明显改善。但是还有少部分地区植被覆盖度仍然处于退化或轻微退化中，这部分占比达 25.81%。

2. 草原生态功能增强

与 2009 年相比，2019 年黄河流域上游中度、轻度退化草地面积占比已分别减少到 3.9% 和 19.5%，达到明显恢复等级的草地由 0.01% 增加到 1.93%。和上游退化草地恢复趋势相比，流域中游的恢复趋势更加明显，中度退化草地由 2000～2009 年的平均 39.3% 减少到 0.6%，轻度退化草地由 53.3% 减少到 2.3%，而明显恢复的草地由 0% 增加到 5.7%。和 2009 年相比，2019 年全流域轻度沙化草地面积增加 263.89 万公顷，中度沙化草地减少 88.18 万公顷，重度沙化草地减少 83.96 万公顷，极重度沙化草地减少 123.16 万公顷。总体趋势是上游和中游轻度沙化草地面积均增加，中度、重度、极重度沙化草地均减少。

随着生态环境和草地植被状况的不断改善，退化草地不断得到治理，草原的生态功能不断恢复和提高。北京林业大学草地资源监测数据表明，2010～2019 年，黄河流域草地年均水源涵养量达到 338.39 亿立方米，比 2000～2009 年增加了 16.4%；年均固碳量 0.51 亿吨，比 2000～2009 年提高了 21.4%；年均释氧量 1.36 亿吨，比 2000～2009 年提高了 22.5%，此外，年均土壤保持量达到 50.14 亿吨（见表 1）。黄河水土流失的生态问题逐步减轻，流域草地对生态保护的价值日益凸显。

表1　2010～2019 年黄河流域年均生态系统服务物质量

时间	流域	NPP 总量（10^7 吨）	水源涵养总量（10^8 立方米）	土壤保持总量（10^8 吨）	固碳总量（10^7 吨）	释氧总量（10^7 吨）
2010～2019 年	上游	8.81	268.34	40.09	3.92	10.49
	中游	2.52	66.86	9.48	1.12	3.00
	下游	0.06	3.19	0.57	0.03	0.07

资料来源：北京林业大学草地资源监测数据。

3. 草原资源质量提高

草原植被状况改善和杂毒草防除使草地质量得到进一步提高。2019 年，黄河流域天然草原的草群平均高 30.8 厘米，其中上游 17.5 厘米、中游 31.5

厘米、下游 37.7 厘米。草原干草总产量 5231.58 万吨,其中,上游 3732.40 万吨,占 71.34%;中游 1457.85 万吨,占 27.87%;下游 41.33 万吨,占 0.79%(见图 1)单位面积产草量 0.84 吨/公顷,其中,上游 0.71 吨/公顷、中游 1.53 吨/公顷、下游 1.96 吨/公顷(见图 2)。

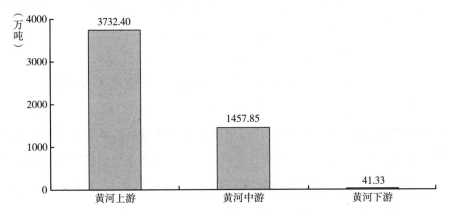

图 1　2019 年黄河流域草原区产草量比较

资料来源:北京林业大学草原监测研究团队"全国草地资源调查 MODIS 数据"。

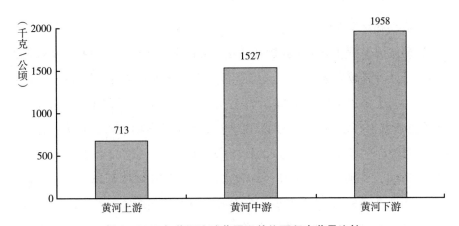

图 2　2019 年黄河流域草原区单位面积产草量比较

资料来源:北京林业大学草原监测研究团队"全国草地资源调查 MODIS 数据"。

2010~2019 年,黄河流域草原年均净初级生产力 1.14 亿吨,比 2000~2009 年增加了 0.20 亿吨,平均生产力提高了 21.28%。上游区 2010~2019

年草地初级生产力平均为 0.88 亿吨，和 2000~2009 年平均初级生产力相比，提高了 14.29%；中游区为 0.25 亿吨，和 2000~2009 年平均初级生产力相比，提高了 47.06%。随着草地覆盖度和生产力的提高，草原承载力也随之提高。黄河流域牧业生产主要集中在上游地区。2019 年，黄河流域上游饲草料总储量为 2689.75 万吨，合理载畜量为 6112.68 万羊单位，实际载畜量为 7162.50 万羊单位，草畜平衡率 82.83%。

草原修复的重点是提高草原综合植被盖度、提升草原生态服务功能。2010~2019 年情况和 2000~2009 年情况相比，黄河流域草原植被综合盖度整体水平较高，但仍不平衡。黄河源区和黄土高原中部丘陵区、河套灌区草地植被综合盖度仍然不足 40%，其中内蒙古黄河流域的草原植被综合盖度仅达到 36.13%。这些区域属于荒漠草原区，气候和水分仍然制约着草地植被的迅速恢复。从全流域草地植被情况看，全流域仍有 23.53% 的草原呈退化趋势，需要持续加大保护修复力度。

（三）生态经济产业

1. 草牧业发展良好

黄河流域中游和下游是我国北方重要的粮食主产区，也是我国草牧业发展的重点区。流域内草地面积、商品草量均占全国总量的 70% 以上，是草食畜产品的主要供给区。据 2018 年底统计数据，黄河流域 69 个地级市州 581 个县旗共出栏以牛为主的大家畜 186.2 万头，存栏 288.3 万头，分别占全国大家畜存栏量和出栏量的 3.61% 和 3.98%；存栏羊 1586.9 万只，出栏 1928.7 万只，分别占全国羊存栏量和出栏量的 5.31% 和 6.18%；生猪存栏 2413.9 万头，出栏 3862.1 万头，分别占全国生猪存栏量和出栏量的 5.64% 和 5.57%；畜产品提供肉类总产量为 564.1 万吨，占全国肉类总产量的 6.62%；奶类 1110.8 万吨，占全国奶类总产量的 36.12%。

黄河流域是我国农业发达地区，也是重要的畜牧业生产基地，尤其是奶业基地。全国最大的奶业生产企业如伊利奶业、蒙牛奶业都在黄河流域有大量的奶牛养殖企业布局，这个区域的牛奶产量占全国生产总量的 1/3。

2. 商品草产能提高明显

黄河流域是我国现代草产业发展的关键区域和主打基地。2012 年，国务院启动"振兴奶业苜蓿发展行动"，每年投入 3 亿元政策性补贴，以 3000 亩为一个单元，支持优质高产苜蓿示范片区建设，对夯实草产业基础，扭转"三鹿奶粉事件"影响发挥了关键作用。目前黄河流域形成了较高的草产品产能，这种产能表现在三个方面。第一，崛起了一批重要的草产品生产企业。截至 2019 年，黄河流域的草产品企业共 416 家，占全国草产品企业的 75.23%（见图 3）。第二，草产品产能得到极大提高，截至 2019 年，黄河流域 416 家企业共生产商品草 658 万吨，其中苜蓿草产品 330.6 万吨、青贮玉米 195.5 万吨、燕麦草 31.4 万吨、其他一年生牧草 34.7 万吨，此外还有部分披碱草、猫尾草、早熟禾、红豆草、小黑麦、柠条等加工的商品草产出。第三，优质饲草加工技术逐步完善，河套地区干草捆生产技术和黄河滩区饲草青贮技术得到推广应用，草产品质量进一步满足了优质牛奶的生产需求。

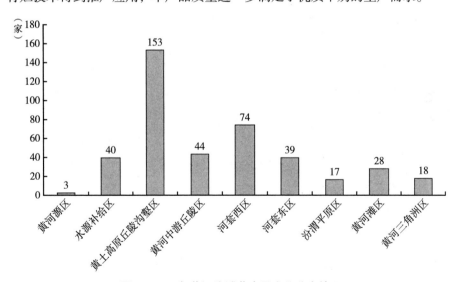

图 3 2019 年黄河流域草产品企业分布情况

资料来源：北京林业大学草原监测研究团队"全国草地资源调查 MODIS 数据"。

3. 形成一批草产品基地

2000～2018 年，我国草产业形成了多个专业化生产的产业集聚区，成

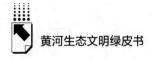
为我国重要的草产业生产加工基地。

第一个基地是青藏高原禾本科牧草种子繁育基地，位于黄河水源补给区，主要由青海省同德牧场经营管理，以生产披碱草、早熟禾种子为主，种子繁育基地约 15 万亩，每年收获各类高原禾本科草种 3300 吨，此外还有少量的特有禾本科牧草种子生产。

第二个基地是黄土高原丘陵沟壑区商品草生产基地，位于黄河上游的甘肃省定西市安定区，以明祥牧草有限公司和巨盆草牧业有限公司为龙头企业，带动农民合作社，在黄土高原退耕还草区建立了草产业生产加工基地，全区多年生牧草留床面积达 100 多万亩，一年生饲用作物稳定在 40 万亩左右，衍生模式还有宁夏六盘山基地和甘肃庆阳基地等。

第三个基地是位于黄河中游丘陵区的陕西榆林地区，以榆阳区为核心，以好禾来公司为龙头企业，建立了 10 万亩优质苜蓿、10 万亩青贮玉米的草产品生产加工基地，提出了"3+2+X"的草业发展模式。

第四个基地是河套灌区优质苜蓿商品草生产加工基地，以宁夏农垦茂盛草业有限公司、内蒙古巴彦淖尔市圣牧高科生态草业有限公司等为龙头企业，通过人工节水灌溉，分别在宁夏河套灌区和内蒙古磴口河套西灌区形成约 30 万亩、年产 15 万~20 万吨优质苜蓿草捆的生产基地，成为我国奶牛基地的重要苜蓿草产品供应来源。

第五个基地位于河南黄河滩，以兰考县为中心，以田园牧歌有限公司为先导，6 家企业进入基地，在中牟、开封、原阳、封丘、长垣等 9 个县建设 30 万亩的优质草产品青贮加工基地，探索土地流转、入股分红，建立饲草产业发展带动模式。

四 黄河流域草原与草业高质量发展建议

（一）针对黄河流域不同区域生态问题的特殊性和关联性，实行分区分级管理和综合系统治理

建议按流域区位和功能划为三大区，流域上游区为黄河水源涵养区

和生物多样性保护区，也是国家草原公园的重点分布区，生态治理的重点是黄河上游退化草地，经济发展的主体是草牧业。流域中游区主要包括黄土高原区和河套灌区，属于国家水土保持生态功能区，生态治理的重点是退耕还林还草，防治水土流失，对部分缓坡梯田，实行集雨农业、种植饲草作物，提高单位面积绿色营养体产量。河套灌区利用灌溉优势和连片土地，加强排水系统的建设，种植多年生豆科牧草，生产优质草产品。流域下游区生态问题是河床提升、河道多变以及三角洲区的土地盐碱化。其经济发展的主体是开发黄河滩地，种植优良饲草，发展舍饲型草食畜牧业。

（二）针对黄河流域农业结构的单一性和不可持续性，转换传统农业思想，构建新型草地农业生产系统

在流域上游区坚持以草原生态保护为优先原则，维持草地生产者、消费者和分解者的系统关系，严格实行草原退牧还草和草原生态补奖政策，严禁开垦草原种植粮食，对已经开垦的草原区和上游退化的黑土地，可以通过农艺措施，建立多年生的人工草地，同时按照草地的标准载畜量，核定饲养数量和规模；规划设计好黄河源头区和上游区的自然保护地，分层次分区域分阶段建立黄河源园区国家公园、国家保护区和草原公园，按照管理程度建立草原管理制度；探索牧民管理员制度，在国家草原管理制度的指导下，由牧民自行监督管理草原保护利用情况。

黄河中上游半农半牧区是我国黄河上游草原区到黄河中下游农业区的过渡地带，是黄土高原的主要分布区，也是我国退耕还林还草的主要工程区，该区常年保留 1200 余万亩饲草种植面积，草产品加工企业逐年增多，草产业发展规模逐渐壮大，发展现代草牧业的产业基础基本具备。通过退耕还草工程和沙地土地整理工程，积极创建生态产业，在农业发展的基础上建立草畜结合、草粮结合的农牧结合模式和"苜蓿＋奶业"的专业化现代草业模式，探索生态优先、生态生产双行的产业创新发展路径。

黄河下游农作区是我国主要的粮食产区，具有丰富的粮食生产经验和种

植模式。建议流域治理在黄河下游农作区坚持流域堤岸安全为先、实现滩地季节性利用和多元化利用，在相应的农作区建立草地农业体系，按照草地农业四个生产层的系统结构，打破传统的农业结构和种植方式，构建新型的草地农业系统，解决农业高端产出问题。

（三）针对黄河流域农村牧区经济发展的低效性和贫困性，大力发展草牧业和生态文化产业，实现乡村振兴和巩固脱贫攻坚成果

第一，在黄河上游草原牧区发展草牧业，坚定地走生态优先、保护优先、牧民优先的路线，落实草原生态补偿机制，用好国家财政支持，帮助草原区牧民做好规划和设计，精细处理国家自然保护地和牧民放牧地的关系和比例；第二，加强草原区牧民教育培训，提高生活技能；第三，加强牧区基础设施建设、能力建设和文化建设，推进发展草原基础产业，开发生态旅游、文化遗产，开放科学遗址遗迹等，提高草原产业的综合实力，改善牧民生活条件拓展牧民致富途径。

在黄河中上游半农半牧区，要做到以下几点。第一，要做好沟、谷、峁、梁、塬的植被恢复和小流域水土保持工作。第二，要利用黄土区已经退耕还草的坡地、水平梯田、土地整理的耕田大量种植多年生优良牧草，尤其是豆科牧草，如紫花苜蓿、红豆草、小冠花等，既增加了绿色营养体产量，又保护了农田土地，为发展山区草牧业提供物质基础；在二阴山区，还可以利用特有的气候条件种植赛马喜食的禾本科猫尾草等高附加值的饲草，提高种草效益。第三，积极发展草畜一体化的农村经济，培植和引进龙头企业，带动农民个体户和合作社走向黄土高原草牧业一体化的成功之路。

在黄河中下游粮食农作区要进一步落实国务院"粮改饲试点""草牧业试点"。第一，调整畜牧业结构，大力发展草食家畜养殖业和育肥业，提高出栏率和商品率，增加畜牧业收入；第二，加强基本农田的粮草轮作、引草入田，改变种植结构，提倡种植豆科牧草；第三，开展草牧业技术集成与示范项目，集成示范适合不同区域、不同产业环节的机械配套技术，以装备的现代化为手段推进草牧产业现代化。

（四）针对黄河流域资源配置的短缺性和不平衡性，加强科学技术先行引导，建立一批实用有效的试验示范区和试验示范项目

通过建立一批实用有效的试验示范区和试验示范项目，全方位解决流域高质量发展的短板问题、"卡脖子"问题和技术瓶颈问题。根据黄河流域不同区域的草原功能和草业发展潜力，建立五个试验示范区。

1. 在青海省玉树州建立"黄河源头草原自然保护地建设发展试验示范区"

重点研究草原自然保护地的分类、分区和分级；草原国家公园、草原自然保护区和草原公园的分类标准、管制范围、管理原则、运行机制；草原监测、评估，源头产业发展机制；功能区划和产业区规划、草原生态修复、草场放牧系统智能化管理、草原文化和生态旅游模式等。

2. 在甘肃定西建立"黄河上游黄土区草地保护与草业发展试验示范区"

重点研究黄河上游黄土区草地对黄河中下游的影响、退耕还草工程实施长效机制、工程技术模式、工程效益评估；黄土高原丘陵沟壑区小流域草地修复技术、小流域综合治理技术、种养加综合治理技术；梯田坡地人工草地高效建植技术集成示范、山区草产业生产加工模式、草畜一体化发展模式，草业扶贫模式等。

3. 在陕西榆林建立"黄河中游风沙区土地整理与草地生产试验示范区"

重点研究区域内毛乌素沙地与黄土高原过渡带的土地整理模式、规模化优质饲草产品生产加工示范基地；同时落实国家《陕甘宁革命老区振兴规划》的要求，探索革命老区草牧业振兴模式。

4. 在内蒙古磴口建立"黄河中游河套灌区专业化现代草业试验示范区"

重点研究优质饲草专业化生产加工及奶牛利用的技术体系，抗旱型饲草新品种的筛选和利用及高品质、高节水饲草生产技术，重点培育我国有机奶生产的饲草生产加工基地，形成"苜蓿+奶牛"一体化草畜产品的产业体系；探索盐渍化土地及沙地岗地实行草田轮作的潜在价值和效益。

5. 在河南开封建立"黄河下游滩区草地农业高质量发展试验示范区"

重点探索黄河滩区农田种植结构创新改造，开展"苜蓿+燕麦+青贮

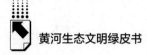

玉米""苜蓿＋小麦＋青贮玉米""饲用麦类＋青贮玉米"等不同种植模式优化，集成示范滩区草田轮作制度和草产品加工利用方式；研究黄河滩区草畜融合发展、草产品高效利用和畜禽废弃物循环利用的技术集成示范，构建"滩内饲草种植—滩外养殖—城区加工"的生态草牧业发展模式。

参考文献

卢欣石主编《草原知识读本》，中国林业出版社，2019。
国家林业和草原局编《中国林业和草原统计年鉴2019》，中国林业出版社，2020。
国家林业和草原局编《黄河流域林草资源及生态状况监测报告》，2020。
全国畜牧总站编《中国草业统计2018》，中国农业出版社，2020。
洪绂曾主编《中国草业史》，中国农业出版社，2011。

G.4
黄河流域湿地发展报告

张明祥　张振明　董盼盼　马梓文*

摘　要：　湿地生态系统保护是黄河流域生态保护的重要一环，加强黄河
流域湿地保护治理，对维护黄河流域生态系统功能，促进全流
域高质量发展具有重要意义。当前黄河流域湿地生态环境脆
弱，为深入了解黄河流域湿地发展现状，开展流域湿地保护工
作，从黄河流域湿地存在的问题出发，以维护黄河流域生态安
全为目标，提出加强黄河流域湿地保护和高质量发展的政策建
议，实现黄河成为造福人民的幸福河的美好愿景。

关键词：　湿地　高质量发展　黄河流域

　　湿地是自然界最富生物多样性的生态系统和人类最重要的生存环境
之一，它与人类的生存、繁衍、发展息息相关。湿地不仅为人类的生产、
生活提供多种资源，而且具有巨大的环境功能和效益，在抵御洪水、调
节径流、蓄洪防旱、降解污染物、调节气候、控制土壤侵蚀、促淤造陆、
美化环境等方面有其他生态系统不可替代的作用，被誉为"地球之肾"，
受到全世界的广泛关注。湿地与森林、海洋一起并称为全球三大生态系
统，其价值占全球自然资源总价值的45%。黄河流域的湿地面积为

---

* 张明祥，博士，北京林业大学生态与自然保护学院教授、博士生导师，研究方向为湿地保护与
管理、湿地修复；张振明，博士，北京林业大学生态与自然保护学院副教授，研究方向为湿地
生态水文学与湿地修复；董盼盼、马梓文，北京林业大学生态与自然保护学院博士研究生。

3929183.6 公顷，湿地率为 4.94%。尽管黄河流域的湿地率低于全国平均水平（5.58%），但黄河流域湿地对维护区域乃至国家生态安全发挥着举足轻重的作用。

一 黄河流域湿地概况

黄河是中国经济社会发展的生命线，以仅占全国 2% 的河川径流量，承载着全国 12% 的人口和 15% 的耕地的用水需求。黄河流域蕴藏着重要的湿地资源，从源头到入海口，分布着大面积的河流湿地、湖泊湿地、沼泽湿地、河口三角洲湿地、滨海盐沼湿地等。根据 2009～2013 年第二次全国湿地资源调查结果，黄河流域九省区湿地资源分布情况如表 1 所示。黄河流域的湿地总面积为 3929183.60 公顷，湿地率为 4.94%。其中，滨海湿地的面积为 27591.54 公顷，占该流域湿地总面积的 0.70%；河流湿地的面积为 1023951.31 公顷，占该流域湿地总面积的 26.06%；湖泊湿地的面积为 279600.09 公顷，占该流域湿地总面积的 7.12%；沼泽湿地的面积为 2331642.47 公顷，占该流域湿地总面积的 59.34%；人工湿地的面积为 266398.19 公顷，占该流域湿地总面积的 6.78%。虽然黄河流域中的湿地面积不大，湿地覆盖率低于全国平均水平，但流域以天然湿地为主，湿地健康状况较好。黄河流域地势西高东低，高差较大，自西向东形成由高到低的三级阶梯。黄河流域的湿地主要分布在黄河上游源区、黄河中游和黄河河口三角洲地区。

黄河源区是黄河流域湿地集中分布区。黄河源区位于玛多县多石峡以上地区，河源区盆地自西向东由 3 个小盆地串联呈带状分布，湿地分布在带状盆地内。黄河由星宿海向东，到达扎陵湖和鄂陵湖，之后向东偏南，往返于若尔盖地区，形成九曲黄河第一湾和世界上面积最大的高寒泥炭沼泽——若尔盖泥炭沼泽。若尔盖泥炭沼泽湿地是黄河上游重要的水源涵养地和生态屏障，其健康状况直接影响黄河中下游地区的安危。

表1 黄河流域九省区湿地资源统计

省区	流域面积（万平方千米）	全省湿地面积（公顷）	流域内各类型湿地面积（公顷）						占全省湿地面积比重（%）	流域内湿地率（%）
			合计	滨海湿地	河流湿地	湖泊湿地	沼泽湿地	人工湿地		
山西	9.71	151936.76	108565.99	—	71761.1	3086.5	4408.67	29309.7	71.45	1.12
内蒙古	15.10	6010590.2	407635.81	—	137914.2	54928.79	178147.71	36645.1	6.78	2.70
山东	1.36	1737499.7	172565.26	27591.54	83617.78	14688.38	21527.13	25140.4	9.93	12.69
河南	3.62	627946.14	203924.63	—	156461.3	377.96	1626.05	45459.3	32.47	5.63
四川	1.70	1747788.8	564745.10	—	19118.84	2875.6	542750.66	—	32.31	33.22
陕西	13.33	308494.61	213634.67	—	171071.9	7597.92	10729.82	24235.1	69.25	1.60
甘肃	14.32	1693945.6	614472.05	—	134823.7	6052.47	456651.81	16944	36.27	4.29
青海	15.22	8143562.2	1436468.70	—	151277.6	156492.33	1077732.78	50966	17.64	9.44
宁夏	5.14	207171.39	207171.39	—	97904.89	33500.14	38067.84	37698.5	100.00	4.03
合计	79.50	20628935.33	3929183.60	27591.54	1023951.31	279600.09	2331642.47	266398.19	19.05	4.94

注："—"为无此项。
资料来源：第二次全国湿地资源调查结果。

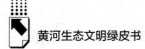

黄河流出中国地貌第一阶梯之后，进入包括内蒙古高原和黄土高原在内的第二阶梯，在黄河中游流域分布着三门峡黄河库区湿地、河南黄河湿地、豫北黄河故道3个国家级自然保护区，乌梁素海、郑州黄河湿地、开封柳园口省级自然保护区等重要湿地。河南黄河湿地地处暖温带南端，是候鸟迁徙停留、越冬、繁殖的最佳选择之地，生物物种资源十分丰富，珍稀物种繁多。

黄河口三角洲是全世界暖温带最年轻、保存最完整、总面积最大的湿地分布区。2000年以前，因泥沙淤积扩张，黄河三角洲湿地平均每年以2000~3000公顷的速度形成新的滨海陆地，之后，受黄河来水和来沙限制，淤积速率逐年减小，有些近海滩区已经消失。

（一）三江源湿地

三江源区拥有世界上海拔最高、面积最大的高原湿地生态系统，并以湖泊型湿地和河流型湿地为主，该区气候寒冷，多年冻土构成不透水层，冰雪消融后形成众多沼泽地和湖泊，目前有大小湖泊16500多个，包括扎陵湖、鄂陵湖两处国际重要湿地，多分布在干支流附近和低洼平坦的沼泽地区，黄河流域总水量的1/3来自这一地区，没有三江源的水，黄河就会全线断流，因此三江源被誉为"中华水塔"。在长江、黄河和澜沧江源头建立的三江源湿地自然保护区，对西部地区的水源涵养和水土保持发挥着重大作用。

近年来，青海省政府全面贯彻落实党中央、国务院关于做好江河源区生态保护工作的精神，树立人与自然和谐共生的思想，建立了三江源国家级自然保护区，以保护三江源地区的高原湿地生态系统，充分发挥生态的自我修复能力，通过疏林地补植、封山育林、封山育草、草场改良、网围栏及小型水保工程等人工辅助措施，寻求水土流失人工治理与自然恢复有机结合的路子，加快水土流失防治速度，全面促进三江源区湿地及其植被的恢复和涵养水源功能的提高。

目前，我国已建立三江源国家公园试点，致力于将其打造成青藏高原生态保护修复示范区，共建共享、人与自然和谐共生的先行区，青藏高原大自然保护展示和生态文化传承区。

（二）若尔盖湿地

若尔盖湿地位于黄河上游，青藏高原东部边缘地带，是我国三大湿地之一。区域年平均气温 0.6~1.2℃，年降水量为 660~750 毫米，属黄河流域的多雨区。生态系统类型主要包含沼泽、草甸、河流、湖泊、沙化地等，高原盆地海拔 3400~3600 米，四周高山环绕，谷地宽阔，河曲发育，湖泊众多，排水不畅，同时这里气候寒冷湿润，蒸发量小于降水量，地表经常处于过湿状态，有利于沼泽的发育。区域部分沼泽是由湖泊沼泽化形成的，如山原宽谷中的江错湖和夏曼大海子，湖泊退化后，湖中长满沼生植物，湖底有泥炭积累，平均厚 1 米。若尔盖湿地沼泽类型较多，各种沼泽类型在湖群洼地、无流宽谷、伏流宽谷和阶地等不同地貌部位上，相互联结形成许多巨大的复合沼泽湿地。若尔盖湿地动植物资源丰富，植被以高山草甸、沼泽植被为主，被誉为"川西北高原的绿洲"，同时也有"高原之肾"的美誉。它在维护高原生态系统和全球气候环境稳定方面具有重要作用。

近年来，若尔盖湿地出现了持续干旱、湿地面积萎缩、河流水位下降、物种多样性减少等诸多生态问题，20 世纪 30 年代以前半无人区原始沼泽景观已不复存在，沼泽趋于自然疏干，荒漠化和沙化现象严重；受过度放牧、湿地排水等人为因素影响，有的沼泽已被改造为牧场，区域生态环境恶化与沼泽生态系统受损程度呈现日益加重的趋势。目前若尔盖湿地保护已初见成效，当地政府按照"填沟还湿、限牧还湿、治沙还湿、灭鼠还湿"的湿地恢复工作方针，大力实施湿地生态修复保护工程。2008 年，四川若尔盖国家级自然保护区作为世界上最大的高原高寒泥炭沼泽湿地，被列为"国际重要湿地"，主要保护对象为高寒沼泽湿地生态系统和黑颈鹤等珍稀动物。该保护区不仅是重要的水源涵养区，还是我国生物多样性保护的关键地区和世界高山带物种最丰富的地区之一。2005 年，若尔盖县被中国野生动物保护协会授予"中国黑颈鹤之乡"的称号。基于若尔盖湿地重要的生态地位，应继续加强生态建设与保护，加大生态治理资金投入和项目扶持力度，改善土地沙漠化，促进湿地生态系统健康发展。

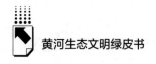

（三）乌梁素海湿地

乌梁素海位于内蒙古自治区巴彦淖尔市乌拉特前旗境内，地处内蒙古西部河套平原东端，是我国的八大淡水湖之一，拥有全球同一纬度最大的自然湿地，也是全球荒漠半荒漠地区罕见的大型草原湖泊，素有"塞外明珠"的美誉。乌梁素海湿地面积约 600 平方千米，库容量约 3 亿立方米，其中水面面积为 293 平方千米，水体面积中，芦苇区 112.97 平方千米，明水面 107.13 平方千米，其余为沼泽。乌梁素海湿地虽然位于半荒漠地区，但是由于湖中水草丛生，浮游动物、底栖动物丰富，湖区周边既有草原和山地，又有农田和森林，形成了特有的生境，成为野生动植物的理想栖息地和繁殖地，也成为我国北方候鸟迁徙途中的天然驿站。据 2018 年调查统计，乌梁素海湿地共有野生动物 38 目 110 科 426 种；鸟类 17 目 46 科 265 种，鸟类种数占全国鸟类种数的 19.89%，占内蒙古自治区鸟类种数的 56.87%，有 43 种鸟类被国家列为重点保护对象；大型水生植物 6 科 6 属 11 种，以芦苇和龙须眼子菜、穗花狐尾藻为优势种。

乌梁素海是受地质运动、黄河改道和河套水利开发共同作用形成的河迹湖。近年来，由于农田灌溉渗入、工业污水排放以及大面积种植芦苇，乌梁素海湿地生态环境发生了明显改变。据 2002 年统计，河套灌区农田每年汇入乌梁素海的各种营养盐约 28.8 万吨，加快了沼泽化进程，使乌梁素海成为富营养化、沼泽化速度最快的湖泊之一；芦苇过量生长使乌梁素海的湖泊功能与灌区排水功能迅速降低，生物促淤使湖底以每年 6～9 毫米的速度抬高。

为了保护乌梁素海湿地，1993 年内蒙古自治区巴彦淖尔市乌拉特前旗建立了乌梁素海湿地自然保护区，1998 年晋升为自治区级自然保护区，保护区范围涉及七个乡镇苏木和五个国有农牧渔场，保护对象为重点保护鸟类及其栖息的湿地生态系统。目前，乌梁素海流域实施生态补水，以及城镇和工业点源、农业面源、湖系内源治理等工程，生态保护与治理初见成效，但湿地生态系统退化、沙漠化、草原退化、水土流失、土壤盐碱化、环境污染等生态问题仍然严峻。习近平总书记提到，乌梁素海流域治理要以践行"山水林田湖草是一个生命共同体"的生态治理理念为出发点，对相互依存、相互影响的各个因素进行综合分析、系统治理，实现标本兼治的区域综合治理，乌梁素海流域内的湿地作为治理要素中重要的组成部分，也要坚持这个治理理念。

（四）黄河三角洲湿地

黄河是中华民族的母亲河，其自西向东跨越雪山草原，穿越崇山峻岭，流入具有"生态之城"之称的东营市，并冲积形成我国最年轻的土地——黄河三角洲。2019年9月18日，习近平总书记在黄河流域生态保护和高质量发展座谈会上指出："下游的黄河三角洲是我国暖温带最完整的湿地生态系统，要做好保护工作，促进河流生态系统健康，提高生物多样性。"因此，全面贯彻落实习近平总书记重要讲话精神，强化黄河三角洲系统性生态修复，提高区域生物多样性水平迫在眉睫。

山东黄河三角洲地理位置优越，北临渤海，东靠莱州湾，与辽东半岛隔海相望。作为我国暖温带最完整、最广阔、最年轻的湿地生态系统，黄河三角洲拥有河海交汇、新生湿地、野生鸟类三大世界级生态景观，兼有调节气候、蓄洪防旱等重要功能，其独特的地形地貌和自然条件造就了"奇""特""旷""野""新"的景观。黄河三角洲是世界上陆地面积增长最快的三角洲，具有完整的生态系统，丰富的生物物种、群落及优良的自然环境，黄河入海口按照自然演替规律进行能量流动和物质循环，从而成为生态研究的良好基地；这里也是世界八大鸟类迁徙路线东亚—澳大利西亚和环西太平洋路线的重要中转站、栖息地、繁殖地，被誉为"鸟类的国际机场"，每年在这里越冬、繁殖、栖息的鸟类达600余万只，截至2020年，有38种水鸟的栖息或迁徙停留数量超过该种水禽个体总数的1%（有1种达到此标准即可认定为国际重要湿地）。湿地有野生鸟类368种，属国家一级重点保护的有丹顶鹤、白头鹤、白鹤、大鸨、东方白鹳、黑鹳、金雕、中华秋沙鸭、白尾海雕等12种，属国家二级保护的有灰鹤、大天鹅、鸳鸯等51种。有植物393种，其中野生

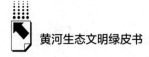

种子植物 277 种，天然苇荡 2.6 万公顷，天然柽柳灌木林 1.4 万公顷，实生柳林 0.1 万公顷，植被覆盖率 55.1%，是中国沿海地区最大的海滩自然植被区。

黄河三角洲湿地生态系统具有生物多样性、稀有性、脆弱性等生态特征，珍稀濒危鸟类多，成陆时间短，结构不稳定，淡水资源缺乏、污染加剧等问题突出。为了更好地保护黄河口新生湿地生态系统和珍稀濒危鸟类，1990 年东营市政府批准建立黄河三角洲市级自然保护区；1991 年山东省人民政府批准建立省级自然保护区，并成立自然保护区管理处；1992 年国务院批准将其晋升为国家级自然保护区。黄河三角洲国家级自然保护区是以保护黄河口新生湿地生态系统和珍稀濒危鸟类为主体的湿地类型自然保护区，总面积 15.3 万公顷，其中核心区面积 5.94 万公顷，缓冲区面积 1.12 万公顷，实验区面积 8.24 万公顷。2005 年该湿地被评为"中国最美六大沼泽湿地"，2011 年被评为"中国六大最美湿地"，2013 年被指定为国际重要湿地。2018 年依托黄河三角洲国际重要湿地，东营市被评为全球首批"国际湿地城市"，中国野生动物保护协会先后授予山东省东营市"中国东方白鹳之乡"和"中国黑嘴鸥之乡"的称号。

《2020 年山东省人民政府工作报告》指出，为响应中央黄河流域生态保护政策，要建设好东营河口湿地，规划建设千里生态廊带，完成泰山区域山水林田湖草生态修复工程，全面落实崂山、昆嵛山等生态治理。黄河三角洲是我国大江大河河口区中生态保护现状最好、代表性最为突出、保护意义最重大的河口区。要继续致力于开展黄河三角洲湿地生态系统保护修复工程，促进湿地生态系统健康发展，提高生物多样性，打造大江大河三角洲生态保护示范区、全国生物多样性就地保护样板、全国一流的生态文明教育基地。

二 黄河流域湿地功能

湿地生态系统对于河流健康发展是至关重要的，湿地生态系统本身既构成独立的生态系统，又是它所在流域生态系统的重要组成部分。湿地面临的生态问题也是流域存在的生态问题，保护黄河湿地就是直接保护黄河流域生态环境，促进黄河的长久健康发展。

（一）湿地是黄河水资源的重要赋存方式

按照《关于特别是作为水禽栖息地的国际重要湿地公约》中对于湿地的定义，河流、湖泊、水库都属于湿地，它们本身就是流域可以直接取用的水资源，是流域水资源的赋存方式。河源区湿地是黄河流域源头水源的汇集地和蓄存地，相对于干、支流，它是黄河水资源的重要来源。位于若尔盖地区的高原沼泽湿地，是目前世界上保存最完好、状态最原始的湿地，是黄河水资源的重要涵养地，对整个流域水资源调节起着关键作用，也是维持黄河健康生命的基础。玛曲湿地在涵养水源方面也具有十分重要的地位。玛曲县位于青藏高原东部边缘的甘、川、青三省交界处，黄河自青海省久治县进入玛曲县，途径久治县、红原县部分地段又回到玛曲县境内，蜿蜒433千米，流经区域9590平方千米，水量从初入玛曲境内时的137亿立方米变成再返回青海时的164.1亿立方米，黄河水量增加了近20%，因此号称"黄河首曲"的玛曲湿地被誉为黄河的天然"蓄水池"。

（二）湿地是黄河流域生态系统的有机组成部分

黄河湿地区域具有丰富的水资源和湿润的气候，生长、栖息着多种多样的动植物，物质交换相对自成体系，因而构成了独立的生态系统。同时，湿地又和流域中分布的森林、草原、沙漠等生态系统一起构成了全黄河流域的综合生态系统。湿地既是黄河流域生态系统的一部分，又与其他部分相互影响和相互制约，甚至相互转变。玛曲湿地具有强大的水土保持功能，其与草原、森林相结合，不仅能净化空气，还能加快区域水分循环，调节降雨分配，对形成特殊区域气候作用重大。湿地生态环境的变化对维持流域生态环境的良好发展具有重要影响。

（三）保护湿地是维持黄河健康生命的重要措施

采取各种措施促使黄河流域生态环境向良性方面发展，是维持黄河健康生命的基本保证。黄河流域的林草植被遭受破坏、水土流失严重、水资源不足和水污染严重等重要生态问题亟待解决，如土地沙化、干支流断流等现象都与湿地生态环境恶化有关，有的本身就是湿地的生态要素。黄河内蒙古河段是凌汛最为严重的河段，凌汛期经常发生较大灾害。乌梁素海湿地作为黄河中上游及内蒙古地区最重要的生态屏障，是黄河凌期以及当地局地暴雨洪水的滞洪库，是确保黄河内蒙古河段枯水期不断流的重要水源补给库，保护好该湿地生态系统，对于维持黄河水系和黄河生态系统健康具有重大作用。湿地保护是流域生态环境保护的基础，对黄河流域湿地进行全面调查和研究，获取黄河流域湿地的现状和动态数据，从而对黄河流域湿地进行全面与有效的保护，是维持黄河健康生命的重要措施。

（四）黄河流域湿地的其他生态功能

湿地生态系统具有实际支持或潜在支持和保护自然生态系统与生态过程、支持和保护人类活动与生命财产的能力，它主要具有调蓄洪水、补充地下水、水土保持、涵养水源、提供水源、调节气候等功能。湿地生态系统是流域生态系统中最重要的成分之一，对流域生态系统的发育演化和维持起到关键性的作用。湿地生态系统通过其生物、物理和化学过程，影响着流域中水资源的质量、数量和时空分布，对水源保护、净化水质和水土保持具有重要作用。

1. 蓄水滞洪和调节气候

湿地含有大量持水性良好的泥炭土和植物及质地黏重的不透水层，使其具有巨大的蓄水能力。它能在短时间内蓄积洪水，然后用较长的时间将水排出，可有效削减洪峰、缓解防洪压力。目前确保黄河防洪安全仍是治黄的首要任务，乌梁素海作为连接河套灌区与黄河的唯一纽带，能有效地在黄河凌期以及当地局地暴雨洪水时期发挥滞洪作用，而黄河下游滩区也是滞洪沉沙的重要场所。此外，大洪水时可利用漫滩的机会进行淤滩刷槽，这不但能提高河槽过流能力，而且能稳定河势，护滩保村，有利引水，从而最终达到滞洪的目的。河道湿地对黄河两岸的气候起到一定的调节作用，对保持区域生态平衡和稳定具有十分重要的作用。

2. 良好的珍稀动物栖息地

湿地生态环境复杂，适于各类生物如甲壳类、鱼类、两栖类、爬行类及植物在这里繁衍，也适于珍稀鸟类的栖息。乌梁素海湿地地处黄河水系最北端、中国西部候鸟迁徙区的中部，是全球八大鸟类迁移路线的中亚线路的必经之地，珍稀鸟类资源丰富。黄河下游地处暖温带，是亚洲候鸟迁徙的中线，每年都会有大量水禽在此越冬停歇，河口湿地为鸟类提供了广阔安逸的栖息地。有关资料和实地调查表明，河南开封柳园口省级湿地自然保护区内仅冬季水禽就有 54 种，分属于 6 目 10 科 23 属，其中留鸟 10 种，包含国家一级保护动物如大鸨、黑鹳等。

3. 净化水体

湿地被称为"地球之肾"，是自然生态系统中自净能力最强的生态系统之一，水流速度缓慢，有利于污染物沉降；在湿地中生长的植物、微生物等通过湿地生物地球化学过程的转换，包括物理过滤、生物吸收和化学合成与分解等，将生活和生产污水中的污染物吸收、分解或转化，使湿地水体得到净化。科学研究已经证明，可以利用湿地生态系统进行污水处理。近 20 年来，随着经济社会的快速发展，黄河流域废污水产生量与日俱增，加上流域来水持续偏枯，水污染形势严峻，尤其是中下游的水污染已影响到人类的健康，制约区域经济社会的发展。河流湿地对水体的净化功能可在一定程度上减缓黄河下游的水污染状况，如位于花园口以上的沁河、蟒河等支流水体污染严重，在其汇入黄河干流前，往往在滩区湿地蓄积，水流速度变缓，入河形态也时常发生改变，水体得到明显的净化。

4. 景观与文化

湿地文化服务具有自然观光、旅游、娱乐等方面的功能。黄河下游河道湿地是沿黄自然景观的重要组成部分，被开辟为黄河旅游风景区，吸引人们前往观光旅游、休闲娱乐，如郑州花园口、开封柳园口等地，现已被开发为沿黄的风景旅游区。黄河源区玛曲湿地旅游资源丰富，有被誉为"中国高原明珠"的欧拉草原风景区，有被誉为"花和鸟的海洋"的希美朵合塘，有宗格尔盆地的石佛洞和宗格尔石林，有令人神往的七仙女峰等，旅游资源开发前景广阔。黄河湿地的形成和发展不仅创造了伟大的物质文明，也创造了灿烂的精神文明。弘扬黄河文化，既要注重对黄河流域文化遗产的保护，也要探索历史文献中所凝结的人文情怀及开发黄河文化对于凝聚民族精神、复兴中华文化的重要作用。

三　黄河流域湿地面临的问题

（一）水资源过度开发利用

黄河流域年均降水量较少，且季节分配不均。河套平原处于干旱半干旱区域，水源补给基本以上游来水为主，一旦上游取水过多或来水过少就会造成河流断流。近年来，随着经济社会的快速发展，黄河流域的用水需求已超出黄河水资源的承载能力。同时，现有的黄河水资源利用方式较为粗放，农业用水效率不高，对黄河水资源的开发利用率高达80%，远超一般流域40%的生态警戒线。1972年，黄河下游河流湿地首次出现断流；20世纪90年代以来断流已经蔓延至黄河源区；从1999年开始，在对黄河水资源实施统一管理调度后，黄河实现连续近20年无断流。但黄河流域内人口众多，农业生产活动对黄河流域水资源的高强度开发和利用，导致流域内地下水水位不断下降，在一些区域形成大面积地下水降落漏斗。据调查，2017年，黄河流域山西省段和河南省段的地下水超采严重，在5个地下水漏斗中，3个漏斗面积扩大，4个漏斗中心地下水埋深加深[1]，地下水水位下降、地下水漏斗的持续存在和扩展也在一定程度上减少了河川径流。有研究表明，考虑各种水源的供水量，预计2030年黄河流域湿地总缺水量35.2亿立方米，其中河道内湿地缺水8.6亿立方米[2]。整治黄河流域水资源的过度开发已经成为当务之急。

---

[1]　水利部黄河水利委员会：《黄河水资源公报》，2017。
[2]　王勇等：《黄河治理开发与保护的远景形势展望和对策》，《中国水利》2013年第13期。

（二）水体污染严重

工业和生活等产生的污染物随意排放，会导致湿地水质的不断恶化。黄河流域水体的高污染负荷、水污染处理效果不理想和水环境的低承载力，使得黄河流域水体的污染形势日益严峻。据统计，2016 年对黄河 290 个水功能区进行达标评价，仅 149 个达标，达标率为 51.4%，其中渔业用水区达标率为 71.4%，景观娱乐用水区达标率仅为 36.4%。2017 年，黄河全流域废水和污水的排放量为 44.94 亿吨，城镇居民生活和第二产业的废水和污水的排放量共占废水和污水总排放量的 88.7%。黄河支流水污染比干流更为严重。2018 年，黄河流域支流中Ⅳ类和Ⅴ类水域河长占 17.5%，劣Ⅴ类水域河长占 16.1%。在调查的省界 75 个断面中，有Ⅳ类和Ⅴ类水域断面 15 个，占 20.0%；有劣Ⅴ类水域断面 12 个，占 16.0%。[①]

（三）湿地萎缩

黄河流域中的天然湿地主要包括内陆沼泽湿地、河流湿地和滨海湿地。研究发现，与 1986 年相比，2007 年黄河流域的湿地面积减少了 15.8%，其中河流湿地面积减少了 16.5%、沼泽湿地面积减少了 20.9%。一些地方为追求短期经济利益，大规模种植经济林，过度发展旅游业，导致区域性湿地面积减少，生态功能严重退化。例如，黄河流域源头区湿地的退化萎缩极为突出。由于全球气候变化，冻土呈区域性退化，再加上人类经济活动对湿地资源等不合理利用，如挖沟排水、过度放牧、泥炭开采、冬虫夏草的挖掘，以及由此引起的鼠害等，黄河流域源头区湿地生态系统持续退化，沼泽地沙化问题严重。鄂陵湖、扎陵湖从 20 世纪 50 年代到 1998 年水位下降了 3.08～3.48 米，玛多县 4077 个大小湖泊有一半干涸，若尔盖高寒湿地近 2/3 沼泽湿地退化、沙化。

---

① 水利部黄河水利委员会：《黄河水资源公报》，2018。

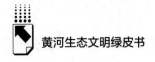

（四）湿地功能下降

湿地斑块数增加、湿地破碎化程度增大是湿地生态系统功能下降的主要表现形式之一。近年来，由于气候变化和人类活动的干扰，黄河流域出现了冰川萎缩、水土流失和生物多样性下降等诸多问题。尤其是黄土高原地区，由于高强度的开发利用，极严重的水土流失面积达到 2.7 万平方千米；湟水流域湿地作为黄河流域湿地重要分布区之一，水电站开发集中，河流水流连续性及纵向横向连通性遭到破坏，河流生态功能严重下降，威胁黄河上游流域及青藏高原和黄土高原的生态安全；玛曲湿地草地植被退化沙化加剧，斑块化严重，土壤渗水和蓄水能力大幅下降，涵养水源能力降低，草畜矛盾加剧；黄河河口三角洲破坏性的围垦，阻断了湿地中生物和水文的连通性，导致湿地破碎化程度增大，部分生物栖息地丧失，生物多样性减少，湿地生态系统功能下降。

（五）湿地生物多样性降低

黄河流域拥有多个生物多样性热点地区，这些热点地区的生物多样性变化明显。在黄河源头区的鄂陵湖、扎陵湖湿地区，湖泊中的"土著"鱼类花斑裸鲤、极边扁咽齿鱼和骨唇黄河鱼等因为被过度捕捞、湖泊面积萎缩等现处于濒危状态。若尔盖湿地区，禾本科杂草、菊科等旱生物种正在取代莎草科等湿生物种，而植被变化导致的湿地生境的改变对珍稀濒危的湿地水鸟产生深刻影响。同样，在黄河流域下游黄河三角洲湿地区，石油开采、围垦等人类活动破坏了自然植被，植物群落结构趋于单一。同时，水质污染和过度捕捞，使黄河三角洲的水生生物多样性明显降低；黄河来水水沙条件变化，使黄河三角洲滩涂的水鸟适宜生境发生变化。

四 黄河流域湿地保护

湿地是黄河流域生态系统的重要组成部分，对整个流域的水资源调控、水体净化、水土保持和生物多样性维持起着重要的作用。黄河流域中的湿地生态系统是一个有机整体，开展黄河流域湿地保护，要基于充分考虑黄河上游、中游和下游流域湿地的差异，因地制宜地开展湿地生态保护，推进形成上游"中华水塔"稳固、中下游生态宜居的生态安全格局。

科学谋划湿地保护布局。原国家林业局（现为国家林业和草原局）组织编制了《全国湿地保护"十三五"实施规划》，将黄河流域重要湿地纳入规划范围，强调多措并举增加湿地面积，实施湿地保护修复工程，逐步恢复湿地生态功能。2016 年 11 月 30 日，国务院办公厅印发了《湿地保护修复制度方案》。黄河流域 9 个省区已全部出台省级配套文件，黄河流域 8 个省区先后出台了省级湿地保护条例，其中，山东省于 2013 年颁布了《山东省湿地保护办法》。法规和管理制度的完善为湿地生态保护提供了保障，有助于推动形成上中下游联动、东中西互济的黄河流域发展格局。

加大湿地保护支持力度。"十三五"以来，中央在黄河流域安排财政资金 20.18 亿元，实施了一批湿地生态效益补偿、退耕还湿、湿地保护与恢复、湿地保护奖励等补助项目。同时，在黄河流域安排中央预算内投资 4.52 亿元，实施湿地保护与修复工程 14 个。一系列项目和工程的实施，加强了湿地保护设施设备建设和基层湿地保护管理机构能力建设，抢救性地保护了黄河流域内一批重要湿地，恢复了一批退化湿地，改善了黄河流域湿地生态状况，维护了区域生态安全。

加强湿地保护体系建设。黄河流域在源头区建立了三江源国家公园和祁连山国家公园，建有湿地类型自然保护区 54 处，总面积达 340 万公顷，其中国家级自然保护区 18 处，省级自然保护区 29 处。黄河流域建有湿地公园 122 处，总面积达 22.0 万公顷，其中国家湿地公园 84 处，总面积为 14.0 万公顷。黄河流域内现有青海湖湿地、若尔盖湿地、鄂尔多斯遗鸥国家级自然保护区、鄂陵湖湿地、扎陵湖湿地、山东黄河三角洲国家级自然保护区 6 处国际重要湿地，总面积为 45.46 万公顷。

（一）黄河上游流域湿地保护

作为黄河重要的水源涵养地，黄河上游流域湿地是生态脆弱区。湿地萎缩及水源涵养功能下降是黄河上游流域湿地面临的主要问题。近年来，若尔盖湿地开始呈现逆向演替，出现了明显的荒漠化现象；三江源区特有的"高、干、寒"的自然条件和气候暖干化的演变趋势，导致该区湖泊萎缩和河流流量减少；黄河流域最大的淡水湖——乌梁素海，现在是黄河流域沼泽化速度最快的湖泊；祁连山的冰川退缩现象十分严重，超载放牧等剧烈的人类活动致使高山湿草甸呈现退化的趋势。

面对湿地退化的威胁，黄河上游湿地所在各省区开展了一系列湿地保护措施，并取得了一定成果。2003年青海省政府建立了三江源国家级自然保护区，将水土流失人工治理与自然恢复有机结合，恢复黄河源区湿地的植被和涵养水源功能；2005年我国政府投资75亿元，在青海省南部高原腹地启动实施了一项大规模的生态保护和建设工程，涉及退牧还草、生态移民、人工增雨等20余项措施，有效保护了黄河源区湖泊、沼泽、河流、雪山等珍贵的湿地资源，水域生态环境得到极大改善，湿地生态功能增强，缓解了该区域荒漠化问题，草地严重退化区植被的覆盖率明显提升，野生动物种群得到恢复；"十二五"期间，若尔盖湿地在国家生态转移支付、湿地恢复工程等项目的支持下，采取扎栏填沟、围栏封育、补植牧草等措施，实施沟壑扎堵608处，恢复草坪7420公顷，保护沼泽湿地面积2759公顷，湿地沙漠化治理1374.6公顷，废弃物清理1200公顷，鼠虫害治理3003公顷，防风固沙、植被恢复99.6公顷，保护成果显著；2018年祁连山肃南段采取封山禁牧、河道整治、污水处理、种树种草等措施，整治了祁连山自然保护区的140项生态环境问题，退耕还林、退牧还草等生态保护项目的实施，增加了林地、草地、水域湿地面积，生态环境得到极大改善。

基于以上工作，在黄河流域上游，建议将三江源、祁连山、甘南黄河上游和川西北高原水源涵养区的湿地作为重点，推进实施重大生态保护、修复和建设工程，采用湿地生物恢复技术和基于水文的湿地生境恢复技术，将生物、生态和工程技术措施有机结合，科学提升湿地的水源涵养能力和系统的自我维持能力；针对川西北高原湿地，建议整合若尔盖县的自然保护区、湿地公园等各类型自然保护地，以此为基础打造建设若尔盖高原湿地国家公园，实施若尔盖湿地的综合管理。

（二）黄河中游流域湿地保护

黄河中游河段纳入汾河、渭河和泾河等许多重要支流，水资源相对丰富。黄河中游流域主要分布着河南黄河湿地和豫北黄河故道湿地。根据2009～2013年第二次全国湿地资源调查结果，河南黄河湿地面积20.39万公顷，占河南湿地面积的32.47%。2015年，河南郑州黄河国家湿地公园通过验收正式成立，湿地公园完成原生态湿地保护与恢复、水系沟通、科普宣教等基础设施建设工程，保护原生态湿地面积220公顷，恢复湿地面积29公顷。同年，河南省颁布了《河南省湿地保护条例》，明确将黄河河道滚动新产生的滩涂湿地列入黄河湿地保护范围，使湿地保护管理趋于法制化和科学化。湿地工作的开展有效保护了河南湿地生态环境和水禽，黄河湿地由原来大小天鹅的停歇地变为越冬地，湿地保护面积逐年扩大，湿地生态状况明显好转。

黄河中游流域湿地目前面临着围垦开荒、乱捕乱猎、私挖滥采等问题，要加强野生生物资源保护，对国家级和省级重点保护的野生动植物及其生境，要严格禁止各种捕猎和盲目的开发活动，以保护湿地生物多样性，确保生物多样性的可持续利用。此外，河南黄河湿地还存在河床临时建筑物修建、水污染、垃圾污染等问题，基于威胁黄河中游流域湿地的主要因子，一方面要合理规划实施防洪工程和水利工程，为保护黄土高原要加固淤地坝，控制泥沙淤积，治理粗泥沙集中来源区，协调水沙关系，减少水土流失；另一方面要加强对保护区的监督和管理，包括对黄河中游沿岸及其支流沿岸污水排放的监控，加大治理的力度。黄河中游湿地的保护涉及山西、陕西和河南三省的共同利益，黄河中游各保护区之间也应加强联系，必要时组织统一行动或制定统一的保护措施。

（三）黄河下游流域湿地保护

黄河下游流域湿地，以河流湿地和黄河三角洲滨海湿地为主。黄河三角洲滨海湿地主要由泥沙淤积而成，是重要的鸟类栖息地，由于黄河来水量减少，淡水湿地萎缩，依赖湿地生存的生物物种种类和数量不断减少。黄河三角洲湿地开展了一系列湿地保护工程，2002年东营市利用黄河调水调沙时机启动实施了湿地修复工程，投资2.35亿元成功修复湿地2.3万公顷，促进了湿地生态系统的健康发展和良性循环；2010年实施了黄河刁口河故道生态调水工程，黄河故道断流34年后重新实现全线恢复过水，湿地退化趋势初步得到遏制；在珍稀濒危鸟类保护方面，东营市先后投资1.6亿元实施了自然保护区鸟类保育基础设施建设工程，以及重要生态区域和重要物种保护、鸟类栖息地和繁殖地保护等生态工程。黄河三角洲开展的湿地淡水补给工程、植物保护工程和动物保护工程等采用生境岛建设、微地形改造、生态补水、人工鸟巢和隔离沟建设等生境修复技术，扩大湿地面积，改善湿地的生态功能，保护湿地生物多样性，为鸟类创造良好的栖息环境，流域内生态环境得到改善，生态功能显著增强，物种不断丰富。

在已开展的湿地保护修复工程基础上，应继续加强针对退化湿地的生态补水和修复工程，如黄河三角洲湿地水资源配置与水系连通工程、鸟类栖息地保护工程、湿地保护与恢复工程等，通过在自然保护区内修筑围堤，修筑引水渠，在雨季蓄积雨水、在黄河丰水期引蓄黄河水，调控湿地水位和水面面积，建设鸟类繁殖岛，恢复湿地植被，构建生境多样性，采取蓄淡压碱等生物和工程措施，恢复退化的淡水湿地生态系统，扩大和恢复淡水湿地资源，提高湿地质量，遏制海水入侵，恢复河口生态系统完整性。继续推进退耕还湿、退养还滩工作，统筹利用多种水资源，完善生态修复技术体系，提高湿地生物多样性。

五 黄河流域湿地高质量发展

习近平总书记强调，黄河流域是我国重要的生态屏障和重要的经济地带，是打赢脱贫攻坚战的重要区域，在我国经济社会发展和生态安全方面具有十分重要的地位，必须加强黄河治理保护，推动黄河流域高质量发展。为连接黄河流域生态关键问题与经济发展之间的纽带，我们要把握发展机遇，贯彻尊重自然、顺应自然、保护自然的生态文明理念，协调人地关系，坚持山水林田湖草综合治理、系统治理和源头治理，推动黄河流域湿地高质量发展。要树立绿色发展理念，统筹水资源调度，充分考虑黄河上游、中游和下游的差异，系统治理，分区施策，维护黄河生态安全。从黄河流域湿地高质量发展的角度，提出四方面建议。

（一）发挥湿地生态功能是黄河流域高质量发展的前提

黄河流域湿地与黄河流域其他生态系统是不可分割的生命共同体，要最大限度发挥其生态价值，须充分发挥湿地多样的生态服务功能，创造生态效益。从黄河流域综合管理和防洪减灾的角度，应该充分发挥湿地削减流量和滞后洪峰的功能，湿地强大的蓄水能力可调节径流、减缓洪涝，提高系统抵抗外界干扰与胁迫的恢复力和缓冲性，保障生态安全；从黄河流域水量平衡的角度，应该有效利用湿地蓄纳洪水和补给地下水的功能，湿地是重要的淡水储存库和补给站，影响着流域水循环的各个环节，枯水期放水缓解干旱，丰水期蓄水防洪，在水量平衡调节方面发挥着积极作用；从黄河流域环境健康的角度，要充分利用湿地净化水体和污染控制的功能，湿地生态系统低水流速度及多种生物生长促进了污染物的沉降与分解，其净化污水的能力是同等地域森林净化能力的 1.5 倍，对维护水环境甚至整个流域的健康发挥着重要作用；从维持和改善黄河流域生态安全的角度，要充分利用湿地调节气候的功能，湿地具有比热容大的特征，遇热吸热，遇冷放热，湿地水循环会调节周围环境温度、湿度及降水量，比如湿地水分蒸发和湿地植物的蒸腾作用会降低湿地周围的温度，增加空气中的湿度，调节湿地周围的雨量，湿地生态系统在一定程度上增强了流域气候的稳定性。黄河流域湿地生态系统作为流域的重要组成部分，在维持流域生态健康方面发挥着不可替代的作用，只有加快黄河流域生态经济带建设，提升流域生态系统服务功能，才能更好地发挥流域生态屏障功能，实现黄河流域的高质量发展。

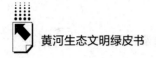

（二）合理利用湿地资源是黄河流域高质量发展的根本

湿地保护与合理利用是不可分割的两个方面。湿地保护不能离开湿地的合理利用，而合理利用必须以湿地保护为前提，因此既要加强湿地生态建设，保护湿地物种、水体和景观等自然资源，也要合理开发利用湿地资源，保证生态用水，适度发展生态旅游，因地制宜，寻求湿地保护与利用的最优模式，坚持生态效益与经济效益和社会效益的统一。生态本身就是一种经济，要用绿色理念推动行为方式的根本性转变，实现流域的生态保护和高质量发展。合理利用湿地资源必须协调好生态用水与经济发展的关系，在统筹水资源保护与开发利用的同时，保障重点生态功能区优质生态产品的供给；利用黄河水系、湿地等自然资源，在黄河流域沿岸的不同段位建设绿色景观廊道、生态隔离带以及生态休闲带，充分发挥湿地旅游、观光、娱乐等方面的功能，打造全域品牌性生态旅游产业，保护和传承黄河文化思想精髓；发展生态康养，培育绿色发展产业新形式，在实现黄河自身健康发展的同时，满足居民日益增长的美好生活需要。

（三）湿地经济是山东黄河流域高质量发展的推动力

湿地经济是指在对湿地生态系统进行有效保护，使其生态功能不被破坏的前提下，充分利用湿地这一特有资源优势科学合理地开展特色种植、养殖和观赏与生态旅游等项目而获取一定经济效益的新型经济模式。湿地经济的开发是保护性开发，是湿地生态恢复的一种模式。通过对湿地经济的开发，探索湿地利用方式的新思路和适宜湿地经济发展的新模式；改变传统的以破坏湿地环境为代价的利用方式，协调人与湿地、人与自然、人与生态环境的和谐关系，修复和重建湿地生态系统，提高湿地的自然生产力、经济生产力、景观吸引力、可持续发展力，实现湿地生态旅游与湿地生态恢复、湿地经济、湿地文化的有机融合。

湿地经济是湿地保护事业的继续和支撑。丰富的湿地资源不但为经济社会的发展和人们的生产生活提供了生态屏障，也为湿地经济的发展提供了得天独厚的物质基础。如果说湿地保护是国民经济发展和人类生存的重要前提，那么湿地经济就是国民经济的最好补充和极具潜力的后发优势。

（四）湿地碳汇是黄河流域高质量发展的重要潜力

2020年9月22日，习近平主席在第七十五届联合国大会一般性辩论上发表重要讲话，提出："采取更加有力的政策和措施，二氧化碳排放力争于2030年前达到峰值，努力争取2060年前实现碳中和。"2021年3月15日，习近平总书记在中央财经委员会第九次会议中强调"要提升生态碳汇能力，强化国土空间规划和用途管控，有效发挥森林、草原、湿地、海洋、土壤、冻土的固碳作用，提升生态系统碳汇增量"。

湿地碳汇是我国2060年前实现碳中和的重要保障。泥炭沼泽地的面积仅占全球土地面积的3%，却储存着5500亿吨碳，相当于全球土壤碳储量的30%，是全世界森林碳储量的两倍。有专家统计，若尔盖湿地平均每公顷碳储量超过4300吨，折合成二氧化碳是1.5万吨，1公顷的固碳量相当于8000辆小汽车一年的排放量。建议四川若尔盖湿地和山东黄河三角洲主动实施湿地碳汇项目开发，先行先试总结经验。

参考文献

崔丽娟：《黄河流域湿地的保护与管理》，《民主与科学》2019年第1期。

崔丽娟：《黄河流域高质量发展亟待加强湿地管护》，《中国自然资源报》2019年10月29日。

董盼盼等：《黄河流域湿地保护与高质量发展》，《湿地科学》2020年第3期。

徐勇、王传胜：《黄河流域生态保护和高质量发展：框架、路径与对策》，《中国科学院院刊》2020年第7期。

于法稳、方兰：《黄河流域生态保护和高质量发展的若干问题》，《中国软科学》2020年第6期。

G.5
黄河源区冰川冻土历史现状及发展报告

罗栋梁　郭万钦　金会军　盛　煜*

摘　要：　气候暖湿化叠加人类活动增强，造成了黄河源区冰冻圈快速
　　　　　萎缩，进而造成黄河源区水源涵养能力减弱，并可能加剧其
　　　　　碳源效应转变。冻土退化，冰川后退，已成为影响黄河源区
　　　　　生态保护和高质量发展的关键制约因素。本报告对黄河流域
　　　　　冰川冻土的监测及现状进行了系统总结，分析了黄河流域冰
　　　　　川冻土对气候变化的响应并预估了其在21世纪末的发展，以
　　　　　期为提升黄河流域水源涵养功能和固碳作用提供科学参考。

关键词：　冰川冻土　气候变暖　水源涵养　黄河源区

一　黄河流域冰川资源现状及变化

（一）黄河流域冰川的分布现状与面积变化特征

本报告依据中国第一次和第二次冰川编目，获取了黄河流域冰川的分布现状与面积变化特征。中国第一次冰川编目开始于1978年，并于2002年全

---

* 罗栋梁，博士，中国科学院西北生态环境资源研究院研究员、博士生导师，研究方向为冻土环境与全球变化；郭万钦，博士，中国科学院西北生态环境资源研究院副研究员、硕士生导师，研究方向为冰川与全球变化；金会军，博士，东北林业大学教授、博士生导师，研究方向为冻土环境和寒区工程、北极工程与环境研究；盛煜，博士，中国科学院西北生态环境资源研究院研究员、博士生导师，研究方向为冻土环境与全球变化。

部完成，前后共出版《中国冰川目录》系列书籍 12 卷 22 册。中国第一次冰川编目以航摄地形图为主要数据源，以求积仪和米格纸等为主要冰川面积量算方法。依据中国第一次冰川编目，1960～1980 年中国西部共有冰川 46377 条，总面积 59425km^2，估算冰川量 5600km^3。

受全球变暖影响，中国西部冰川快速萎缩，早期的第一次冰川编目已不能反映冰川的快速变化。在此背景下，在科技部科技基础性工作专项"中国冰川资源及其变化调查"（2006～2011 年）资助下，中国第二次冰川编目以 2006～2011 年获取的美国 Landsat 卫星影像为主要数据源，以计算机自动识别结合大规模、多批次人工修订为主要冰川边界提取方法，最终建立了覆盖中国西部绝大部分地区的高精度冰川分布数据集。中国第二次冰川编目于 2014 年 11 月正式发布，并面向公众开放获取，是当前关于中国西部冰川的权威数据集。根据中国第二次冰川编目，2010 年前后中国西部共有冰川 48571 条，总面积 51766km^2，估算储量 4494km^3。[①]

在编制中国第二次冰川编目的同时，还利用中国第一次冰川编目编制时所用的地形图，对其进行了扫描、校正和手工数字化，对中国第一次冰川编目进行了修订和更新，校正了原有第一次冰川编目手工量算精度较差造成的误差。修订后的中国第一次冰川编目显示，1960～1980 年，中国西部总计有冰川 59400 条，总面积 60797km^2（数据尚未发布）。[②]

1. 黄河流域冰川的分布特征

①黄河流域冰川的总体分布特征

黄河流域的冰川主要分布在龙羊峡以上黄河源地区，以及大通河流域。根据中国第二次冰川编目，2009 年前后黄河流域一共有冰川 164 条，总面积 126.7km^2，估算储量 8.53km^3。其中，黄河源地区总计分布有冰川 96 条，总面积 105.9km^2，估算储量 7.80km^3，分别占整个黄河流域冰川总量的 58.5%、83.6% 和 91.4%，其余冰川（总面积的 16.4%）分布在大通河流域。

① 刘时银等：《基于第二次冰川编目的中国冰川现状》，《地理学报》2015 年第 1 期。
② W. Q. Guo, S. Y. Liu, L. Xu, et al.，"The Second Chinese Glacier Inventory：Data, Methods and Results," *Journal of Glaciology* 61（2015）：357 - 372.

②黄河源地区冰川的分布特征

黄河源地区的冰川集中分布于三个地区，即共和盆地西南侧的河卡山、黄河源地区东南角年保玉则地区，以及阿尼玛卿山地区。其中，河卡山地区仅分布有 5 条小冰川，总面积 0.64km²，平均面积 0.13km²，估算储量 0.01km³。年保玉则地区总计有冰川 12 条，其中位于北坡的 9 条冰川属于黄河流域，总面积 2.31km²，平均面积 0.26km²，估算储量 0.08km³。

阿尼玛卿山是黄河源地区的主要冰川分布区，分布有冰川 82 条，并以大冰川为主，总面积 102.97km²，平均面积 1.26km²，估算储量 7.71km³。阿尼玛卿山冰川的条数、总面积、估算储量分别占黄河源地区冰川总量的 85.4%、97.2% 和 98.8%。阿尼玛卿山东西两坡的冰川主体分别归属于两条黄河一级支流，即切木曲和曲什安河。其中东坡冰川的融水汇入切木曲流域，并以大冰川为主，共计 45 条，总面积 77.27km²，平均面积 1.72km²，估算储量 6.50km³，其中，条数、总面积、估算储量分别占阿尼玛卿山地区冰川总量的 54.9%、75.0% 和 84.3%。西坡汇入曲什安河的冰川共 37 条，总面积 25.77km²，平均面积 0.70km²，估算储量 1.36km³。

③大通河流域冰川的分布特征

黄河二级支流大通河流域总计分布有冰川 68 条，以小冰川为主，冰川总面积 20.82km²，平均面积 0.31km²，估算储量 1.45km³。其中有 4 条小冰川分布于大通河上游唐莫日曲流域，总面积 2.12km²，平均面积 0.53km²，估算储量 0.09km³。其余冰川分布于中游冷龙岭南坡老虎沟流域，总计 64条冰川，总面积 18.71km²，平均面积 0.29km²，估算储量 0.71km³。

2.1960年代～2009年黄河流域冰川面积的变化

依据修订和数字化后的中国第一次冰川编目，1960 年代黄河流域总计分布有冰川 183 条，总面积 172.3km²，其中黄河源地区 73 条，总面积 129.2km²。大通河流域有冰川 110 条，总面积 43.1km²。与中国第二次冰川编目相比，1960 年代～2009 年黄河流域冰川的条数减少 19 条，总面积减少 45.6km²，面积变化率达到 -26.5%，年均面积萎缩幅度约为 0.6%。

①黄河源地区的冰川面积变化特征

1960 年代~2009 年，黄河源阿尼玛卿山地区的冰川条数从 62 条增加到 82 条，主要由该地区较大的冰川因分支冰川的退缩分离为多条独立冰川造成，但冰川总面积从 124.09km² 减少到 102.97km²，变化率为 −17.0%，年均变化率约为 0.4%。其中阿尼玛卿山东坡切木曲流域的冰川条数从 30 条增加到 45 条，但冰川面积从 91.08km² 减少为 77.27km²，变化率为 −15.2%，年均变化率约为 0.3%。西坡曲什安河流域冰川条数从 33 条增加到 37 条，但冰川面积从 33.17km² 减少到 25.77km²，变化率为 −22.3%，年均变化率约为 0.5%。

1960 年代~2009 年，共和盆地西南侧河卡山地区的冰川条数未发生变化，但由于冰川均为小冰川，冰川面积从 1.58km² 减少到 0.67km²，变化率达到 −57.6%，年均变化率达到约 −1.3%。年保玉则地区冰川的变化与此类似，虽然冰川条数从 6 条增加到 9 条，但冰川总面积从 3.67km² 减少到 2.31km²，变化率也达到 −37.1%，年均变化率约 −0.8%。

②大通河流域的冰川面积变化特征

由于大通河流域的冰川普遍以小冰川为主，冰川面积的变化主要表现为面积的大幅度萎缩甚至冰川完全消失。1960 年代~2009 年，大通河流域的冰川条数从 108 条剧减为 68 条，冰川面积从 42.68km² 减少到 20.82km²，整体面积变化率达到 −51.2%，年均变化率达到约 1.3%。其中，上游唐莫日曲流域的冰川从 5 条减少为 4 条，冰川面积从 3.51km² 减少到 2.12km²，变化率为 −39.6%，年均变化率约为 1.0%。中游冷龙岭南侧老虎沟流域冰川条数从 103 条剧减到 64 条，冰川总面积从 39.17km² 减少到 18.71km²，变化率达到 −52.2%，年均变化率达到约 −1.3%。

（二）1985~2013 年黄河源阿尼玛卿山冰川的冰量变化

冰川面积的变化仅能代表冰川分布范围的变化。冰川变化最核心的要素是冰川冰量的变化，通过冰量的变化来揭示全球变暖背景下冰川物质的损失特征。阿尼玛卿山地区的冰川条数、面积和储量分别占黄河流

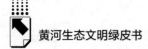

域冰川总量的50%、81.3%和90.4%，且分布集中，冰量变化信息易于提取。因此，本报告以阿尼玛卿山地区为例，研究黄河流域冰川冰量的变化特征。

1. 所用数据和方法

①所用基础数据

本报告以1985~2013年的地形图、立体光学遥感和微波干涉测量数据为主要数据源来提取阿尼玛卿山地区的冰量变化特征，所用数据包括：1985年1∶50000航摄地形图数据及其数字化生成的DEM（数字高程模型），空间分辨率25m；2000年美国SRTM微波干涉测量数据，空间分辨率为30m；2008年印度IRS/P5立体光学影像对及其生成的DEM，空间分辨率为5m；2013年欧洲航天局TanDEM-X/TerraSAR-X微波干涉测量数据，空间分辨率为10m。

②冰量变化研究方法

阿尼玛卿山地区冰川冰量变化信息的获取是通过以上不同时期DEM的高程差值来获取冰川体积的变化，并利用冰川冰的密度（$850kg/m^3$）[1]，将冰川体积的变化转换为冰川冰量的变化。由于不同数据源具有不同的空间分辨率和坐标基准，在获取DEM差值之前首先需要对其空间分辨率和坐标进行统一。为保证冰量变化信息的完整提取，其中所用空间分辨率为不同时段内两幅DEM的最高分辨率，空间参考坐标统一使用通用横轴墨卡托投影和WGS-84参考椭球体。由于不同来源DEM的坐标差异较大，无法用简单的坐标转换进行精确统一，本报告采用由Nuth and Kääb提出的坐标校正方法，[2]以2000年美国SRTM数据为参考，对其他各类DEM进行精确配准，并利用ICESat/GLAS卫星激光测高数据对成果数据的高程精度进行评价。结果显示，各类DEM校正结果的高程精度均在±10m。

---

[1] M. Huss，"Density Assumptions for Converting Geodetic Glacier Volume Change to Mass Change，" *Cryosphere*，7（2013）：877-887.

[2] C. Nuth，A. Kääb，"Co-registration and Bias Corrections of Satellite Elevation Data Sets for Quantifying Glacier Thickness Change，" *Cryosphere* 5（2011）：271-290.

2. 阿尼玛卿山地区冰川的冰量变化

通过利用阿尼玛卿山地区坐标校正后不同时期的 DEM 差值，分别获取了阿尼玛卿山地区冰川在 1985~2000 年、2000~2008 年以及 2008~2013 年的冰量变化特征。

①1985~2000 年阿尼玛卿山地区冰川的冰量变化

阿尼玛卿山地区 1985~2000 年冰量变化提取的目标 DEM 分辨率为 25m。为降低较大地形坡度上异常值对单条冰川冰量变化的影响，在估算单条冰川冰量变化时，将坡度大于 25°的区域剔除。剔除区域不同高程带（10m 间隔）冰量变化值的确定由整个山系对应高程带冰量变化的平均值来代替。结果显示，阿尼玛卿山地区冰川在 1985~2000 年整体冰面高度下降了（4.50±14.93）m，整个区域总体的冰量损失为（0.46±1.53）× $10^9 m^3$，折合冰川物质损失为（0.39±1.30）Gt w.e.（10 亿吨水当量），年均冰川物质平衡约为（-26.07±86.49）× 10^6 kg w.e.（千克水当量）。

由于阿尼玛卿山地区分布着大量的跃动冰川，5000m 以下区域的冰量变化和 5800m 以上的冰面高程变化与其他区域不同。总体来说阿尼玛卿山地区在 5000~5700m 有类似于其他地区的特征，即总体上处于物质损失的状态。但受冰川跃动的影响，4770~4960m 的物质在 1985~2000 年有大幅增加的现象，而 5800m 以上则有严重的物质亏损，说明该地区在 1985~2000 年有大量冰川物质从 5800m 以上区域转移到 4960m 以下区域。4560~4770m 区域则有明显的物质损失发生，部分区域冰面高程下降达到了 20m，但 4560m 以下区域则因冰川跃动造成冰面高程最大升高 30m。1985~2000 年平均冰面高程下降最快的为 5J352E29 冰川，下降量为（11.62±14.93）m。而物质亏损最为严重的为耶合龙冰川，年均物质平衡达到（-4.30±12.85）× 10^9 kg w.e.。

②2000~2008 年阿尼玛卿山地区冰川的冰量变化

阿尼玛卿山地区 2000~2008 年冰量变化提取的目标 DEM 分辨率设定为 5m。由于部分区域受 2008 年 IRS/P5 数据质量的影响出现空洞等问题，本报告采用分位数剔除法，剔除两幅 DEM 上高差在 10% 分位数以下或 90% 分

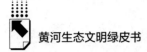

位数以上的区域，对应的高程差阈值为 $[-22.75, 14.87]$ m，并以在 $1\%\sim90\%$ 内的高差为合理变化区间。结果显示，$2000\sim2008$ 年，阿尼玛卿山冰川冰面高程平均下降了 (-4.02 ± 12.81) m，年均降低量为 (0.5 ± 1.6) m。有数据区域整体的冰量减少量为 $(0.27\pm0.86)\times10^9\mathrm{m}^3$，换算为冰川物质损失为 (0.23 ± 0.73) Gt w. e. 。推广到整个阿尼玛卿山地区后，得出阿尼玛卿山地区的冰川在 $2000\sim2008$ 年冰量整体损失了 $(0.41\pm1.31)\times10^9\mathrm{m}^3$，换算为冰川物质平衡为 (-0.35 ± 1.1) Gt w. e. ，年均物质平衡为 $(-43.66\pm139.14)\times10^6$ kg w. e. ，物质损失速率比 $1985\sim2000$ 年的 $(-26.07\pm86.49)\times10^6$ kg w. e. /a 增加了 68%。

$2000\sim2008$ 年阿尼玛卿山地区的冰面高程随着海拔高度的上升，既有强烈消融现象，同时受该地区冰川跃动的影响，也有大幅度抬升现象。强烈消融现象主要出现于 $4690\sim5360\mathrm{m}$ 高程带，最大冰面高程下降 16.64m。冰面高程抬升现象发生于 $4510\sim4690\mathrm{m}$，即耶合龙冰川冰舌区下游所在海拔，最大抬升幅度达到 29.5m。抬升是因为 $2000\sim2001$ 年耶合龙冰川发生的大幅度跃动，造成冰川末端大幅度前进，从而使相应地区高程大幅度抬高。在 4510m 以下则又存在一个冰面高程大幅度下降的区域，最大下降 27.8 米，主要是哈龙冰川冰舌区的强烈消融导致。5520m 以上的区域整体上处于相对平衡的状态，而 6150m 以上区域的大幅度变化可能由未提出的 P5 DEM 异常值及两幅 DEM 的局部偏移导致。

在阿尼玛卿山地区面积大于 $2\mathrm{km}^2$ 的 9 条冰川中，$2000\sim2008$ 年除维格勒当雄冰川因末端无数据而整体表现出轻微的正平衡状态外，其他 8 条冰川整体表现出负物质平衡，其中 5J351D1 冰川平均冰面高程下降幅度最大，达到 (8.69 ± 12.81) m。耶合龙冰川虽然因跃动部分区域冰面有抬升，但整体上仍表现出强烈的消融，冰面平均下降 (6.45 ± 12.81) m，年均下降速度达到 (0.81 ± 1.60) m，较 $1985\sim2000$ 年的平均 (0.33 ± 1.00) m 加快了近 2.5 倍。哈龙冰川由于冰舌区的强烈消融，平均冰面高程下降幅度达到 (3.8 ± 12.81) m，年均下降幅度 (0.48 ± 1.60) m，较 $1985\sim2000$ 年的年均 (0.17 ± 1.00) m 加快近 3 倍。

③2008～2013 年阿尼玛卿山地区冰川的冰量变化

阿尼玛卿山地区 2008～2013 年冰量变化提取的目标 DEM 分辨率设定为 5m。在进行冰量变化信息提取之前，利用 5%～95% 分位数进行异常值的剔除，对应的高程差阈值为 [－25.19，13.80] m。结果显示，2008～2013 年阿尼玛卿山地区冰川的冰面高程平均下降了（5.53±12.85）m，年均降低量为（1.11±2.57）m。有数据区域整体的冰量减少量为（0.40±0.92）×10^9m³，换算为冰川物质损失为（0.34±0.79）Gt w.e.，对应的阿尼玛卿山地区冰川冰量的整体损失为（0.57±1.31）×10^9m³，换算为冰川物质平衡为（－0.48±1.12）Gt w.e./a，年均物质平衡为（96.10±223.31）×10^6kg w e.，物质损失速率比 2000～2008 年的年均（－43.66±139.14）×10^6kg w.e. 增加了 120%。与 2008 年以前不同，2008～2013 年阿尼玛卿山地区的冰川呈现从低海拔到高海拔区域整体消融的态势。其中最大的消融依然发生于低海拔区（4610m 附近），最大平均冰面高程下降量为 18m。4760m 以上区域表现为平均冰面高程较为均匀地下降，下降幅度为 3～8m。

阿尼玛卿山地区面积大于 2km² 的 9 条冰川在 2008～2013 年整体处于负平衡状态，其中平均冰面高程下降幅度最大的是 5J352E8A 冰川，2008～2013 年冰面高程下降了（11.25±12.85）m。耶合龙冰川的平均冰面高程下降了（6.49±12.85）m，年均下降幅度（1.30±2.57）m，下降速度较 2000～2008 年的（0.81±1.60）m/a 加快了 1.63 倍。哈龙冰川平均冰面高程下降了（4.07±12.85）m，年均冰川减薄速率（0.81±2.57）m，较 2000～2008 年的（0.48±1.60）m/a 加快了约 1.7 倍。

维格勒当雄冰川的变化与 2000～2008 年有一定的相似性，即以 4990m 为分割点，4990m 以下区域冰川物质损失较少，部分区域甚至还有冰面抬升现象，而 4990～5650m 冰瀑布所在区域依然表现为较大幅度的减薄，但冰面高程减薄量小于 2000～2008 年，平均为 5m。与 2000～2008 年不同的是，5650m 以上区域也出现了较大幅度的冰川减薄现象，其中 5660～5670m 高程带减薄量达到 8.1m。哈龙冰川的末端 4460～4690m 是 2008～2013 年该冰川消融最强烈的区段，最大减薄量达到13.3m，相当于年均减薄2.66m，与野外冰川物质平衡花杆在时段内的观测相符。4690~5000m区段冰面高程变化相对较小，平均仅为-2.5m，其中哈龙冰川南支冰川在该区段内甚至还出现部分区域冰面高程抬高现象。另一个较低的区段位于5370~5720m高程带内，平均冰面高程变化为-2.5m。

2008~2013年耶合龙冰川5020m以下区域依然呈现急剧消融的态势，最大10m高程带平均冰面减薄量达到20.9m，年均减薄约5.2m，大于2000~2008年的最大减薄速率4.8m/a。而在5020~5180m区域，冰面高程则重新出现抬高现象，最大抬高幅度达到5.1m，年均增加1m。相应的5180~5800m内冰面高程有一定幅度下降，说明该区域冰川物质有向下游运移导致冰面高程下降的特征。

（三）阿尼玛卿山地区的跃动冰川及相关地质灾害

如前所述，与中国西部绝大部分地区不同，黄河源地区的主要冰川分布区——阿尼玛卿山地区分布有大量的跃动冰川。跃动冰川的主要特征是受冰川内在不稳定性的影响，冰川会周期性地出现快速运动现象，部分跃动还会导致冰川末端前进而造成冰川面积在短时间内快速扩大。郭万钦对阿尼玛卿山地区的长期监测和研究表明，阿尼玛卿山地区至少有8条冰川在过去几十年间发生了跃动现象（成果尚未发表），其中哈龙冰川、耶合龙冰川和维格勒当雄冰川等面积最大的3条冰川均为跃动冰川。哈龙冰川曾于1980年前后发生跃动，导致其末端前进、面积扩大，并且其北支在2010年前后一直处于快速运动状态。1999~2001年，耶合龙冰川的大量冰川物质从上部积累区运移到下部消融区，并导致末端发生快速前进。维格勒当雄冰川曾于1990~2000年发生跃动导致末端前进，并且在2015年之后进入新一轮跃动，目前仍处于活跃状态，末端已前进近100m。受全球变暖的影响，阿尼玛卿山地区的跃动冰川的跃动特征已发生明显的变化，表现为跃动时期冰川表面运动速度的降低和末端前进距离的缩小，甚至导致冰川跃动只在冰川内部发生，冰川末端未发生明显前进现象。

位于阿尼玛卿山西坡的曲什安 17 号冰川是另一条具有明显跃动特征的冰川，并且跃动极其不稳定。曲什安 17 号冰川在 2000 年之后的频繁跃动导致下游地区发生冰崩，其中 2004 年的冰崩导致下游青龙河发生堵塞形成堰塞湖，并于 2005 年因冰坝消融溃决，冲毁下游牧民的房屋，造成大量牲畜死亡和失踪。2007 年和 2016 年，曲什安 17 号冰川又出现跃动导致两次冰崩的发生，虽然这两次冰崩范围小于 2004 年，但也造成了下游草场和道路、桥梁等基础设施的毁坏。

二 黄河源区近几十年来冻土变化及启示

（一）黄河流域冻土分布现状

1. 黄河流域冻土空间分布概况

几乎整个黄河流域都被冻土覆盖，地表广泛经历着频繁的冻融过程。冻土温度的升高，冻结融化过程的改变，冻结融化深度的增减，都将显著影响生态环境、水文水资源和寒区工程构筑物的安全运维。受高峻海拔和复杂的地表覆被条件影响，黄河源头区及其重要二级支流大通河的源区主要分布多年冻土，但多年冻土热状态极不稳定，其年均地温多在 -1℃ 以上，冻土层厚度在 40m 以内。若尔盖高原、甘南草原、黄土高原大部分及秦岭部分地区为中—深季节冻土分布，最大季节冻结深度大于 1.0m，冻结期从 11 月持续到次年的 3 ~ 4 月；其余大部分地区为浅季节冻土，季节冻结深度小于 1.0 米；豫北部分地区则为瞬时冻土。

2. 黄河源区多年冻土现状

以唐乃亥作为流域出口的黄河源区，面积达 12.19 万 km²，平均海拔在 3500m 以上，主要为热状态极不稳定的多年冻土和中—深季节冻土分布区。以多石峡（海拔 4197m）作为流域出口的黄河源头区，被昆仑山的东延山地布青山/布尔汗布达山和巴颜喀拉山夹持，地势呈北西—南东走向，平均海拔近 4500m，面积近 2.9 万 km²。不连续多年冻土、岛状多年冻土和季节

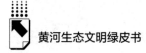

冻土交错分布，冻土的空间分布非常复杂。总体而言，多年冻土占黄河源头区总面积的85%以上。2009年以来，中科院西北生态环境资源研究院冻土工程国家重点实验室综合考虑了海拔、坡向、地表覆被等的空间差异，在黄河源头区布设了多年冻土和自动气象站监测网，并结合坑探、物探等手段对其冻土空间分布特征进行了综合调查。钻孔地温监测结合其与海拔的相关性表明，黄河源头区海拔4350m以上的高海拔地区普遍分布着多年冻土，多年冻土在空间分布上的主控因素是海拔，且多数为高温不稳定型多年冻土。巴颜喀拉山北坡海拔4650m以上区域，多年冻土年均地温低于-1.0℃，实测最低年均地温出现于巴颜喀拉山北坡海拔4720m左右的查拉坪地区，其年均地温接近-1.74℃，多年冻土层厚74m，为高寒沼泽草甸，泥炭层覆盖较厚，地表含水量较高。黄河源区中部，包括星宿海、扎陵湖、鄂陵湖及玛多四湖湖区在内的广大海拔4350m以下区域，主要为极高温多年冻土（高于-1.0℃）和季节冻土分布区。而在玛多县城东北往花石峡镇方向的多格茸盆地，其年均地温多介于-1~-0.5℃。

总体而言，黄河源头区多年冻土大部分为少冰冻土，地下冰的空间分布与地形地貌和地表覆被条件有相关性。在植被覆盖良好的较低谷地和山间盆地中，地下冰含量相对较高。基于钻孔岩心记录、第四纪沉积类型图及最新的青藏高原多年冻土分布和厚度图，估算青藏高原多年冻土总地下冰含量可达$1.27 \times 10^4 km^3$。基于地貌及其成因类型、岩性组成和含水率等105个钻孔的野外实测数据，估算黄河源区3~10m深度范围内地下冰总储量为(49.62 ± 17.95) km^3，根据面积换算，可知黄河源头区地下冰层厚度平均为1.81m。但这些研究结果的验证尚需要结合大量实地钻探和物探调查，同时地下冰的空间分布特征及其统计也需与多年冻土热状态、地表覆被、水文、第四纪沉积等建立关联。相对高纬度的极地和亚极地而言，包括黄河源头区在内的青藏高原多年冻土应多属于暖干型多年冻土，即多年冻土年均地温较高（一半以上多年冻土年均地温高于-1.0℃）、地下冰含量较低，加之地表覆被相对低矮稀疏导致地表和活动层的缓冲效应较弱，具有对气候变化响应敏感且迅速的特征。

　　大量钻孔测温及考虑其与海拔、地表覆被、地貌成因等相关性的模型模拟表明，黄河源头区多年冻土年均地温在 − 2.0℃ 以上，多年冻土层厚度在40m 以内。海拔为黄河源头区多年冻土空间分布的主控因子（见图 1、图 2）：随着海拔升高，多年冻土年均地温降低，多年冻土层厚度增加。在

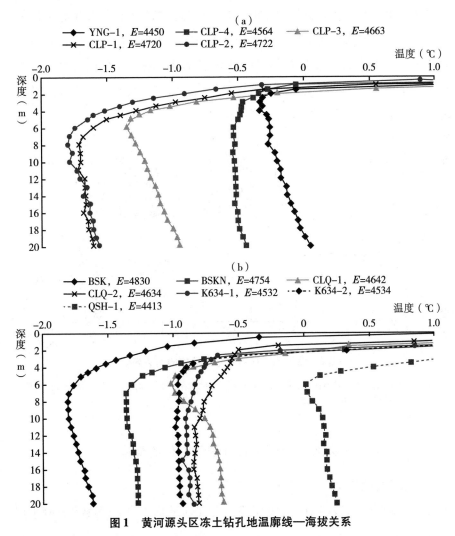

图 1　黄河源头区冻土钻孔地温廓线—海拔关系

资料来源：D. Luo, H. Jin,, X. Jin, et al., "Elevation-dependent Thermal Regime and Dynamics of Frozen Ground in the Bayan Har Mountains, Northeastern Qinghai-Tibet Plateau, SW China," *Permafrost and Periglacial Processes* 29（2018）：257 − 270；罗栋梁等：《黄河源区多年冻土温度及厚度研究新进展》，《地理科学》2012 年第 7 期。

巴颜喀拉山北坡，多年冻土年均地温－0.5℃的分布下界约为4520m，年均地温－1.0℃的分布下界约为4610m。坡向也影响多年冻土的空间分布，阳坡多年冻土分布下界通常比阴坡高，如巴颜喀拉山北坡多年冻土年均地温－1.0℃的分布下界比南坡的低100米左右。纬度在一定程度上影响黄河源区多年冻土空间分布，黄河北岸的布青山南麓多格茸盆地的多年冻土，其分布下界比黄河源头区南部巴颜喀拉山北坡分布下界低200米左右。此外，地表覆被、土壤质地和局地水文条件差异也影响多年冻土空间的分异，山间盆地多高寒草甸，土壤湿度和细颗粒含量较高，特别是具有一定厚度泥炭层的地方，通常多年冻土更为发育，活动层厚度也更小。

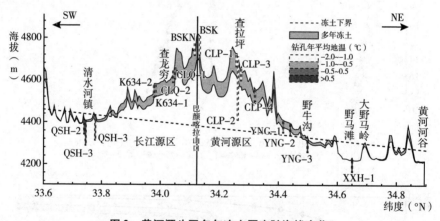

图2　黄河源头区多年冻土厚度随海拔变化

资料来源：罗栋梁等：《巴颜喀拉山青康公路沿线多年冻土和活动层分布特征及影响因素》，《地理科学》2013年第5期。

（二）黄河源头区多年冻土对气候暖湿化的响应

1. 冻融指数变化

近60年来，黄河源区气候变暖，大气（地面）冻结指数[①]急剧下降，

---

① 大气（地面）冻结指数是指一年中连续低于0℃的气温（地面温度）的持续时间及其数值乘积的总和，大气（地面）融化指数是指一年中连续高于0℃的气温（地面温度）的持续时间及其数值乘积的总和，两者通常以℃·d表示。

而大气（地面）融化指数急剧增加，冻结期缩短，融化期延长。根据 1980
年以来黄河源区玛多、达日、久治、河南、星海等 5 个国家基准台站大气
（地面）冻结融化指数的变化情况，大气冻结指数变化范围为每十年
-0.8 ~ 0.21℃·d，其中河南站为正，久治站变化最大；地面冻结指数变化
范围为每十年 -0.79 ~ -0.25℃·d，其中兴海站变化最为剧烈，河南站变
化较小。大气融化指数变化范围为每十年 0.57 ~ 1.09℃·d，除河南站以外
各站变化比较一致；地面融化指数变化率范围为每十年 0.25 ~ 0.68℃·d，
同样以河南站的变化率最小。

2. 冻土退化特征

①2010 年以来冻土实测地温普遍升高

几十年来，黄河源区冻土退化主要表征为冻土温度升高、活动层加深、
季节冻深变浅、多年冻土连续性降低、岛状多年冻土消失、融区扩展，其中
在较低海拔的退化消失尤为明显。海拔 4300m 以下的黄河沿（玛多县城原
址）和玛多县城（现址）在 20 世纪 70 年代以前均为多年冻土地段，在 20
世纪 90 年代以后均变为季节冻土段。从野外实际监测资料来看，黄河源头
区多年冻土近 10 年普遍升温，升温幅度为每十年 0.038 ~ 0.25℃（见图 3）。
黄河源区多年冻土对气候变暖的响应与其热状态有一定相关性，即低温多年
冻土（低于 -1.0℃）升温较快，而高温多年冻土特别是极高温多年冻土
（高于 -0.5℃）升温相对缓慢。如在巴颜喀拉山北坡坡脚位于山间盆地的
YNG - 1 孔，已经位于多年冻土分布下界附近，其年均地温为 -0.1℃，过
去近 10 年其升温幅度仅为 0.022℃。而位于查拉坪片状连续多年冻土离共
和玉树高速公路较近的 CLP - 1 孔，其年均地温已由 2010 年 10 月的
-1.77℃升高至 2020 年 9 月的 -1.57℃，过去 10 年升温幅度是 YNG - 1 的
近 10 倍。但是对于多年冻土新近退化为季节冻土的情况，其年均地温在多
年冻土退化消失后会迅速跃升，由年均地温 0.5℃在 2 ~ 3 年内迅速升高至
1℃乃至 2℃以上，这大概是地下冰融化导致相变潜热效应消失，土壤温度
失去了缓冲因而迅速响应外界大气变暖。如在野马滩大桥（2021 年 5 月 22
日玛多地震中被损坏）附近 500 米左右的 XXH 孔，其年均地温由 2010 年的

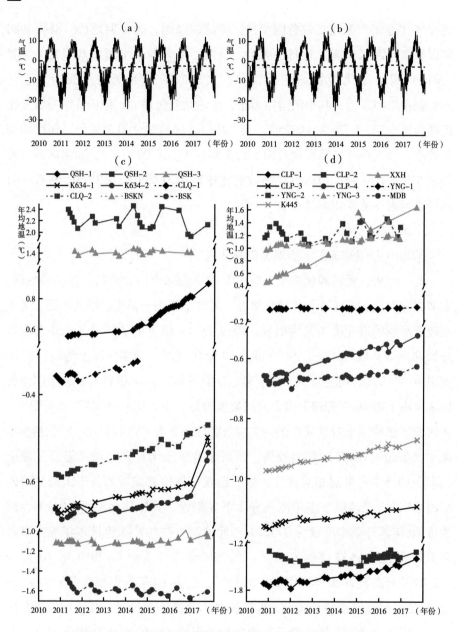

图3 2010～2017年黄河源头区多年冻土年均地温变化情况

注：XXH孔2014年数据缺失。

资料来源：D. Luo, H. Jin, X. Jin, et al., "Elevation-dependent Thermal Regime and Dynamics of Frozen Ground in the Bayan Har Mountains, Northeastern Qinghai-Tibet Plateau, SW China," *Permafrost and Periglacial Processes* 29 (2018)：257–270。

0.50℃在三四年内迅速升高到1.2℃。对于季节冻土而言，过去几年的地温持续监测表明，季节冻土年均地温有下降趋势。

②1980年以来模拟冻土区域退化趋势

库德里亚采夫公式和再分析资料驱动模拟[①]表明，黄河源区多年冻土活动层厚度以海拔较高的地方较小，海拔较低的地方则山间盆地及高寒沼泽湿地中的活动层厚度较小；活动层底板年均温度以巴颜喀拉山北坡及布青山、布尔汗布达山海拔较高处温度较低，黄河谷地扎陵湖、鄂陵湖湖盆及其周边地区多为正温；过去40年间，黄河源区多年冻土活动层厚度年均增加2.2cm，多年冻土活动层底板温度以每年0.018℃的速度升高，多年冻土面积由2.4万km^2减少到2.2万km^2，年均减少74km^2。在空间退化趋势上，多年冻土由低海拔向高海拔退化，在南北方向上由扎陵湖、鄂陵湖所在的黄河河谷向北部的布青山、布尔汗布达山和南部的巴颜喀拉山退化，同时向西部星宿海和源头所在的雅拉达泽山退化。

③未来情景下冻土退化

气候变暖将造成多年冻土持续退化，未来情景资料和热传导模型预测表明，在不同未来情景下，到21世纪末，黄河源区多年冻土将发生不同程度退化，低温多年冻土变为高温多年冻土，而高温多年冻土将大部分消失[②]。届时，黄河源区冻土大部分为季节冻土，多年冻土退化后其隔水效应消失，冻土层上水由此渗漏，高寒植被生态需水及局地水文循环因之改变。模型模拟表明在RCP 2.6、RCP 6.0、RCP 8.5等不同情景下，2050年多年冻土退化为季节冻土的面积差别不大，分别为2224km^2、2347km^2和2559km^2，各占源区面积的7.5%、7.9%和8.6%；勒那曲、多曲、白马曲零星出现季节冻土，野牛沟、野马滩以及鄂陵湖东部的玛多四湖所在黄河低谷大片为季节

① D. Luo, H. Jin, S. Marchenko, V. Romanovsky, "Distribution and Changes of Active Layer Thickness (ALT) and Soil Temperature (TTOP) in the Source Area of the Yellow River Using the GIPL Model," *Science China Earth Sciences* 57 (2014): 1–12.

② 马帅等：《黄河源区多年冻土空间分布变化特征数值模拟》，《地理学报》2017年第9期。

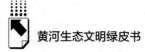

冻土；2100年，多年冻土退化为季节冻土的面积分别为5636km²、9769km²和15548km²，各占源区面积的19%、32.9%和52.3%；星宿海、尕玛勒滩、多格茸的多年冻土发生退化，低温冻土变为高温冻土，各类年平均地温出现了不同程度的升高。到2100年，RCP 2.6情景下，源区多年冻土全部退化为季节冻土主要发生在目前年平均地温高于-0.15℃的区域，而-0.44~-0.15℃的区域部分发生退化；RCP 6.0和RCP 8.5情景下，目前年平均地温分别高于-0.21℃和-0.38℃的区域多年冻土全部发生退化，而-0.69~-0.21℃和-0.88~-0.38℃的区域部分发生退化。

④局地因素对冻土变化的影响

多年冻土对气候变化的响应程度差异与局地因素（如地表覆被、岩性状况等）相关。覆盖度较高的植被和含水量较高的细颗粒泥炭土在冻结和融化状态下导热系数差异巨大，形成热半导体效应，温度补偿作用增大，使得夏天导热系数相对较小（进入土壤中的热量较小），冬天导热系数相对较大（进入土壤中的冷量较大），从而植被覆盖度较高、地表含水量较高的场地其地面温度（地表以下0~5cm）及多年冻土温度升温比陆面温度（观测自植被或积雪冠层）和气温（地表以上1.5~2.0m高度）变化更慢。如在泥炭含量较高的查拉坪地区，由于为高寒沼泽草甸，植被覆盖度较高，地表含水条件常常在夏季达到饱和状态，其活动层内岩性多为细颗粒粘土，故该地区尽管在过去近10年的近地层气温和测量自植被/积雪冠层的陆面温度明显升高，但地面温度升幅远小于气温和陆面温度（见表1）。

表1　气候变暖背景下查拉坪地区气温（T_a）、陆面温度（LST）
和地面温度（GST）的变化情况

单位：℃，℃·a⁻¹

	T_a		LST		GST	
	平均值	变化率	平均值	变化率	平均值	变化率
年	-4.5 ± 0.3	$0.21(p=0.01)$	-4.0 ± 0.6	$0.27(p=0.04)$	-1.3 ± 0.1	$0.04(p=0.16)$
春	-5.2 ± 0.5	$0.25(p=0.07)$	-4.1 ± 0.8	$0.3(p=0.16)$	-2.8 ± 0.3	$0.16(p=0.03)$

	T_a		LST		GST	
	平均值	变化率	平均值	变化率	平均值	变化率
夏	4.5 ± 0.8	$0.15(p = 0.5)$	5.8 ± 0.8	$0.18(p = 0.4)$	3.8 ± 0.5	$0.003(p = 0.9)$
秋	-4.1 ± 1.0	$0.38(p = 0.12)$	-4.1 ± 1.4	$0.58(p = 0.09)$	0.9 ± 0.2	$-0.001(p = 0.9)$
冬	-13.5 ± 0.5	$-0.09(p = 0.5)$	-14.0 ± 0.6	$0.023(p = 0.8)$	-7.5 ± 0.4	$0.095(p = 0.4)$

资料来源：根据统计数据制作。

过去几十年，黄河源区气候变化的一个重要特征为气候暖湿化，即气温显著升高，降水量呈增加趋势，其中一个突出表现为强降水量的增多，并由此改变浅表层土壤水热过程。黄河源头区玛多站近60年来年均气温的气候倾向率为0.28℃/10a，而年降水量达到了10.2mm/10a的增幅。经突变检验，发现黄河源区气候转暖突变出现于1989年，2004年发生降水量增多的突变。小波分析还表明，年均气温存在25年、14年、11年的年代际变化，以12年为其变化第一主周期；年降水量存在45年、30年、12年的年代际变化和5年的年际变化，以30年为第一主周期。2015年在黄河源头区中部海拔4300米的哈日穷谷地开展了强降水作用对浅表层冻土水热过程影响的监测研究（见图4）。该处为典型的高温高海拔多年冻土区，年均地温为-0.5℃，活动层厚度在1~2m。监测结果表明，哈日穷谷地在2014年7月到2015年6月日降水量出现了13次超过10mm的日强降水，2次超过20mm的日强降水，特别是在2015年7月2日，日降水量达到了44.3mm，导致50cm以上融化层土壤含水量随降水过程急剧升高20个百分点及以上并随深度衰减。与之相应的是，该深度处土壤温度也急剧升高，甚至升高到接近冻结温度附近。这表明，强降水入渗带来的热量足以融化并穿透高温多年冻土。研究还表明，由于哈日穷谷地部分场地盐碱化严重，浅表层中土壤含盐量高，导致其冻结温度并不恰好为0℃，经土壤温度与含水量云图叠加分析，发现其冻结温度为-0.1℃左右。这使得哈日穷谷地中含盐量较高的HRQ-1场地的活动层底部和多年冻土表层附近在冻结和融化状态中均保持30%以上的土壤含水量，由此形成冻

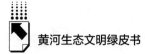

土层上水。以上研究结果表明，在气候变暖背景下，强降水事件的增多和降水量增加，将穿透-0.5℃左右的高温多年冻土，由此进一步加剧多年冻土退化，并改变局地水文循环条件。

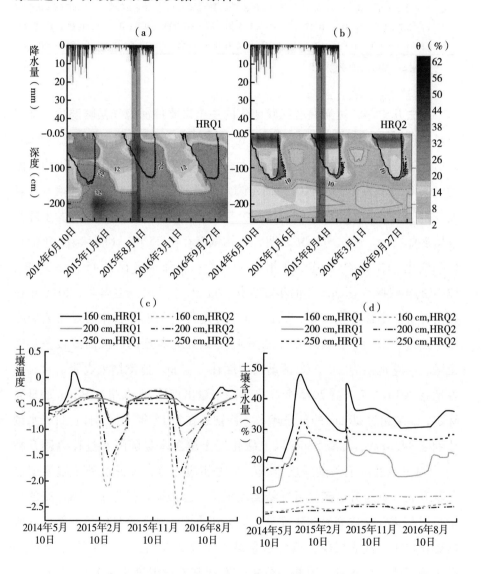

图4　黄河源区中部哈日穷谷地降水与活动层水热过程

（三）加强冻土变化的生态水文效应研究

在黄河源头区，多年冻土变化尤其是浅表层土壤水热过程改变与高寒生态环境有复杂的相互作用模式，复杂的多年冻土空间分布模式及其在气候暖湿化背景下的退化进程，对黄河源头区河湖沼泽动态、水文径流、高寒植被结构乃至动植物生境等产生了深远影响。因此，建议在黄河流域保护和高质量发展重大国家战略下，深入贯彻习近平生态文明思想，加强黄河源区冰川冻土变化对河湖动态、固碳能力和水源涵养能力影响的研究。

①河湖动态

黄河源头区河湖众多，其所在玛多县域有"千湖之县"的美誉，多年冻土与扎陵湖、鄂陵湖等天然构造湖及新近出现的众多热融湖塘存在复杂互作。基于 Landsat 系列和 Sentinel 系列及 MODIS 积雪产品（MOD10A1.006，$1km^2$ 分辨率），并在 Google Earth Engine 云计算平台利用归一化水体指数（NDWI）和差异化归一化水体指数（MNDWI）对黄河源头区 1986～2019 年 $10000m^2$ 以上湖泊面积和个数、湖冰物候动态变化的提取表明，1986～2019 年黄河源头区大小湖泊经历了 1986～2004 年的减少、2004～2012 年的增加、2012～2017 年的减少、2017～2019 年的增加等 4 个阶段。2003/2004 年为黄河源头区湖泊面积最小和个数最少的年份，特别是扎陵湖和鄂陵湖南的一些原来面积 $1km^2$ 左右的湖泊，在气候变化背景下萎缩直至 2003/2004 年退化消失，但随之又逐渐恢复，直到面积大于 $1km^2$，源头区湖泊水域面积和个数均达到峰值。2000～2018 年鄂陵湖湖冰物候变化情况为初冻日平均为 11 月 7 日，冻结完成日平均为 12 月 20 日，初融日平均为 4 月 16 日，融化完成日平均为 5 月 9 日。扎陵湖湖冰物候变化情况为初冻日为 10 月 27 日，冻结完成日为 12 月 20 日，初融日为 3 月 18 日，融化完成日为 4 月 29 日。

结合冻土变化、水文气象和人类活动对湖泊动态变化的原因进行分析表明，降水是湖泊动态变化的主因，丰水年对应湖泊面积较大和湖泊个数较多的年份，枯水年对应湖泊面积较小的年份；气温是影响湖冰物候动态变化的主因，较暖年份的湖冰初冻日滞后、初融日提前、冻结期缩短，较冷年份的湖冰初冻日提前、初融日滞后、冻结期延长。人类活动的影响主要表现为黄河源头区水电站的修筑对鄂陵湖出水口至水电站这一段的水域面积的变化。人类活动干扰和冻土退化也在一定程度上影响了湖泊水域动态变化。如当地政府于1998年在鄂陵湖出水口修建了水电站，2001年12月建成投运营，使得鄂陵湖出水口形成了长约11km、宽约1.5km的水体。近10年来，黄河源头区多年冻土退化明显，表现为冻土温度升高、活动层埋深加大、季节冻深变浅，产生两方面的影响。一方面，原处于冻结状态的浅表层多年冻土消融，冻结层上水蓄水空间增大，因而地表径流量减小；另一方面，多年冻土消融补给了冻结层上水，间接补给了壤中流，使得河川径流量增大，多年冻土消融对河川径流的补给作用在具有一定坡度的斜坡地带影响尤其明显。但冻土退化对湖泊水文变化的定量影响尚需进一步研究。

②冻土有机碳储和固碳能力

今后应加强冻土变化对高寒生态环境、水文水资源、固碳潜力变化等的研究。基于土壤类型法及第二次全国土壤普查资料的土壤类型、深度及面积，曾永年等计算了黄河源区（实为果洛藏族自治州）的土壤有机碳（SOC）总储量达到1.5pg（皮克），玛多县域SOC总储量为0.26pg，其中位于黄河源区西南部的巴颜喀拉山北麓有机质含量较高。黄河源区SOC主要由高山草甸土和高山草原土的有机碳库组成，其中面积大、碳密度高的高山草甸土有机碳积累量达到78%。[①] 总体而言，包括黄河源区在内的青藏高原土壤厚度小于全国平均值（仅为0.6m），土壤平均有机质含量高（平均为6.6%），但高寒草甸土土壤有机碳密度较高，可达29.97kg/m^2。但这些都是基于现有的土壤调查资料，黄河源区SOC的空间分布规律及其与多年冻土热状态、局地因素的复合作用关系究竟如何，还需开展大量实地调查和监测研究。同时，以活动层加深、多年冻土消失为表征的冻土退化如何影响

① 曾永年等：《黄河源区高寒草地土壤有机碳储量及分布特征》，《地理学报》2004年第4期。

冻土碳分解，也需要开展较多的土壤呼吸及温室气体排放研究，并在原状土样采集基础上开展室内温度敏感性试验。

一方面，以活动层加深为表征之一的多年冻土退化，会因对土壤排水条件和透气性的改良，极大地改变高寒植被及冷生土壤中微生物的生境状况，使得原来被多年冻土束缚的土壤有机碳被分解释放，从而对气候变暖产生正反馈，这表明我国在制定碳达峰、碳中和相关政策和实施减排措施时必须考虑多年冻土退化导致的温室气体排放增多。另一方面，高寒植被的生长将使植被叶面积指数增大，可能增强其同化碳的能力。但究竟以何种作用占优，取决于高寒植被结构、多年冻土热状态及其他局地因素。

③水源涵养功能提升

在气候变暖条件下，多年冻土与脆弱高寒生态环境相互作用，并通过对高寒植被生境及其地貌特征的改变影响黄河源区水源涵养功能。对于活动层厚度较大的场地（如大于2.5m），储水空间的增大可能导致高寒植被生态需水埋深加大从而使其生境恶化；对于活动层厚度较小的场地（如小于1m）可能因供应更多可利用的水源而改善高寒植被生境，促使地上生物量在气候变暖条件下增大。黄河源区浅表层土壤的季节冻融过程及其时空差异深刻影响地表能量平衡、高寒生态协同稳定、水文径流调节、寒区工程施工运维和温室气体排放等过程。季节冻融过程通过改变土壤持水特性从而影响植被生长及生物圈，塑造冻融荒漠化和冰缘地貌等，影响着黄河源区的水源涵养能力。冻融过程与冻土热状态具有显著相关性：冻土温度越低，其冻结持续时间就越长，融化持续时间则越短，由下向上的冻结过程就越明显；对于季节冻土而言，其冻融过程表现为单向冻结和微弱的双向融化过程。冻土具有较好的蓄渗降水作用，冻土是高寒地区重要的固态水资源，多年冻土地下冰层对土壤水分具有贮存能力，因而具有重要的水源涵养能力。黄河源头区多年平均降水量仅321.5mm左右，雨热同期，且降雨多集中在6~9月。在雨季，多年冻土把天然降水以固体形式贮存地下；在旱季，通过消融满足地表植被生长的水分需求或流出山体使山泉长流不竭。因此冬季土壤冻结过程及其状态对水源涵养及冬季基流贡献具有重要作用。

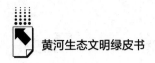

参考文献

程国栋等：《青藏高原多年冻土特征、变化及影响》，《科学通报》2019年第27期。

金会军等：《黄河源区冻土特征及退化趋势》，《冰川冻土》2010年第1期。

施雅风：《简明中国冰川目录》，上海科学普及出版社，2005。

W. Q. Guo，S. Y. Liu，L. Xu，et al. ，"The Second Glacier Inventory Dataset of China（Version 1. 0），" Cold and Arid Regions Science Data Center at Lanzhou，2014.

H. J. Jin，R. X. He，G. D. Cheng，et al. ，"Changes in Frozen Ground in the Source Area of the Yellow River on the Qinghai-Tibet Plateau，China，and Their Eco-environmental Impacts，" *Environmental Research Letters* 4（2009）：1 – 11.

G.6
黄河水利发展报告

李敏 黄凯 杨珺斓 李继璇*

摘　要：　资源约束趋紧、生态系统退化，凸显了黄河流域经济社会发展
与资源环境间矛盾的尖锐。水资源的科学开发与利用以及社会
经济与环境的协调发展，已成为黄河流域生态文明建设的重要
战略问题。本报告对黄河流域水资源利用、水利建设、水利监
管的历史与现状进行了系统总结，分析表明黄河流域水资源利
用效率整体较低，水利发展存在的问题主要体现在水资源供需
不平衡、水土流失严重、河湖管理及水利工程管理体系有待完
善等方面。在此基础上本报告提出了相应的政策建议，以期为
黄河流域水利发展与水资源管理提供科学参考。

关键词：　水利发展　水资源利用　水利监管　黄河流域

一　黄河流域水资源利用历史与现状

（一）黄河流域水资源情势分析

1. 降水量

中国水利部历年《黄河水资源公报》统计显示，近年来黄河流域降水

---

* 李敏，博士，北京林业大学环境科学与工程学院教授、博士生导师，研究方向为面源污染控
制及生态修复技术；黄凯，博士，北京林业大学环境科学与工程学院副教授，研究方向为环
境规划与管理；杨珺斓、李继璇为北京林业大学环境科学与工程学院硕士研究生。

量总体呈上升趋势,1997～2007 年黄河流域多年平均降水量为 3283 亿立方米,2008～2019 年黄河流域多年平均降水量为 3707 亿立方米,增幅为12.9%,1997～2019 年黄河流域多年平均降水量为 3504 亿立方米,与全国平均降水量相比,属降水量偏低区域。

2. 地表水资源量

指地表水体的动态水量,用天然河川径流量表示。资料显示,[1] 1919～1975 年黄河多年平均地表水资源量为 580 亿立方米,1956～2000 年黄河多年平均地表水资源量为 535 亿立方米,减幅为 7.8%。据统计,2001～2019年黄河多年平均地表水资源量为 556 亿立方米,与 1919～1975 年相比减少4.1%,有分析认为这是受到人类活动和气候的双重影响。

3. 地下水资源量

指某时段内地下含水层接纳降水和地表水体补给量的总和。1997～2019年黄河流域多年平均地下水资源量为 382 亿立方米,地下水资源量逐年波动较为明显,整体增长趋势不显著。全国多年平均地下水资源量为 27388 亿立方米,黄河流域平均占比为 1.4%。

4. 水资源总量

指降水形成的可开发利用的地表、地下产水量总和。统计结果表明,黄河流域水资源总量总体呈上升趋势,1997～2007 年黄河多年平均水资源总量为 625 亿立方米,2008～2019 年黄河多年平均水资源总量为 684 亿立方米,增幅为 9.4%。同时,地下水与地表水资源不重复量总体也呈增长趋势,表明人类对地下水的开采逐渐加剧(见表 1)。

表 1 黄河流域多年水资源量

单位:亿立方米

年份	降水量	地表水资源量	地下水资源量	地下水与地表水资源不重复量	水资源总量
1997	2630.8	378.17	332.8	103.33	481.5
1998	3483.8	318.42	\	\	677

① 张金良:《黄河流域生态保护和高质量发展水战略思考》,《人民黄河》2020 年第 4 期。

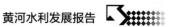
续表

年份	降水量	地表水资源量	地下水资源量	地下水与地表水资源不重复量	水资源总量
1999	3181.3	524	393.8	101.9	625.9
2000	2872.8	456.07	351.56	109.78	565.85
2001	3039.9	\	\	\	\
2002	3041.4	358	\	\	474
2003	4180.6	\	\	\	827
2004	3173.8	\	\	\	\
2005	3427.7	657.3	405.3	99	756.3
2006	3237.1	456	357.8	108.3	564.3
2007	3848.6	542.1	384	113.3	655.3
2008	3443.1	454.2	344.7	104.9	559
2009	3501.2	551.7	385	105.2	656.9
2010	3571.3	568.9	385.2	111	679.8
2011	3888.5	620.9	411.2	118.5	739.4
2012	3896.8	660.4	429.4	111.4	771.8
2013	3828.6	578.3	381.2	104.7	683
2014	3667.4	539	378.4	114.7	653.7
2015	3273.6	435	337.3	106.1	541
2016	3629.8	481	354.9	120.7	601.8
2017	3677.9	552.9	376.7	106.3	659.3
2018	4150.5	755.3	449.8	113.8	869.1
2019	3950.3	690.2	415.9	107.2	797.5
多年平均	3504.2	528.9	381.9	108.9	659.0

注："\"为无统计数据。

资料来源：水利部黄河水利委员会，1997～2019年《黄河水资源公报》，黄河网。

（二）黄河流域水资源开发利用现状

1. 供水量

指各种水源工程为用户提供的包括输水损失在内的毛供水量。1997～2019年黄河流域多年平均总供水量为393.17亿立方米，变化较小，1997～2019年黄河流域多年平均地表水供水量为259.27亿立方米，多年平均地下水供水量为127.36亿立方米，地下水供水量略有减小，其他供水量（污水处理回用和雨水利用）逐年增加。2019 年，地表水供水量占总供水量的 67.27%，地下水供水量占总供水量的 28.56%，其他供水量占总供水量的 4.17%（见表2）。按照多年平均值计算，1997～2019 年，黄河流域地表水供水量的占总供水量的 65.94%，地下水供水量占总供水量的 32.39%（见图1）。

表2　黄河流域多年供水量情况

单位：亿立方米

年份	地表水	地下水	其他	总供水量
1997	268.51	134.23	1.86	404.59
1999	271.14	133.51	2.14	406.79
2000	256.04	134.76	2.82	393.62
2005	244.8	133.2	3.5	381.5
2006	256.2	137	2.9	396.1
2007	249.1	129.5	2.5	381.1
2008	253.9	128.1	2.2	384.2
2009	256.7	127.1	1.9	385.7
2010	262.6	126.8	2.8	392.3
2011	268.5	129	6.9	404.4
2012	251.1	130.5	7	388.6
2013	259.8	128.5	8.9	397.2
2014	254.6	124.7	8.2	387.5
2015	262.9	123.9	8.7	395.5
2016	257.7	121.3	11.5	390.4
2017	263.6	118.9	13.1	395.6
2018	260.5	117.2	14	391.7
2019	269.2	114.3	16.7	400.2
多年平均	259.27	127.36	6.53	393.17

注：1998 年、2001～2004 年无统计数据。

资料来源：水利部黄河水利委员会，1997～2019 年《黄河水资源公报》，黄河网。

2. 用水量

指分配给用户的包括输水损失在内的毛用水量。黄河流域 1997～2019 年用水量情况见图2 和表3。黄河流域多年平均总用水量为 391 亿立方米，其中农业用水量最大，多年平均为 284 亿立方米，占总水量的 72.63%；工业用水量多年平均为 58 亿立方米，占总用水量的 14.83%；生态用水量最少。

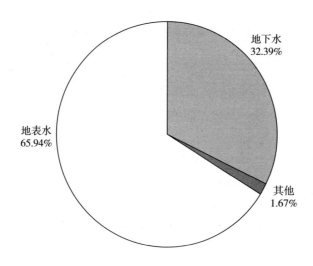

图 1　1997～2019 年黄河流域供水结构

资料来源：水利部黄河水利委员会，1997～2019 年《黄河水资源公报》，黄河网。

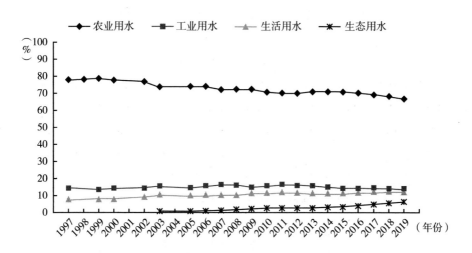

图 2　1997～2019 年黄河流域不同类型用水量占比

资料来源：水利部黄河水利委员会，1997～2019 年《黄河水资源公报》，黄河网。

表3 黄河流域多年用水量分类统计

单位：亿立方米，%

年份	生活		工业		农业		生态		总用水量
	用水量	占比	用水量	占比	用水量	占比	用水量	占比	
1997	29.08	7.22	59.08	14.68	314.4	78.10	\	\	402.56
1998	\	\	\	\	307.7	77.90	\	\	395
1999	31.99	7.93	53.88	13.36	317.41	78.71	\	\	403.28
2000	32.54	8.31	56.49	14.43	302.35	77.25	\	\	391.38
2002	35	9.00	54.46	14.00	299.14	76.90	\	\	389
2003	35.4	10.00	54.87	15.50	260.9	73.70	2.5	0.71	354
2005	38.3	10.04	55.6	14.57	284.1	74.47	3.6	0.94	381.5
2006	39.4	9.95	60.4	15.25	292.5	73.84	3.7	0.93	396.1
2007	39.9	10.47	61.5	16.14	274.5	72.03	5.2	1.36	381.1
2008	39.8	10.36	60.8	15.83	277.2	72.15	6.5	1.69	384.2
2009	43.3	11.23	56.9	14.75	278.7	72.26	6.8	1.76	385.7
2010	44	11.22	61.5	15.68	277.6	70.76	9.1	2.32	392.3
2011	48	11.87	65.5	16.20	281.4	69.58	9.6	2.37	404.4
2012	42.4	10.91	61.4	15.80	272.9	70.23	11.8	3.04	388.6
2013	42.1	10.60	62.4	15.71	282.2	71.05	10.5	2.64	397.2
2014	43.1	11.12	58.6	15.12	274.5	70.84	11.3	2.92	387.5
2015	44.2	11.18	57	14.41	281.5	71.18	12.9	3.26	395.5
2016	46.5	11.91	55.6	14.24	272.7	69.85	15.6	4.00	390.4
2017	48.3	12.21	56.8	14.36	273.2	69.06	17.3	4.37	395.6
2018	49.6	12.66	56.3	14.37	264.4	67.50	21.4	5.46	391.7
2019	52.2	13.04	55.7	13.92	267.4	66.82	24.9	6.22	400.2

注："\"为无统计数据。

资料来源：水利部黄河水利委员会，1997～2019年《黄河水资源公报》，黄河网。

从数据中也可看出，1997～2019年黄河流域生活用水量显著增加，1997年为29亿立方米，2019年为52亿立方米，增长79.3%，表明随着经济发展，城镇化速度加快，人民生活水平提高，生活用水量逐渐增加。

黄河流域工业用水量变化较小，农业用水量呈下降趋势，1997年农业用水量占总用水量的比例为78.1%，2019年为66.8%，下降11.3个百分点，表明近年来黄河流域农业用水效率有所提高。另外，黄河流域生态用水量统计从无到有，生态用水量逐年增加，表明随着国家对生态环境的重视，黄河流域水资源利用结构发生变化，用于维护生态环境的水量不断增多。

3. 水资源开发利用率

指流域或区域用水量占水资源总量的比例，体现水资源开发利用的程度。国际上一般认为，对一条河流的开发利用不能超过其水资源总量的40%。截至2019年的统计数据表明，黄河流域水资源开发利用率均高于40%，超过国际公认的水资源开发生态警戒线，挤占生态流量，水环境自净能力锐减。图3为1997~2019年黄河水资源开发利用率情况，从图中可以看出，水资源开发利用率整体呈下降趋势，2008~2012年连续四年持续下降，2019年下降至49%，但仍然处于较高水平，未来还需继续加强节水措施以及提高水资源利用效率，降低开发利用率。

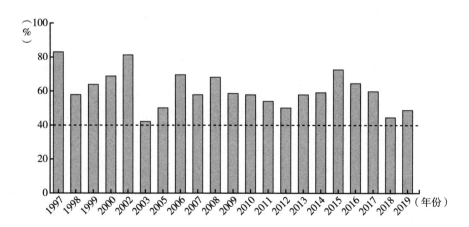

图3 黄河流域历年水资源开发利用率

注：2001~2004年数据缺失。

资料来源：水利部黄河水利委员会，1997~2019年《黄河水资源公报》，黄河网。

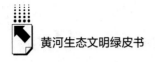

（三）黄河流域节水现状

2017 年，黄河流域万元 GDP 用水量为 52 立方米，比全国平均万元 GDP 用水量少 21 立方米。黄河流域现有耕地面积 1.79 亿亩，农田有效灌溉面积 7765.6 万亩，灌溉率超过 85%。黄河中游灌区灌溉方式多为引、提支流水，上游及下游以引、提干流水灌溉为主。按照黄河流域流经省区分析节水情况。①

青海：2018 年，青海省水利投入 75 亿元，新增高效节水灌溉面积 16.95 万亩，新增绿化水利配套面积 3.72 万亩。共计 81 家单位获"节水型单位"称号，48 个小区获"节水型居民小区"称号。审批并印发 14 项工程的取水许可证。

甘肃：2018 年，甘肃省完成水利固定资产投资 151.9 亿元，发展高效节水灌溉面积 115.5 万亩，农田灌溉水有效利用系数 0.5601，实施 7 处大型灌区节水改造项目。

宁夏：2018 年，宁夏新增灌溉面积 4.13 万亩，恢复改善灌溉面积 206 万亩，新增高效节水灌溉面积 49.7 万亩，农田灌溉水有效利用系数超过 0.53；宁夏回族自治区水利厅出台了节水型城市、节水型灌区、节水型企业等 7 项节水载体评价地方标准，5 个企业被评为"2018 年度节水型企业"。

内蒙古：2018 年，内蒙古落实水利投资 141.6 亿元，办理建设项目取水许可 27 项，发展节水灌溉面积 315.75 万亩，下达牧区节水灌溉饲草地建设自治区资金 9120 万元，发展高效节水灌溉饲草地面积 10.05 万亩，完成高效节水灌溉面积 190.05 万亩。

山西：2018 年，山西省累计完成水利投资 211 亿元，新增高效节水灌溉面积 53.45 万亩，农田灌溉水有效利用系数 0.538。

陕西：2018 年，陕西省完成水利投资 302.59 亿元，建成 20 个县域节水型示范单元，命名 68 家节水机构，新增高效节水灌溉面积 59.93 万亩。

---

① 水利部黄河水利委员会：《黄河年鉴 2019》，黄河年鉴社，2019。

河南：2018 年，河南省水利投资达 345 亿元，新增恢复改善有效灌溉面积 180 万亩，截至 2018 年底建成高效节水灌溉面积 130 万亩，共建成节水型企业 54 个，节水型单位 120 家，节水型居民小区 58 个。

山东：2018 年，山东省水利建设投入 382.8 亿元，新增节水灌溉面积 325 万亩，其中高效节水灌溉面积 214 万亩。实施 19 处大型灌区、9 处重点中型灌区改造项目。

从农业灌溉用水定额及灌溉水有效利用效益来看，青海、宁夏、内蒙古等黄河上游省区具有相对较大的节水潜力。近 40 年来黄河流域水资源利用效率显著提升，整体已达全国平均水平。近年来黄河流域节水强度进一步加大，节水意识逐渐增强，但相对于国内其他区域及世界发达国家而言，仍有较大差距，还需继续提高水资源利用效率，减少水资源浪费。

二　黄河流域水利建设历史与现状

（一）黄河流域水利基础设施建设现状

截至 2015 年，流域内已建成蓄水工程 1.90 万处、引水工程 1.29 万处、提水工程 2.23 万处、机电井 60.32 万眼，设计供水能力分别为 55.79 亿立方米、283.51 亿立方米、68.99 亿立方米和 148.23 亿立方米。此外，流域内已建成集雨工程 224.49 万处，流域下游还建设了引黄涵闸 96 座和提水站 31 座，为海河平原、淮河平原地区供水。现有工程设施满足了黄河流域内 1.14 亿人口及流域所覆盖地市、能源基地等的用水需求，农村饮水困难问题也得以缓解，同时有利于部分地区生态环境的修复。[①] 1945 年治黄以来，黄河流域的供水系统产生了显著的经济、社会及生态效益。黄河流域主要水利水电设施见表 4，大中型水库数量见图 4，黄河流域各省区水利投资总和见图 5。

[①] 宋红霞、胡笑妍：《人民治理黄河 70 年城镇供水效益分析》，《人民黄河》2016 年第 12 期。

表4 黄河流域主要水利水电设施

名称	建成时间	总装机容量（万千瓦）	发电量（亿千瓦时）	2018年发电量（亿千瓦时）	2018年计划发电量（亿千瓦时）	库容（亿立方米）
班多水电站	2010年	36	14.12	16.32	/	/
龙羊峡水电站	1987年	128	/	76.88	68.27	247
拉西瓦水电站	2009年	420	102	130.04	114.85	10.79
李家峡水电站	1997年	200	59	71.12	63.468	16.5
公伯峡水电站	2004年	150	51.4	64.19	57.73	/
苏只水电站	2005年	22.5	8.79	11.02	10.436	/
积石峡水电站	2010年	102	33.63	42.25	36.62	2.635
刘家峡水电厂	1969年	165	/	81.76	/	40.68
盐锅峡水电站	1961年	50.72	/	27.65	26.66	/
八盘峡水电站	1975年	22	/	10.44	11.24	/
青铜峡水电站	1967年	32.1	/	14.46	14.1	6.06
万家寨水利枢纽	2000年	108	27.5	48.47	/	8.96
龙口水利枢纽	2009年	42	13.02		/	/
天桥水电站	1977年	12.8	6.07	6.38	/	0.67
陆浑水库	1965年	1.22	/	/	/	13.2

注："/"表示无统计数据。

资料来源：水利部黄河水利委员会《黄河年鉴2019》。

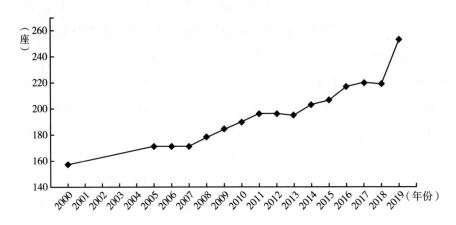

图4 2000～2019年黄河流域大中型水库数量

资料来源：水利部黄河水利委员会，2000～2019年《黄河水资源公报》，黄河网。

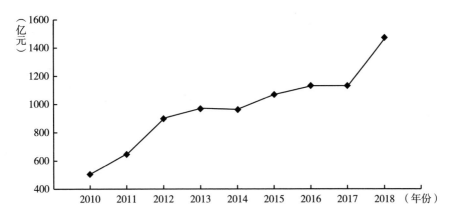

图 5　2010～2018 年黄河流域各省区水利投资总和

资料来源：水利部黄河水利委员会，2011～2019 年《黄河年鉴》。

黄河流域大中型水库数量及各省区水利投资总和均呈明显上升趋势，这表明沿黄各省区在水利工程建设上的投资力度逐渐加大，国家及地方对黄河水利建设愈加重视。

（二）黄河流域水利建设面临的新形势与新内涵

人民治黄 70 余年来，为保障水安全、水生态、推进经济稳定发展，流域内新增了众多水利基础设施。但由于技术、理念的局限性，不少水利基础设施标准较低且各行其是，难以发挥其保障水安全与水生态的优势和作用。根据习近平总书记坚持绿水青山就是金山银山的理念，坚持生态优先、绿色发展理念，着力加强生态保护治理、保障黄河长治久安、促进全流域高质量发展的要求，在水利建设的新形势下，想要促进黄河流域高质量发展，仍需依靠水利基础设施的调控作用，通过优化水利基础设施，使其更加现代化、网络化、智能化，从而达到保障黄河流域水安全的目的。[①] 目前黄河流域水利建设主要面临两个方面的问题。

[①]　徐勇、王传胜：《黄河流域生态保护和高质量发展：框架、路径与对策》，《中国科学院院刊》2020 年第 7 期。

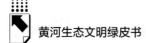

一是流域水安全风险不断加剧。气候变化背景下，极端天气带来的黄河流域局部洪水灾害和大范围干旱灾害呈加剧趋势，增加了流域防洪抗旱的安全风险，同时，源头区的冰川消融增加了黄河流域水资源情势变化的不确定性。另外由于河道过度的开发利用，流域内现存较多高污染企业，也给黄河流域增加了许多风险源。

二是流域水生态功能损害严重。水体生态系统的脆弱性与人类不合理的开发利用共同导致了黄河流域较为严重的水生态问题。截至 2019 年，流域内仍存在 20 余万平方公里的水土流失面积亟须整治，其中多沙、粗沙区 7.86 万平方公里。河道断流问题已从干流转到支流，其中渭河、汾河、沁河部分河段生态流量难以保证。部分地区地下水超采严重，河南、山西等省份地下水超采漏斗面积和地下水埋深仍在增加。不平衡的水沙关系造成河势变化剧烈，威胁两岸生态环境，严重影响流域生态廊道作用的发挥①。

三　黄河流域河湖管理和水利监管历史与现状

（一）黄河流域河湖管理历史与现状

1. 黄河流域河湖长制河湖管理的历史与现状

（1）实行河湖长制河湖管理的原因

黄河流域各地区监管部门在对黄河流域实施管理和监督的过程中，"多龙治水""权责不清"等问题一直存在。实行河湖长制的河湖管理，是进一步完善黄河流域管理制度体系的办法，有利于提高地方政府对黄河流域保护的重视程度，通过分清权责提高治理效率。

（2）黄河流域部分省区历年河湖长制河湖管理成效

《关于全面推行河长制的意见》在 2016 年 12 月由中共中央办公厅、国

---

① 赵钟楠等：《关于黄河流域生态保护与高质量发展水利支撑保障的初步思考》，《水利规划与设计》2020 年第 2 期。

务院办公厅印发，要求各地贯彻落实。2017 年 3 月，国务院总理李克强在政府工作报告中指出全面推行河长制，黄河流域各省区积极响应，初步建立省、市、县、乡四级河长体系，制定出台配套的河湖管理制度，河长认河、巡河、治河、护河工作全面铺开，强化河湖保护和执法监管，严厉打击河湖违法行为，解决黄河治理难点问题。2018 年持续推进河湖长制河湖管理模式，表 5 介绍了 2018 年黄河流域部分省区推行河湖长制落实情况以及河湖长制河湖管理模式下的成效。

表 5　2018 年黄河流域部分省区河湖长制河湖管理成效

省区	2018 年河湖长制河湖管理
青海	全省 242 个水域面积 1 平方公里以上湖泊、79 个水域面积 1 平方公里以下湖泊、207 座水库全部建立覆盖至村的五级湖长体系；全省共落实湖长 1693 名；"一河（湖）一档"建立完成；对各市（州）和部分县级河长制工作体系建设情况进行抽验结果全部优秀；省级累计培训 1200 人次；累计巡查河湖超过 23 万人次
甘肃	建立"双河长"工作机制和五级河长体系，设置河长超过 25000 名，可管辖省、市、县、乡、村的所有江河湖泊；河长制相关配套制度全面建立；湖长制同步推进，设置湖长 1181 名
宁夏	全区 804 条河道、118 个湖泊纳入河湖长制管理，落实河长 3670 名、湖长 228 名；"一河（湖）一档"建立完成；印发《宁夏回族自治区河湖长制重点工作月通报暂行办法（试行）》，建立重点问题督办制度；印发《情况通报》12 期，督办函 49 份，对 23 名河长办负责人进行了约谈；编制《黄河宁夏段岸线保护利用管理规划》；推动宁夏河湖保护条例立法调研；宁夏河长制综合管理信息平台正式运行，各部门涉水监测数据实现集成共享，河湖长、巡查员电子巡河常态化
内蒙古	全区 655 个湖泊建立了四级湖长体系，落实湖长 534 名，设立了湖长公示牌；湖泊管理保护责任体系构建，湖长制全面建立；全区共明确自治区、盟市、旗县、乡镇四级河湖长 6694 名，实现了河长、湖长"有名"；完成盟市级"一河（湖）一策"实施方案编制工作；全区河湖长制工作对近 300 人进行了培训
山西	已经全面建成河湖长工作体系，超过 2 万名河湖长已经全部上岗，巡河巡湖超过 58 万人次；问题整改率达 99%；河湖长制改革效果和生态改善趋势愈加明显
陕西	全面启动泾河综合治理工程；制定了河湖长制实施意见，全省每条河流、每处湖泊都有了河长湖长；制定河湖专项执法检查三年行动方案
河南	全面建立市、县、乡、村四级湖长体系，全面推行河长制"4＋8＋10"布局，形成一套较为完备的河长制推进机制；印发河南省河湖长制工作方案、三年行动计划、任务分解方案等指导性文件，出台涉及水利、环保、农业等 8 个部门的专项方案，制定联合执法、河长巡河等 10 项工作制度；"一河（湖）一档"建立完成；将境内流域面积 30 平方公里以下的河、沟、渠和水面面积 1 平方公里以下的塘、堰、坝等小微水体全部纳入河长湖长监管范围

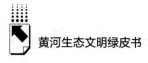
续表

省区	2018年河湖长制河湖管理
山东	全面落实五级河长制,在省、市、县、乡、村设置超过76000名河长和10000名湖长,并建立了13万余项制度;省级河长湖长开展巡河巡湖调研督导23次,各级河长湖长累计巡河巡湖63.7万人次;省级河长制湖长制信息系统开通,并与国家系统互联互通;开展社会公众监督,设置各级公示牌46047块,开通24小时监督电话和微信公众号;全省"一河一策"和县级以上河湖岸线利用管理规划编制完成;全省国控地表水考核断面水质优良,完成年度约束性指标要求

资料来源:水利部黄河水利委员会,2011~2019年《黄河年鉴》。

（3）黄河流域河湖长制河湖管理机制的现状

黄河流域通过实行河湖长制的河湖管理机制,相关部门提高了河湖管理办事效率,完善了管理体系,加强了河湖管理中对违法乱纪现象的处理能力。2019年由最高人民检察院和水利部共同领导的"携手清四乱 保护母亲河"专项行动新闻发布会在北京召开,依法集中处理黄河流域出现的"乱占、乱采、乱堆、乱建"情况。沿黄九省区检察机关、河长办、河务局建立起"河长+检察长"等多种协作机制,利用联合排查的方法整理黄河流域"四乱"现象清单,通过整改和拆迁的方式解决违法乱纪的问题。

专项行动自2018年12月7日开展以来,全国各省份积极响应,成效显著。截至2019年7月底,检察机关共受理了来自水利部门移交的问题线索超过2300件,检察机关和水利部门协同行动,督促清理污染水域超过1700亩、受污染和违法占用的河道接近2000公里以及生活和建筑垃圾接近140万吨,并督促整改拆除违法建筑超过80万平方米,自此初步整改并治理了黄河"四乱"突出的问题,流域生态面貌得到有效改善。①

2. 黄河流域河湖采砂管理的现状

（1）黄河流域特点及采砂背景

黄河流域水少沙多且黄河支流众多,流域面积大于1万平方公里或入黄泥沙大于0.5亿吨的一级支流有13条。图6、图7为黄河重要干、支流控制

---

① 《最高检:携手清四乱 保护母亲河》,《光明日报》2019年8月29日。

水文站测得的年输沙量对比。从长时期看，干流内蒙古河段、禹门口至河口河段河道泥沙淤积量大，泥沙补给充足；支流渭河下游、沁河下游泥沙淤积量大，补给量大。①

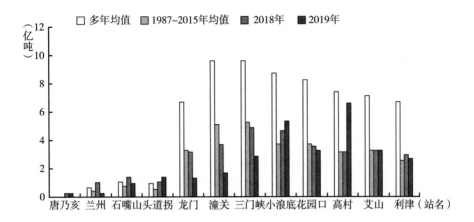

图 6　黄河干流重要控制水文站实测年输沙量对比

资料来源：水利部黄河水利委员会《黄河泥沙公报 2019》，黄河网。

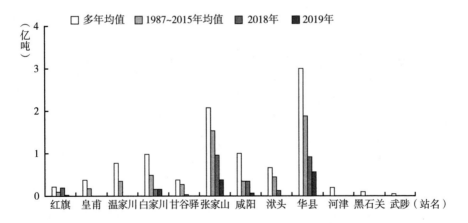

图 7　黄河重要支流控制水文站实测年输沙量对比

资料来源：水利部黄河水利委员会《黄河泥沙公报 2019》，黄河网。

---

① 安催花、张志红、周丽艳：《黄河流域重要河道采砂管理规划综述》，《人民黄河》2016 年第 7 期。

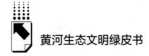

黄河流域的砂石是流域基础建设和河道建设的天然建筑材料。砂石一方面用作建筑材料带来经济效益，另一方面用于黄河下游堤防加固、河道疏通与整治、滩区治理等。水利部于2010年1月正式启动全国江河重要河道采砂管理规划编制工作，黄河流域重要河道采砂管理规划是其重要组成部分。2013年11月黄河水利委员会印发《黄河下游河道采砂管理办法（试行）》，黄河流域重要河段河道采砂管理规划已经进入编制期。

（2）河湖管理采砂现状

砂石主要分布在黄河干流的贵德至循化河段、兰州河段、宁夏河段、大北干流河段，支流渭河中下游、沁河下游、大汶河及东平湖老湖区等地。大北干流河段砂石资源丰富，品质优良，经调查，黄河大北干流河段历年实际采砂量约为3000万吨。[①] 黄河下游年平均公益性采砂量约为1亿吨，黄河下游前三次堤防加固共用沙量约5.6亿吨。

（二）黄河流域水利监管历史与现状

1. 黄河流域洪水、干旱基本情况

（1）洪水情况

历史上黄河流域洪水频发，给流域居民带来很大影响，修建水利工程，通过洪水调度减缓洪水灾害，表6详细介绍了黄河流域洪水情况，图8为2005～2019年黄河流域除涝面积。

表6　黄河流域洪水

洪水	来源	特点
上游洪水	主要来自兰州以上	洪峰低、历时长、洪量大
中下游洪水	上大洪水：以三门峡以上河口镇至龙门区间和龙门至三门峡区间来水为主形成的洪水	洪峰高、洪量大、含沙量大
	下大洪水：以三门峡以下至花园口区间来水为主形成的洪水	涨势猛、洪峰高、含沙量小
	上下较大洪水：以龙三区间和三花区间共同来水组成的洪水	洪峰较低、历时较长

资料来源：魏向阳、蔡彬、曹倍《黄河流域防汛抗旱减灾体系建设与成就》，《中国防汛抗旱》2019年第10期。

---

① 许元辉等：《黄河大北干流山西侧采砂管理实践及探索》，《人民黄河》2020年第S1期。

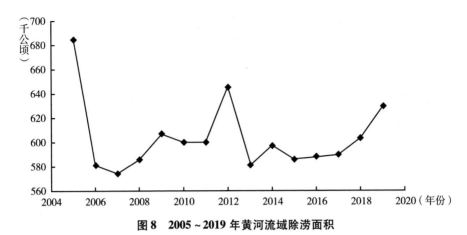

图 8　2005～2019 年黄河流域除涝面积

资料来源：中华人民共和国水利部，历年《中国水利统计年鉴》。

2019 年 6～10 月，黄河流域降雨与多年同期相比多 6%。表 7 为 2019 年黄河流域的洪水情况。

表 7　2019 年黄河流域的洪水情况

区段	洪水情况
兰州段以上	唐乃亥站 6 月 20 日 19 时 24 分流量达到每秒 2500 立方米，形成黄河 2019 年第 1 号洪水
	兰州站 7 月 3 日 19 时 18 分出现每秒 3420 立方米的洪峰流量，形成黄河 2019 年第 2 号洪水
	受 8 月 17 日以来持续降雨影响，黄河源区出现明显的洪水过程，唐乃亥站 27 日 8 时最大流量每秒 1980 立方米
	唐乃亥站 9 月 22 日 15 时 30 分流量达到每秒 2500 立方米，形成黄河 2019 年第 4 号洪水
黄河中游	受 8 月 3 日强降雨影响，山陕区间南部部分支流出现明显的洪水过程。龙门站 4 日 19 时 12 分洪峰流量每秒 3960 立方米
渭河	潼关水文站 9 月 17 日 13 时 12 分洪峰流量每秒 5060 立方米，形成黄河 2019 年第 3 号洪水

资料来源：魏向阳《2019 年黄河流域水旱灾害防御工作回顾》，《中国防汛抗旱》2020 年第 1 期。

（2）干旱情况

黄河流域内气候大致可分为干旱、半干旱和半湿润气候，西部干旱，东部湿润。黄河流域多年平均天然径流量位居全国七大江河第五，仅占全国的2%；流域内人均水资源量473立方米，为全国人均水资源量的23%；耕地亩均水资源量220立方米，仅为全国耕地亩均水资源量的15%。如再考虑向流域外供水，人均、亩均占有水资源量更少。同时径流量年际年内变化大、地区分布不均等特点导致黄河流域干旱频发。

通过流域内水利工程进行水的调度，缓解黄河流域旱情。图9是2019年黄河流域各省区引黄供水情况。引黄供水工程对黄河流域各省区优化配置生产、生活、生态用水，推进水资源利用，支持和保障经济社会可持续发展具有长远战略意义。

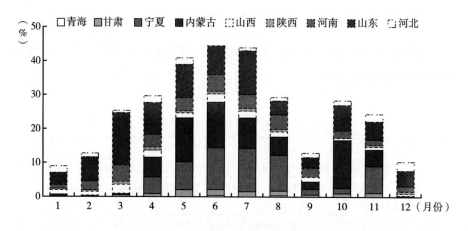

图9　2019年黄河干流河段耗水量分配比重

资料来源：水利部黄河水利委员会《黄河水资源公报2019》，黄河网。

2019年6月内蒙古中西部地区出现较重旱情，6月23日启动抗旱Ⅳ级应急响应；7月山西出现夏伏旱，南部地区旱情较为严重，主要集中在长治、临汾、晋中、晋城、吕梁等市，7月26日启动抗旱Ⅳ级应急响应；河南省春夏连旱，3~4月、5月底6月初、7月部分地区出现不同程度旱情，7月23日启动抗旱Ⅳ级应急响应；山东省6月20日启动全省抗旱Ⅳ级应急响应，其中德州、滨州随着旱情加重，响应级别提升至Ⅲ级。

2.2018 年黄河流域部分省区水利工程管理

黄河流域修建水利工程防汛抗旱，同步进行水利工程的管理必不可少，保证水利工程安全顺利进行流域内水的调度。表 8 为 2018 年黄河流域部分省区水利工程管理情况。

表 8　2018 年黄河流域部分省区水利工程管理情况

省区	水利工程管理
青海	省水利厅印发《2018 年全省水利工程运行管理工作要点》《水利管理法律法规汇编》《深化小型水利工程管理体制改革 2018 年度实施计划》等文件，全面做好青海省水利工程监管工作；累计完成 361 项水利改革工程，落实水利工程维修养护资金 7429.46 万元，全省小型水利工程管理体制改革全面完成；建设水利信息平台与全国水利建设市场监管服务平台互联互通
甘肃	制定印发《甘肃省重点水利工程质量监督巡查办法》《关于加强水利工程建设项目招标投标管理的意见》《关于切实落实农民工工资管理五项制度的通知》等制度办法；对接完善"甘肃省水利工程建设项目招标投标备案及企业信用信息管理系统"，建立了 2919 家企业、6.5 万人的信用信息档案；建立了省级质量监督清单，实现了省属水利工程质量监督常态化、全覆盖
宁夏	宁夏中部干旱带全面建成的 7 座水库移交各县（区）和渠道管理处运行管理，供水效益初步显现；共对 7 类水利工程项目开展施工、监理单位资格预审 22 批次，累计建立 489 家施工、88 家监理、100 家招投标代理企业信用档案，并全部在宁夏水利网进行公示
内蒙古	内蒙古自治区水利厅对 12 个盟市的工程质量工作进行实地核查；严厉打击转包分包、出借借用资质、拖欠工程款及农民工工资等违法违规行为；制定《自治区水利工程管理考核实施细则》，对水库、水闸、河道堤防等水利工程运行管理考核；健全垃圾围坝治理实施方案和工作机制；全区所有水库均建立和落实以地方行政首长负责制为核心的水库大坝安全管理责任制
山西	印发《关于开展河湖和水库工程管理范围划界工作的通知》《山西省河湖和水库工程管理范围划界技术规定（试行）》，明确汾河、沁河、潇河等 7 条主要河道和 6 座省直管水库的工程划界工作；地方管理的河湖和水库工程按照属地管理原则由各地负责

资料来源：水利部黄河水利委员会，2011～2019 年《黄河年鉴》。

3. 黄河流域水利监管现状

（1）预案体系的建设

不同的河段确定不同的侧重点，上游河段以洪水资源化调度和防凌为重点，中下游河段以防御大洪水、下游滩区减灾、河道减淤和水沙调控为重

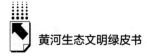

点。每年汛前修订完善年度洪水调度预案，表9为已经实行的防御洪水预案。[①]

表9 黄河流域防御洪水预案

年份	防御方案	
1985	《黄河、长江、淮河、永定河防御特大洪水方案》	在历年的防汛抗洪中发挥了重要作用
2005	《黄河中下游近期洪水调度方案》	
2014	《黄河防御洪水方案》	充分考虑洪水泥沙自然规律、黄河工程体系现状、流域经济社会状况等因素，体现了由控制洪水向管理洪水转变的防汛管理新理念
2015	《黄河洪水调度方案》	

2008年7月1日，《黄河流域抗旱预案（试行）》印发实施。表10为该预案针对黄河流域旱情提出的监督管理办法。

表10 黄河流域旱情监督管理办法

抗旱监管
1. 明确黄河防总、黄委、沿黄各省区防汛抗旱指挥机构、水库管理单位抗旱工作职责
2. 建立抗旱组织指挥机制，规范抗旱组织指挥程序
3. 为防止黄河断流，预先制定黄河旱情紧急情况和引黄供水突发调度情况的应对措施
4. 建立旱情信息监测、处理、上报和发布机制，掌握旱情发展动态

（2）水利工程质量与安全监管

黄河水利委员会全面完成了2019年黄河水利工程建设质量与安全监督工作并在检查方式上有所创新。一是注重实体工程质量监督与规范质量行为并重；二是质量抽样检测按照工程质量检验评定标准的规定取样；三是工程质量定量评定，丰富了质量与安全监督手段，增强了质量与安全监督工作的科学性、公正性和权威性。表11为2019年相关责任部门进行的安全与质量监督。

---

① 魏向阳、蔡彬、曹倍：《黄河流域防汛抗旱减灾体系建设与成就》，《中国防汛抗旱》2019年第10期。

表 11　2019 年黄河流域水利工程质量与安全监管情况

责任部门	质量与安全监督
黄河水利委员会河湖保护与建设运行安全中心	加大对水利工程的质量与安全监督检查力度,先后对黄河下游防洪工程(山东、河南段)和黄河水利委员会大江大河水文监测系统建设(一期)在建工程进行检查,并委托具备资质的检测单位进行质量抽样检测
黄河水利委员会水利工程建设局、河湖与建安中心	对黄河下游防洪、东平湖蓄滞洪区防洪、病险水闸除险加固等工程开展了质量与安全巡查

（3）水利部门暗访督查成果显著

黄委监督局推进黄河流域水利强监管工作,水利部门暗访督查成效显著。2019 年组织开展对小型水库安全运行、水闸安全运行、山洪灾害防御、防洪工程调度等的暗访督查工作,对流域省区河务局开展防洪工程建设调研活动并完成"黄河流域（片）小型水库安全运行专项督察实践与研究"课题;根据《黄委安全风险分级管控体系建设实施意见》建设安全风险分级管控体系;针对重点领域及项目开展安全生产监督检查、暗查暗访,专项巡查水利工程安全及建设质量等项目。

四　黄河流域水利发展问题分析与政策建议

（一）黄河流域水利发展问题分析

1. 水资源供需矛盾十分尖锐

黄河流域水资源开发利用强度高,河道生态用水被大量生产用水挤占,损害河道生态安全。浅层地下水严重超采,太原、西安等地区形成降落漏斗。黄河流域大部分区域气候干旱,蒸发强烈,节水潜力有限,而流域内灌溉用水较多,导致水资源供需矛盾十分尖锐。

2. 水土流失防治任重道远

根据 2019 年全国水土流失监测结果,黄河流域水土流失面积约 26.38

万平方公里，其中超过 37% 的水土流失面积侵蚀强度为中度以上，流域内沟道的侵蚀严重，多沙粗沙区域仍为黄河泥沙的主要来源。严重的水土流失不利于建设坚固有力的黄河流域国家生态安全屏障。多年的治理虽已初步扭转水土流失的局势，但黄河流域水土保持仍面临诸多挑战，在监管强度及精度、群众及管理层的保护意识及重视程度上仍有待提高和完善。①

3. 河湖管理存在多头管理、落实不到位

黄河流域河湖长制涉及水生态、渔业、水利、交通运输等行业，各行业管辖权责以及范围不明确，黄委很难统一管理，导致河湖长制发挥的作用不彻底。黄河流域采砂许可受理审批制度以及防控机制尚未完全建立，日常管理监督不够，存在众多安全隐患，出现违规堆砂现象。

4. 水利工程管理有待完善

黄河流域的水利工程具有规模大的特点，施工单位众多，人员构成复杂，较难进行统一的安全管理。2015～2018 年黄委的财政拨款持续增加，2017 年达到 2011 年的两倍，但流域内水利管理资金仍然紧张。水管单位可支出的基本经费和工程设施维修养护经费不足，沿黄水利工程管理资金发放数额有待调整。

（二）黄河流域水利发展政策建议

1. 以水而定，把水资源作为最大的刚性约束

坚持生态优先，合理分配、科学规划水资源利用；坚持以水定地、以水定产，把农业节水作为主攻方向，建设节水型、生态型灌区，高效节水灌溉率从 29% 提高到 50%，农田灌溉水利用系数提高到 0.61。督促传统高风险化工类企业转型优化，提高工业用水重复率；建立严格的用水监管制度，明确划分超载、临界超载和不超载区域，实行差异化管控；建设水源工程，确保流域水资源安全。

---

① 张宝：《新时期黄河流域水土流失防治对策》，《中国水土保持》2021 年第 7 期。

2. 加快工程建设，完善水沙调控及防洪减灾体系

加快相关水利枢纽工程建设，提高水沙调节能力，增强径流调节和洪水泥沙管控能力，减少下游河道泥沙淤积，遏制宁蒙河段新悬河发展态势。上中游补齐防洪工程短板，下游坚持"上拦下排、两岸分治"，施行河道与滩区同步整治工程，完善防洪减灾系统，增强防洪能力。

3. 着力推进河长制湖长制从"有名"向"有实"转变

充分发挥河湖长制的作用，完善河湖长制组织体系。建立流域省级河长制办公室联席会议制度以及跨省区协调联动机制，加强对流域省区河湖长制工作的激励和考核，将各级河湖长和相关部门职责进行细化，加快推进河长制湖长制从"有名"向"有实"转变。

4. 加强黄河流域水利监管督查工作

扎实开展水利工程建设项目稽查，提高建设管理水平，提升质量监督工作效能。进一步夯实安全生产责任，深入开展安全风险分级管控和隐患排查治理，创新信息化的安全监督。加强对黄河流域水利工程资金的投放，并多方筹措资金，保证水利监管部门的正常运转，同时加大对水利工程投资资金的监管力度，强化水利监管督查工作。

G.7
黄河流域生物质能资源
发展报告

宋国勇 彭 锋 袁同琦*

摘 要: 生物质是地球储量最丰富的可再生碳资源,高效开发利用生物质能可缓解能源需求,改善生态系统环境,促进地区经济高质量发展,是实现碳达峰、碳中和目标的最有效手段之一。黄河流域生物质能资源丰富,拥有巨大的开发空间。本报告根据黄河流域气候、地形、土壤等因素,介绍黄河流域上中下游主要生物质能资源,即农业秸秆资源与林木资源的种类和分布,生物质能源发展现状,以及黄河流域生物质能源的发展方向和面临的机遇与挑战。

关键词: 生物质能 秸秆 林木 可再生碳 黄河流域

一 生物质能源概述

生物质是二氧化碳通过光合作用形成的有机碳资源,生物质能源的本质是太阳能以化学能的形式储存在生物质中的能量形式。生物质能资

---

* 宋国勇,博士,北京林业大学材料科学与技术学院教授、博士生导师,研究方向为生物质催化转化;彭锋,博士,北京林业大学材料科学与技术学院教授、博士生导师,研究方向为生物质多糖高值化利用;袁同琦,博士,北京林业大学材料科学与技术学院教授、博士生导师,研究方向为生物炼制、木质素化学。

源主要包括农林业生产过程中非粮秸秆、树木等木质纤维素以及畜牧业生产过程中的禽畜粪便和废弃物等。生物学估算表明，地球陆地每年生产1000亿~1250亿吨生物质，生物质能源的年生产量远远超过全世界总能源的需求量。与化石能源相比，生物质能源具有"碳中性"和"可再生性"等优点，使用生物质能源可以稳定大气中二氧化碳含量，是实现碳达峰、碳中和目标的最有效手段之一。生物质能源是人类历史上最早使用的能源，也是当前仅次于煤炭、石油、天然气的第四大能源。20世纪70年代第一次石油危机爆发以来，开发可再生能源，实现能源可持续发展，成为国际社会的共识和能源发展的方向。2020年，巴西生物乙醇燃料占该国汽油消费量的50%；瑞典生物质热电联产占该国能源消费量的16.5%，占供热能源的68.5%；美国和奥地利的生物质能源分别占一次能源消费量的4%和10%。

随着我国经济的快速发展，能源安全问题越来越突出，大力发展可再生能源是我国能源战略的重要内容。近年来，我国先后出台了《中华人民共和国可再生能源法》《可再生能源中长期发展规划》《全国林业生物质能源发展规划（2011—2020年）》等法律法规和政策，加快发展包括生物质能源在内的可再生能源。为应对全球气候变化，2020年9月，我国提出了"二氧化碳排放力争于2030年前达到峰值，努力争取2060年前实现碳中和"的目标，为生物质能源的发展带来新的机遇并提出更高的要求。

我国是农业大国，农作物秸秆储量巨大。根据国家统计局资料，2017年我国秸秆理论资源总量达到8.84亿吨，其中可收集资源量约为7.36亿吨。[①] 在林业资源中，可作为木质资源使用的主要是薪炭林、小径材、经济林废弃物、灌木林平茬和城市绿化废弃物等。截至2019年底，我国林木资源可用作木质能源的潜力约有3.5亿吨，全部开发利用可替代2亿吨标准煤。油料能源林是生物柴油生产的重要原料，可以制备优质的液体燃料，作为石油、柴油的替代品。中国现已查明的能源油料植物共有1553种，含油

---

① 国家统计局：《2017年我国秸秆资源储量及秸秆综合利用市场概况》，2018。

量在 20% 以上的约 300 种。黄河流域横跨 9 个省区,东西长 4400 公里,是我国重要的经济地带,黄河流域生态保护和高质量发展是事关中华民族伟大复兴的千秋大计。黄河流域林地面积接近 9000 万公顷,占全国林地(约 3 亿公顷)的 30% 左右;农业秸秆资源每年约 2.9 亿吨,占全国秸秆资源(8.84 亿吨)的 33%。根据黄河流域气候、地形、土壤等因素,本报告从黄河上、中、下游,对黄河流域生物质能源,即农业秸秆资源及林木资源种类、分布进行介绍。

当前生物质能的利用主要包括直接燃烧、热化学转换和生物化学转换等途径。囿于生物质原料收集、运输成本以及国际原油价格的影响,生物质能与其他能源相比在成本和产业化利用上不具备优势,直接燃烧发电依然是目前生物质能利用的主要方式。根据国家能源局统计数据,截至 2019 年,全国生物质发电装机总容量达到 2254 万千瓦,同比增长 26.6%;生物质发电量达到 1111 亿千瓦时,同比增长 20.4%。[①] 近年来,黄河流域各省区纷纷布局农作物秸秆综合利用相关产业链,尤其在生物质发电、秸秆肥料化、饲料化、燃料化等高效利用方面取得了长足的进步,在本报告中也将介绍各省区生物质能源发展的现状及政策规划。

二 黄河上游生物质能源与资源分布及发展

黄河上游地区指内蒙古托克托县河口镇以上的黄河河段,流经省区包括青海省、四川省、甘肃省、宁夏回族自治区和内蒙古自治区。黄河上游河段全长 3472 千米,流域面积 38.6 万平方千米,流域面积占黄河流域总面积的 51.3%。上游河段途经青藏高原、内蒙古高原和黄土高原,跨度大,所处地形地貌复杂,气候差异性大,覆盖了高原性气候、高原大陆性气候和温带季风气候。青海省久治县以上的河源地区全年皆冬;久治至兰州及渭河上游地区长冬无夏,春秋相连;兰州至龙门地区冬长夏短。黄河

---

① 中国产业发展促进会生物质能产业分会:《中国生物质发电产业排名报告 2019》,2019。

上游地区降水量偏少，年降水量少于400毫米，而甘肃、宁夏和内蒙古中西部地区属国内年蒸发量最大的地区，最大年蒸发量超过2500毫米。因此，黄河上游河段气候条件较为恶劣，不适合常规农作物、植物的种植和生长。随着退耕还林和三北防护林政策的实施，黄河上游河段生态环境持续明显向好，水土流失综合防治成效显著，生态环境明显改善，植被覆盖率有所提升。

黄河上游河段途径青海省、四川省、甘肃省、宁夏回族自治区和内蒙古自治区。因黄河在四川地区极短，在黄河第一湾之后又折返青海，为了统计方便，本报告将青海、甘肃和宁夏归于黄河上游的范畴，而内蒙古归于黄河中游进行讨论。

（一）黄河上游能源林树种及分布

黄河上游三省区共有林地面积176847百公顷。其中甘肃省雨水相对较为充沛，林地面积达到95544百公顷。青海省虽面积广阔，但是由于其自然环境恶劣，大部分为沙漠戈壁区域，有林地面积较小，以灌木林地为主。宁夏回族自治区地处水土流失和土地荒漠化严重的黄土高原，干旱少雨导致其有林地面积较少。

图1为各省区有林地区域不同树种的分布比例。截至2010年，灌木林在青海、甘肃、宁夏三个省区中都是主要树种，占比分别达到85%、51%和37%；乔木林仅次于灌木林，占比分别达到9%、32%和11%。宁夏回族自治区中未成林地的比例占到46%，可以用于大面积造林。经济林在甘肃省和宁夏回族自治区占比较低，均为4%，青海省几乎没有。

黄河上游地区，木质能源林树种主要包括灌木林和栎类林两类，分别占全国总量的13.18%和2.02%。灌木林在青海、甘肃和宁夏分别达到32588、34314和3789百公顷，甘肃还有小部分的栎类林（见表1）。黄河上游河段气候恶劣，湿度较低，上地沙漠化严重，导致其以灌木林为主。

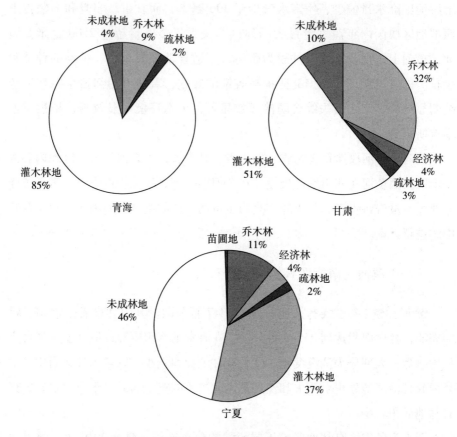

图 1　黄河上游三省区有林地树种及占比

资料来源：国家林业局《全国林业生物质能源发展规划（2011—2020 年）》。

表 1　黄河上游省区主要木质能源林树种及其资源

单位：百公顷，%

	灌木林		栎类林	
	面积	占全国比例	面积	占全国比例
青海	32588	6.07	3	0
甘肃	34314	6.40	3135	1.95
宁夏	3789	0.71	108	0.07
总计	70691	13.18	3246	2.02

资料来源：国家林业局《全国林业生物质能源发展规划（2011—2020 年）》。

（二）黄河上游农业秸秆分布

黄河上游省区气候条件恶劣，土壤沙化程度高，导致其常规的农作物种植受限，主要农作物有小麦、玉米、青稞、大豆、棉花、马铃薯和水稻等。由于黄河上游跨度大，不同省区的地理环境和气候条件差异性较大，种植的农作物不尽相同，秸秆的种类和储量也存在较大差异。

1. 青海省

根据马仁萍《青海省农作物秸秆综合利用现状问题及对策》一文的统计数据，2015 年青海省有耕地 58.8 万公顷，农作物种植面积超过 50 万公顷，秸秆产量 170 万吨，可收集量约 127 万吨。秸秆种类根据农作物种植类型，以小麦、马铃薯、油料作物、玉米、青稞秸秆为主（见图 2）。其中种植小麦 13.07 万公顷，秸秆产量 46 万吨；种植青稞 6.07 万公顷，秸秆产量 16 万吨；种植马铃薯 9.6 万公顷，秸秆产量 42 万吨；种植油料作物 16.07 万公顷，秸秆产量 30 万吨；种植玉米 2.9 万公顷，秸秆产量 26 万吨；种植蚕豆、豌豆等农作物 2.53 万公顷，秸秆产量约 10 万吨。秸秆资源分布以青海省东部的海东市和西宁市为主，秸秆利用方式以秸秆能源化、饲料化、秸秆还田、食用菌基料等方式为主，综合有效利用率达 74%。[1]

2. 甘肃省

甘肃省是黄河上游流域重要的粮食产区，根据《甘肃省秸秆综合利用规划（征求意见稿）》中的统计资料，2008 年甘肃省的农作物秸秆资源总量为 1633 万吨，资源量相对较为丰富。秸秆资源以玉米、小麦、马铃薯为主，占全省秸秆资源总量的 79.56%。其中玉米秸秆最多，达 779.6 万吨，占 47.73%；小麦秸秆 407.6 万吨，占 24.96%；马铃薯秸秆 112.5 万吨，占 6.89%（见图 3）。

3. 宁夏回族自治区

2016 年宁夏回族自治区农作物种植面积 1483 万亩，农作物秸秆可收集资源量为 463 万吨（不含青贮玉米，若加上青贮玉米，总量在 600 万吨左右）。主要

---

① 马仁萍：《青海省农作物秸秆综合利用现状问题及对策》，《农业与技术》2016 年第 20 期。

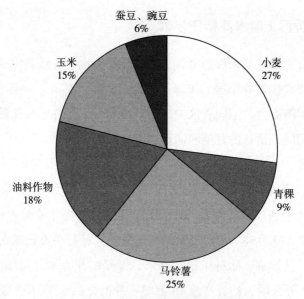

图2　2015年青海省农作物秸秆种类及占比

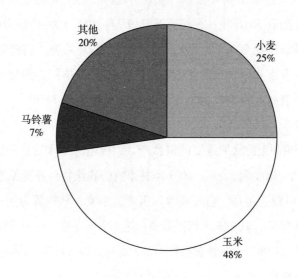

图3　甘肃省农作物秸秆种类及占比

包括玉米秸秆204万吨（44.1%）、蔬菜秸秆124万吨（26.8%）、水稻秸秆56万吨（12.1%）、小麦秸秆41万吨（8.8%）、马铃薯秸秆24万吨（5.2%）以及小杂粮秸秆14万吨（3%）（见图4）。2016年全区农作物秸秆资源化利用总量为380万吨，综合利用率为82%，高于全国平均水平2个百分点。农作物秸秆主要用于饲料化利用（258万吨）、肥料化利用（40万吨）、秸秆生物反应堆技术及秸秆粉碎深翻还田（10.5%）；除此，32.7万吨秸秆还用于造纸、板材加工、建材、编织等方面，占利用总量的8.6%。

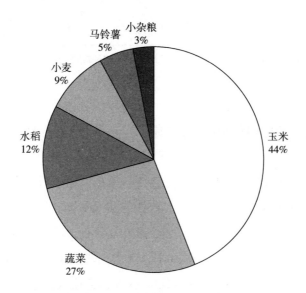

图4　2016年宁夏回族自治区农作物秸秆种类及占比

（三）黄河上游生物质能源发展现状

黄河上游地区，林业资源相对匮乏，生物质能源的发展以农作物秸秆的高效利用为主。青海省农业厅数据显示，2020年青海省农业秸秆的综合利用率达到86.91%；甘肃省农业厅数据显示，2019年农作物秸秆综合利用率达到90%以上；2016年宁夏回族自治区全区农作物秸秆资源化利用总量为380万吨，综合利用率为82%。

受海拔、干旱、低温等因素影响，黄河上游的生物质资源相对较少，生物质直燃或者气化发电产业发展基础不足。根据《生物质发电"十三五"规划布局方案》，黄河上游生物质发电仅在甘肃和宁夏小规模投入生产，规模仅占全国的2.53%（见表2）。

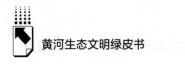

表2　黄河上游省区生物质发电布局规划方案

单位：万千瓦

省区	生物质发电布局规模	其中:农林生物质发电布局规模	其中:垃圾焚烧发电布局规模
青海	0	0	0
甘肃	51	38	13
宁夏	8	3	5
全国	2334	1312	1022

资料来源：国家能源局《生物质发电"十三五"规则布局方案》，2017。

三　黄河中游生物质能源与资源分布及发展

黄河中游地区包括内蒙古托克托县河口镇至河南荥阳市桃花峪流域，流经省区包括内蒙古自治区、山西省、陕西省和河南省。黄河中游地处黄土高原地区，属于典型的大陆性季风气候，具有夏秋季多雨、冬春季干旱少雨的降水特征，年降水量为150~750毫米。由于光热资源充足，蒸发量普遍高于实际降水量，年蒸发量为1400~2000毫米，造成农田水分亏缺。受黄土高原地形影响，黄河中游地区土地类型主要包括黄土丘陵、平地及土石山丘地。土壤种类主要包括黄绵土、褐土、垆土、黑垆土、灌淤土和风沙土。该地区地形复杂，土壤退化养分不足，缺水较为严重，制约了农林业的发展，是典型的少林地区。随着近几十年三北防护林黄土高原地区工程的不断推进，植被覆盖率有所提升。

黄河中游地区包括内蒙古自治区东南部、山西省、陕西省和河南省西北部，为了统计方便，本报告将内蒙古自治区、陕西省和山西省归于黄河中游的范畴，而河南省归于黄河下游进行讨论。

（一）黄河中游能源林树种及分布

2010年，黄河中游三省区共有林地面积635531百公顷，其中内蒙古自治区林地面积最大，达到439493百公顷。内蒙古自治区面积广阔，虽然有林地面积高达 170104 百公顷，但只占所有林地面积的 38.7%，仍有 36.0% 的宜林地未得到开发。陕西省有林地占比最高，达到 56.9%，说明林业用地开发较为成熟。

图 5 为黄河中游各省区有林地区域不同树种的分布比例。可以看出，乔木林在三个省区中都是主要树种，占比分别达到 64%、57% 和 41%；灌木林所占比例分别达到 27%、18% 和 28%。在山西和陕西两省中，经济林所占比例均超过 10%，而内蒙古地区经济林覆盖面积较低，仅为 1%。

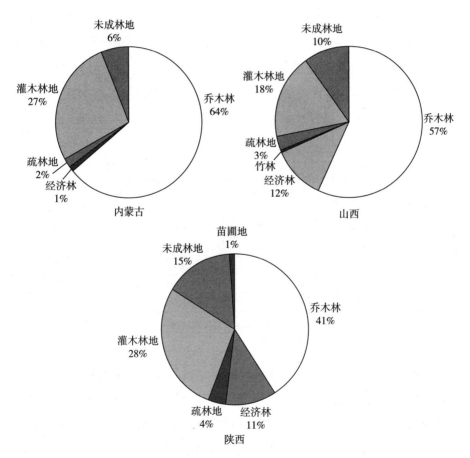

图5 黄河中游三省区有林地树种及占比

资料来源：国家林业局《全国林业生物质能源发展规划（2011—2020 年）》。

在黄河中游省区中，油料能源林树种主要包括文冠果、油桐、乌桕和黄连木等。文冠果又称文灯果，是中国特有的优良木本油料树种，具有耐瘠薄、耐盐碱、抗寒和抗旱能力强等优点，在撂荒地、沙荒地、粘土地和岩石裸露地上都能生长。文冠果种子含油率为 30% ~ 40%，种仁含油率为 55% ~ 67%，是制造油漆、机械油、润滑油和肥皂的优质原料。文冠果在内蒙古、山西和陕西三省区均有种植，总面积达到 4094 公顷。油桐是一种重要的工业油料植物，其种仁含油量高达 70%，可用于制造油漆和涂料等。在黄河中游地区，油桐主要分布在陕西省，面积达到 94200 公顷。乌桕种子可用来提制"皮油"，制备高级香皂、蜡纸、蜡烛等，种仁榨取的油称"柏油"或"青油"，可用作油漆、油墨等。陕西省的乌桕种植面积达到 15000 公顷。黄连木是优良的木本油料树种，具有出油率高、油品好等特点，其种仁含油率为 56.5%。陕西省黄连木的种植面积已达到 49800 公顷（见表3）。

表3　黄河中游三省区主要油料能源林树种及其资源

省区	树种	含油率(%)	果实产量(千克/公顷)	面积(公顷)
内蒙古	文冠果	30 ~ 40	3000 ~ 9000	541
山　西	文冠果	30 ~ 40	3000 ~ 9000	493
陕　西	文冠果	30 ~ 40	3000 ~ 9000	3060
	油桐	40 ~ 50	3000 ~ 10000	94200
	乌桕	35 ~ 50	4050 ~ 7500	15000
	黄连木	35 ~ 40	1500 ~ 9000	49800

资料来源：国家林业局《全国林业生物质能源发展规划（2011—2020 年)》。

黄河中游地区，木质能源林树种主要包括薪炭林、灌木林和栎类林三类，分别占全国总量的 12.8%、18.7% 和 27.6%。内蒙古地区灌木林和栎类林分布较为广泛，分别达到 70294 百公顷和 20961 百公顷，占全国的比例分别为 13.1% 和 13.0%；灌木林占比位列全国第三，仅次于西藏和四川；栎类林占比仅次于云南，位列全国第二。陕西省薪炭林和栎类林储量较为丰富，占比分别达到 12.8% 和 12.0%，均位列全国第三（见表4）。

表4　黄河中游三省区主要木质能源林树种及其资源

单位：百公顷，%

省区	薪炭林		灌木林		栎类林	
	面积	占全国比例	面积	占全国比例	面积	占全国比例
内蒙古	—	—	70294	13.1	20961	13.0
山　西			11874	2.2	4161	2.6
陕　西	2237	12.8	18393	3.4	19318	12.0
总　计	2237	12.8	100561	18.7	44440	27.6

注："—"为无统计数据。

资料来源：国家林业局《全国林业生物质能源发展规划（2011—2020年）》。

（二）黄河中游农业秸秆分布

黄河中游省区是我国重要的粮食产地，农作物秸秆资源十分丰富。由于黄河中游不同省区的地理环境和气候条件存在差异，所种植的农作物不尽相同，秸秆的种类和储量也存在较大差异。

1. 内蒙古自治区

根据《内蒙古自治区"十三五"秸秆综合利用实施方案》统计数据，内蒙古地区粮食作物播种面积达572.67万公顷，全年粮食总产量达到565.4亿斤。以粮食产量为依据，估算出农作物秸秆理论资源量为3756万吨，其中可收集资源总量为3128万吨。在所有农作物秸秆中，玉米秸秆理论资源量为2926万吨，占比最高达到77.9%；大豆秸秆理论资源量266万吨，可收集资源总量213万吨；小麦秸秆理论资源量190万吨，可收集资源总量152万吨；向日葵秸秆理论资源量117万吨，可收集资源总量94万吨；其他秸秆理论资源量257.54万吨，可收集资源总量206.03万吨（见图6）。从秸秆资源的空间分布来看，呼伦贝尔市、兴安盟、通辽市、赤峰市等东四盟市农作物秸秆资源量所占比例最高，达到全区秸秆资源总量的70%左右。

2. 陕西省

陕西省是黄河流域重要的粮食产区。《陕西省"十三五"秸秆综合利用

177

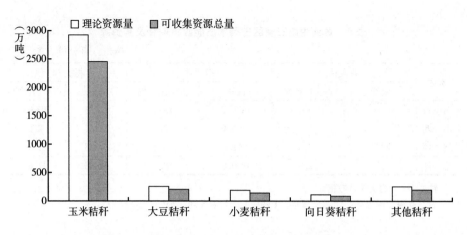

图6　2015年内蒙古自治区农作物秸秆资源量统计

实施方案》的统计资料表明，陕西省的农作物播种面积约为5116.2千公顷，估算后的秸秆理论资源量达到1744万吨，可收集资源总量约为1452万吨。在所有秸秆资源中，小麦和玉米秸秆占比最高，达到秸秆资源总量的80%以上（见图7）。

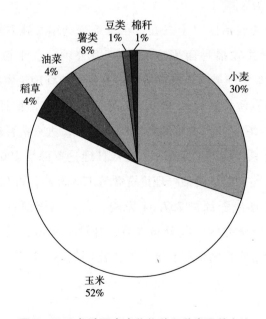

图7　2015年陕西省农作物秸秆种类及其占比

3. 山西省

根据《山西统计年鉴 2019》，2018 年全省粮食产量达到 1380 万吨，其中谷类 1258 万吨，豆类 23 万吨，薯类 32 万吨。根据主要农作物草谷比进行推测，可以计算出全年农业秸秆总量约 3555 万吨。稻谷秸秆资源量最高，超过 50%，玉米和小麦秸秆占比合计超过 40%（见图 8）。

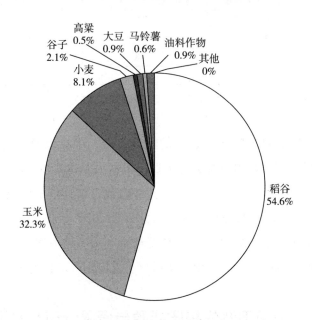

图 8　2018 年山西省农作物秸秆种类及其占比

（三）黄河中游生物质能源发展现状

黄河中游地区，生物质能源的发展以农作物秸秆的高效利用为主。近年来，各省区集中布局农作物秸秆综合利用相关产业链，在生物质发电，秸秆肥料化、饲料化、燃料化等高效利用方面取得了长足的进步。陕西省农业厅数据显示，2019 年陕西主要农作物秸秆机械化综合利用率达 84.5%；山西省玉米和小麦秸秆的综合还田率达到 78%，目前正向85% 的目标迈进。

《生物质发电"十三五"规划布局方案》显示，山西、内蒙古及陕西在

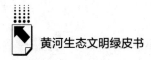

生物质发电领域均有布局，但规模依然弱于东部发达地区，黄河中游三省区生物质发电布局规模仅占全国的7.8%（见表5）。

表5 "十三五"期间黄河中游省区生物质发电布局规划方案

单位：万千瓦

省区	生物质发电布局规模	农林生物质发电布局规模	垃圾焚烧发电布局规模
山 西	55	30	25
内蒙古	34	24	10
陕 西	92	48	44
全 国	2334	1312	1022

资料来源：国家能源局《生物质发电"十三五"规划布局方案》，2017。

近几年，随着对生物质能资源的逐渐重视，中央以及各省（区、市）加强对生物质能资源利用的投资与规划。根据内蒙古自治区农牧厅的信息，2020年，中央财政将投入11432万元支持内蒙古秸秆资源量较大的6个盟市12个旗县实施秸秆综合利用项目，并力争2020年末秸秆综合利用率达85%以上。《山西省2020年农作物秸秆综合利用实施方案》提出将提高秸秆综合利用率，推动秸秆肥料化、饲料化、燃料化、基料化和原料化利用。

四 黄河下游生物质能源与资源分布及发展

黄河自河南省桃花峪开始，流经河南省的东部、北部和山东省的西北部、西南部，至入海口为止的河段为下游，地形呈西南高东北低的态势，在河南省孟津县由山区转入华北平原，并于山东省东营市垦利区注入渤海。黄河下游标高范围较大，为2～95米，河长878公里，流域面积2.3万平方公里。黄河下游河南、山东两省地处亚热带和暖温带过渡区，气候温和、四季分明、水源丰富、土地类型多样，适合多种农林作物的生长。

（一）黄河下游能源林树种及分布

2010年黄河下游两省共有林地面积84414百公顷，其中河南达到50202百公顷，山东林地面积达 34212 百公顷。由于地势相对平坦，气候湿润，降水充沛，适合大面积种植农作物以及林木，黄河下游地区林木资源相对丰富。

图 9 为黄河下游两省有林地区域不同树种的分布比例。可以看出，乔木林在两省中都是主要树种，占比分别达到 64% 和 52%。河南省灌木林资源相对较高，占 14%，其次，经济林占 12%。山东省有大型的生物质资源炼制厂（龙力生物）和较大型的造纸厂（太阳纸业和华泰纸业等），经济林比例高达 32%。

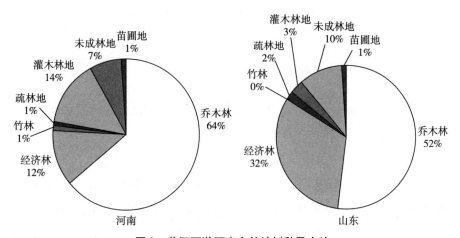

图 9 黄河下游两省有林地树种及占比

资料来源：国家林业局《全国林业生物质能源发展规划（2011—2020 年）》。

在黄河下游省份中，油料能源林树种主要分布在河南，包括油桐、黄连木、文冠果和乌桕等。油桐种植面积达到 16963 公顷，黄连木分布面积为 11107 公顷；文冠果、乌桕等木本油料树种在河南分布较少，分别只有 3 公顷和 100 公顷。木质能源林树种主要包括经济林、薪炭林、灌木林和栎类林四类，分别占全国总量的 7.33%、1.37%、1.31% 和 5.57%。和山东省相比，河南薪炭林、灌木林和栎类林分布较为广泛，分别达到 240 百公顷、6145 百公顷和 8408 百公顷，占全国比例分别为 1.37%、1.15% 和 5.22%。山东省以人工经济林为主，达到 9834 百公顷，人工经济林抚育周期短，林木资源产量高，是重要的生物质能源（见表 6）。

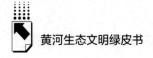

表6 黄河下游省份主要木质能源林树种及其资源现状

单位：百公顷，%

省份	薪炭林		灌木林		栎类林		经济林	
	面积	占全国比例	面积	占全国比例	面积	占全国比例	面积	占全国比例
河南	240	1.37	6145	1.15	8408	5.22	5113	2.51
山东	—	—	846	0.16	560	0.35	9834	4.82
总计	240	1.37	6991	1.31	8968	5.57	14947	7.33

注："—"为无统计数据。

资料来源：国家林业局《全国林业生物质能源发展规划（2011—2020年）》。

（二）黄河下游农业秸秆分布

黄河下游省份粮食作物生产在全国占有重要地位，尤其是河南省粮食产量稳居全国第一，农作物秸秆资源十分丰富。

1. 河南省

河南省粮食产量稳居全国第一，对应的农作物秸秆储量丰富。根据国家统计局2016年统计数据，河南省农作物播种面积为14472.32千公顷，各种农作物秸秆产量为9322万吨，其中小麦秸秆产量3812.6万吨，玉米秸秆产量3491.84万吨，水稻秸秆产量542万吨，豆类秸秆产量95.135万吨，薯类秸秆产量113.08万吨，棉花秸秆产量29.25万吨，油料秸秆产量1238.18万吨（见图10）。

2. 山东省

山东是农业大省，小麦、玉米、棉花等秸秆资源十分丰富，利用潜力巨大。据统计，2015年全省农作物秸秆总量约为8637万吨，其中小麦秸秆3514万吨，玉米秸秆4136万吨，棉花秸秆261万吨，花生秸秆244万吨，其他秸秆482万吨（见图11）。2015年，山东省农作物秸秆综合利用量7346万吨，综合利用率达到85%，重点区域达到90%以上。初步形成秸秆肥料化、饲料化、燃料化、基料化、原料化"五化并举"的综合利用格局。在秸秆还田与肥料化利用方面，全省秸秆还田与肥料化利用量约4200万吨，占秸秆利用总量的57.2%；在秸秆饲料化利用方面，全省秸秆饲料化利用

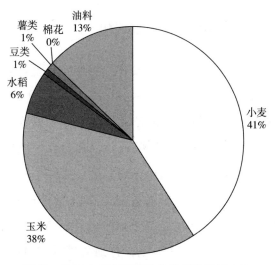

图 10　2016 年河南省农作物秸秆种类及占比

资料来源：国家统计局。

量约 1643 万吨，占秸秆利用总量的 22.4%，在秸秆燃料化利用方面，使用秸秆约 600 万吨，占秸秆利用总量的 8.2%。同时，全省约 307 万吨秸秆被用于生产非木纸浆、密度板、装饰板、一次性餐具等。

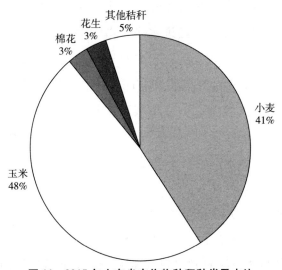

图 11　2015 年山东省农作物秸秆种类及占比

资料来源：《山东省加快推进秸秆综合利用实施方案（2016—2020 年）》。

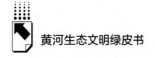

（三）黄河下游生物质能源发展现状

黄河下游地区，林业资源相对充裕，但是分布不均匀，生物质能源的发展以人工经济林林木资源综合利用和农作物秸秆的高效利用为主。近年来，河南和山东两省布局人工经济林和农作物秸秆综合利用相关产业链，尤其是在生物质发电，秸秆肥料化、饲料化、燃料化等高效利用方面取得了长足的进步。《河南省"十三五"可再生能源发展规划》明确提出梯级利用、多点并举。河南省的生物质能源开发利用形式多样，涵盖农林生物质及生活垃圾发电、燃料乙醇、沼气（生物天然气）、固体成型燃料和生物柴油产品等领域；打通纤维素乙醇—气—电联产工艺，使纤维素乙醇产业化技术居国内领先水平；截至 2015 年底，全省生物质发电装机规模达到 57 万千瓦，年平均增长 13.7%；实行全省封闭推广使用车用乙醇汽油，燃料乙醇年产量达到 80 万吨，建成国内首个"醇—气—电"联产装置。《山东省加快推进秸秆综合利用实施方案（2016—2020 年）》提出农作物秸秆、生活垃圾、畜禽粪便等各类生物质能资源呈现因地制宜、多元化利用态势。山东省生物质能发电走在全国前列，发电技术达到国际先进水平，截至 2015 年底，全省各类生物质能发电装机达到 153.2 万千瓦，全年完成发电量 76.9 亿千瓦时，居全国首位。沼气、成型燃料等生物质能综合利用成效显著，全省农村沼气用户 263 万户，大中型、小型沼气工程年产沼气约 10 亿立方米。车用乙醇汽油年试点推广量约 120 万吨，山东龙力是山东首家、全国第五家拥有燃料乙醇定点生产资格的企业。以秸秆、玉米芯等为原料的功能糖产业居世界前列。

河南和山东两省的生物质发电规模以及农林生物质发电规模均居全国前列。根据《生物质发电"十三五"规划布局方案》（见表 7），黄河下游两省生物质发电规模占全国的 19.15%，依然存在很大的开发空间。

表7　黄河下游省份生物质发电布局规划方案

单位：万千瓦

省份	生物质发电布局规模	农林生物质发电布局规模	垃圾焚烧发电布局规模
河南	223	160	63
山东	224	126	98
全国	2334	1312	1022

资料来源：国家能源局《生物质发电"十三五"规划布局方案》，2017。

五　黄河流域生物质能源发展方向

生物质能源是一种具有可再生性、清洁低碳、分布广泛的能源物种，在黄河流域各个省区分布广泛。黄河流域每年将产生2.9亿吨农业秸秆，其规范化高值化利用依然停留在初期阶段，田间焚烧或丢弃不仅造成巨大的能源资源浪费，而且带来巨大的环境问题。世界自然基金会2011年2月发布的《能源报告》认为，到2050年，将有60%的工业燃料和工业供热采用生物质能源。生物质能源的高效利用，不仅可以解决环境问题，也可以成为化石资源的有力替代品和补充品；农林剩余生物质能源化应用是一个农民可以广泛参与并受益的产业，有利于提高农民收入，改善农民生活。农林生物质能源的发展将成为黄河流域生态保护和高质量发展、加快新旧动能转换、建设特色优势现代产业体系、优化城市发展格局、推进乡村振兴的有力措施。

"十四五"期间，黄河流域生物质能源的发展方向主要包括三个方面。

第一，生物质能源发展与生态保护、环境治理相统一。生物质能源的发展具有原料依赖性，利用非粮原料发展生物质能源可以实现生态效应、经济效应、社会效应可持续发展。秸秆有效能源化利用可以解决其在田间燃烧带来的空气污染问题，帮助农民增收，优化城乡能源供给，实现乡村振兴。结合黄河流域水资源状况，开展生物质能源树、能源草的种植，构建生物柴油及纤维素乙醇能源体系，不仅可以解决环境生态问题，也可以实现可持续的能源供给。

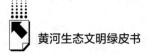

第二，加强管理指导，合理配置资源，建设良性发展机制。黄河流域现有生物质能源发展依然处于起步阶段，原料供应和技术推广是生物质能源发展的瓶颈，现有资源还不能实现稳定的工业规模化利用。各个部门需要从发展目标、基础保障等方面加强管理和指导，引导生物质能源健康有序发展。一方面，要针对经济社会发展对生物质能源的需求，结合农林生产力布局和技术支持基础，编制统一的生物质能源资源培育开发规划；另一方面，要开展农林生物质能资源本底调查，对开发利用生物质能源项目进行评价，合理利用现有资源，稳步有效推进生物质能源开发利用工作。

第三，推动科技支撑体系建设和技术创新，实现自主化发展。生物质能源开发与高新技术紧密相连，目前生物质能源加工利用的技术集成化和成熟度不高，一些新技术的使用成本较高，企业生产受限。黄河流域生物质能源的发展应加强科技研发，推进技术创新，推广应用基本成熟的生物液体燃料、生物发电、固体颗粒燃料等技术，加快极具发展潜力的木质纤维转化为燃料乙醇、生物化工等技术及设备的研发，逐步实现生物质能源开发技术、设备的自主化发展。

黄河流域自然保护地建设发展报告

徐基良　马　静　田　姗　王金凤*

摘　要： 黄河流域是我国重要生态屏障的密集区和"一带一路"陆路的重要地带，生态环境脆弱。黄河流域各省区高度重视生态保护与治理，并在自然保护地建设方面取得了显著成效，但与建立以国家公园为主体的自然保护地体系的要求相比仍存在一定差距，需要从推进国家公园示范省建设、优化自然保护地体系、完善自然保护地体制机制、强化自然保护地监管与保护、优先实施关键区域生态移民工程、发展绿色经济和文化产业等方面取得新突破。

关键词： 国家公园　自然保护地　自然保护地体系　高质量发展

一　黄河流域自然保护地现状

黄河流域是我国重要生态屏障的密集区和"一带一路"陆路的重要地带①，其西北紧临干旱的戈壁荒漠，流域内大部分地区为干旱、半干旱区，

---

* 徐基良，博士，北京林业大学生态与自然保护学院院长、教授、博士生导师，研究方向为动物生态学、自然保护地管理；马静，博士，北京林业大学生态与自然保护学院，讲师，研究方向为自然保护地管理；田姗，北京林业大学生态与自然保护学院博士后；王金凤，北京林业大学生态与自然保护学院硕士研究生。

① 徐勇、王传胜：《黄河流域生态保护和高质量发展：框架，路径与对策》，《中国科学院院刊》2020年第7期。

北部有大片荒漠和风沙区，西部是高寒地带，中部是著名的黄土高原，干旱、风沙、水土流失等自然灾害严重，生态环境脆弱，其治理保护与国家经济和社会的可持续发展密切相关。

（一）自然保护地类型

截至 2020 年，黄河流域已建立自然保护地 720 个，自然保护地的总面积占流域总面积的 38.44%。这些自然保护地包括 8 种类型，分别为自然保护区 174 个，总面积 253354 平方公里；风景名胜区 88 个，总面积 9257 平方公里；森林公园 229 个，总面积 21382 平方公里；湿地公园 122 个，总面积 2198 平方公里；地质公园 78 个，总面积 15555 平方公里；沙漠（石漠）公园 16 个，总面积 597 平方公里；水产种质资源保护区 12 个，总面积 3231 平方公里；矿山公园 1 个，总面积 10 平方公里。其中，自然保护区面积最大，森林公园数量最多。黄河流域自然保护地中，省级自然保护地数量最多，占 52.5%，其次为国家级，占 42.78%；国家级自然保护地面积最大，达 82.62%，其次为省级自然保护地，占 14.94%（见图1、图2）。此外，黄

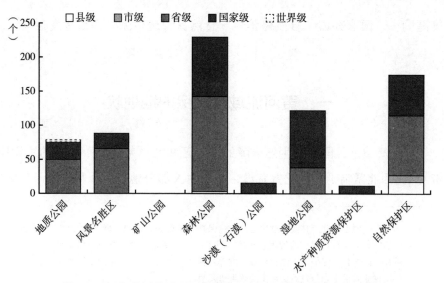

图1 2020年黄河流域不同类型和不同级别自然保护地的数量

资料来源：根据国家林业和草原局调查规划院提供的《黄河流域自然保护地名录》制作。

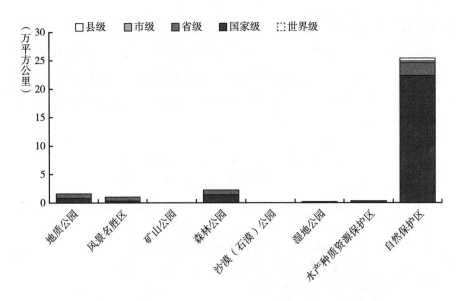

图2 2020年黄河流域不同类型和不同级别自然保护地的面积

资料来源：根据国家林业和草原局调查规划院提供的《黄河流域自然保护地名录》制作。

河流域还有两个国家公园体制试点区，即三江源国家公园体制试点区和祁连山国家公园体制试点区，其中三江源国家公园体制试点区总面积12.31万平方公里，祁连山国家公园体制试点区总面积5.02万平方公里。

（二）自然保护地分布

截至2020年，黄河流域共建立自然保护地720个，占全国总数量的6.10%，主要分布在黄河源头、祁连山、贺兰山、太行山、秦岭、黄河三角洲等生物多样性丰富，水源涵养、土壤保持等生态功能极为重要的区域。

各省区的自然保护地数量和面积不同。其中，陕西省自然保护地数量最多（149个），占黄河流域自然保护地数量的20.69%，其次是山西省（17.64%）和甘肃省（17.50%），四川省自然保护地数量最少，只占黄河流域自然保护地数量的1.39%。不同类型的自然保护地在不同省区分布数量差异较大，森林公园和地质公园在位于黄河上游的甘肃省数量最多，分别为 64 个和 20 个；自然保护区在位于黄河中游地区的陕西省数量最多（41 个）；湿地公园数量最多的省份是黄河中游的山西省（33 个）；风景名胜区在位于黄河中游的陕西省和山西省数量最多，均为 21 个（见图 3）。

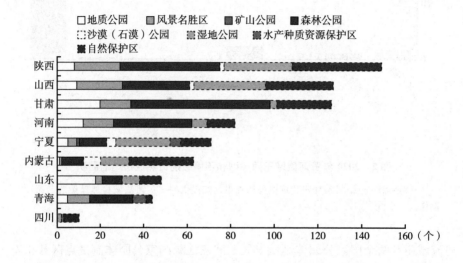

图 3　黄河流域各省区自然保护地的类型及数量

资料来源：根据国家林业和草原局调查规划院提供的《黄河流域自然保护地名录》制作。

各省区自然保护地的面积存在一定差异，自然保护地的面积所占比例较大的省份多集中在黄河流域上游地区，如自然保护地面积最大的是青海省，约为 16.6 万平方公里，占黄河流域自然保护地总面积的 54.44%；其次是甘肃省（17.20%）和内蒙古自治区（6.96%）。如自然保护地面积比重较小的省份是河南省，仅占黄河流域自然保护地总面积的 2.17%。不同类型的自然保护地在不同省区的分布面积不同，自然保护区在青海省分布面积最大，为 15.36 万平方公里，森林公园类型在甘肃省分布面积最大（6422 平方公里）（见图 4）。

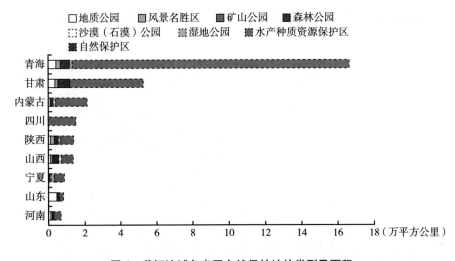

图4　黄河流域各省区自然保护地的类型及面积

资料来源：根据国家林业和草原局调查规划院提供的《黄河流域自然保护地名录》制作。

（三）自然保护地发展阶段

黄河流域自然保护地建设始于1957年的甘肃太子山自然保护区，但是在相当长的时间内自然保护地的增长速率保持在比较低的水平。改革开放后，我国自然保护地建设工作进入稳步发展阶段。[①] 1999年以来，国家陆续启动天然林保护、退耕还林还草、全国野生动植物保护及自然保护区建设等一系列重大生态工程，将一些典型生态系统和濒危野生动植物及其生境就地保护纳入工程建设重点。2001年，国家正式启动全国野生动植物保护和自然保护区工程，黄河流域的自然保护地事业与国家自然保护地建设同步进入快速发展阶段（见图5）。近年来，黄河流域自然保护地的数量和面积增速总体放缓，自然保护地建设逐渐从"增量"转到"提质"。青海省在全国率先开展以国家公园为主体的自然保护地体系示范省建设。2016年，全国第一个国家公园体制试点——三江源国

[①] 高吉喜、徐梦佳、邹长新：《中国自然保护地70年发展历程与成效》，《中国环境管理》2019年第4期。

家公园体制试点在青海省启动；2017年，祁连山国家公园青海省管理局正式授牌。

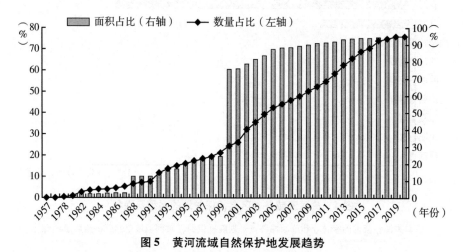

图5 黄河流域自然保护地发展趋势

资料来源：根据国家林业和草原局调查规划院提供的《黄河流域自然保护地名录》制作。

二 黄河流域自然保护地建设的突出成就

黄河流域生态保护一直受到党和国家的高度重视和关心。新中国成立以来，国家既开启了黄河治理的新篇章，也启动了在黄河流域建立自然保护地的新征程。经过60余年的建设，黄河流域自然保护地建设取得了显著成效。

（一）保护理念入心入行

黄河流域生态保护与治理曾经走过弯路。近年来，祁连山自然保护生态环境问题和秦岭北麓西安境内违建别墅问题，均引起党中央、国务院的高度重视和社会各界的普遍关注，习近平总书记多次作出重要批示指示。如今，地方干部对生态环境已心存敬畏，"共同抓好大保护，协同推进大治理"和"绿水青山就是金山银山"的理念也已日益深入人心。青海省在建设三江源国家公园体制试点的过程中，将生态保护与精准脱贫相结合，创新建立生态管护公益岗位机制，全面实现园区"一户一岗"，共安排 17211 户生态管护员持证上岗，户均年收入增加 21600 元，并为生态管护员统一购买意外伤害保险；稳定草原承包经营基本经济制度，园区牧民草原承包经营权不变，探索将草场承包经营逐步转向特许经营，通过发展生态畜牧业合作社，鼓励支持牧民以投资入股、合作劳务等多种形式开展家庭宾馆、牧家乐、民族文化演艺等经营项目；引导扶持牧民从事公园生态体验、环境教育服务、生态保护工程劳务、生态监测等工作，使当地居民在参与生态保护、公园管理中获得稳定长效收益。①

（二）法律法规体系日益健全

2015 年以来，国家先后出台了《关于加快推进生态文明建设的意见》《生态文明体制改革总体方案》《编制自然资源资产负债表试点方案》《党政领导干部生态环境损害责任追究办法（试行）》《开展领导干部自然资源资产离任审计试点方案》《生态环境损害赔偿制度改革方案》《关于健全生态保护补偿机制的意见》《关于加强资源环境生态红线管控的指导意见》《关于划定并严守生态保护红线的若干意见》《建立国家公园体制总体方案》《湿地保护修复制度方案》《关于全面推行河长制的意见》《关于建立以国家公园为主体的自然保护地体系的指导意见》等系列文件，对全国自然保护地进行顶层设计和总体部署；修订了《环境保护法》《大气污染防治法》《野生动物保护法》《森林法》《渔业法》《种子法》《草原法》《水法》《土地管理法》《畜牧法》等法律法规。在黄河流域，甘肃、河南、内蒙古、宁夏、青海、山东、山西、陕西、四川各省区制定了关于省级自然保护区、风景名胜区、森林公园、地质公园、湿地公园等自然保护地的法规。此外，陕西省还出台了《陕西省秦岭生态环境保护条例》，青海省还出台了《三江源国家公园条例（试行）》，为实行自然保护地精细化管理、"一类一法"与"一地一法"相结合的自然保护地法律体系奠定了基础。

---

① 万玛加：《三江源国家公园体制试点成效初显》，《光明日报》2020 年 12 月 14 日。

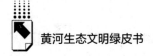
（三）自然保护地改革稳步推进

黄河流域自然保护地已经基本涵盖了黄河源头、祁连山、贺兰山、太行山、秦岭、黄河三角洲等生物多样性丰富，水源涵养、土壤保持等生态功能极为重要的区域，也包括藏羚羊等珍稀野生动物的重要栖息地，基本形成布局较为合理、类型较为齐全、功能较为完善的自然保护地网络。黄河流域各省区积极推动自然保护地规范化建设管理工作，如启动自然保护区范围及功能分区调整工作，配合国务院有关部门开展"绿剑""绿盾"和全国野生动植物保护及自然保护区建设工程专项整治等多项监督检查专项行动。

黄河流域是自然保护地改革和国家公园体制试点的重点区域。三江源国家公园体制试点以来，积极研究探索三江源生态保护和建设工程与国家公园体制试点融合推进的新路径，坚持三江源区生态保护、民生改善、绿色发展、社会和谐稳定统筹推进，创新管理体制，加强生态环境保护，完善制度法治建设，创新建立牧民参与共建机制，打造科技人才支撑平台，强化国际合作交流和宣传推介，试点工作取得了显著成效。[①] 2019 年在国家林业和草原局（国家公园管理局）组织的全国 10 个试点单位评估中，三江源国家公园名列前茅，得到了保尔森基金会组织的国际独立评估的高度评价。祁连山区过去分布着多个不同层级的保护区，同一生态系统长期执行不同的保护标准。党中央、国务院对祁连山生态保护高度重视，习近平总书记、李克强总理多次作出重要指示批示。2017 年 9 月，中共中央办公厅、国务院办公厅印发了《祁连山国家公园体制试点方案》，祁连山国家公园体制试点启动。2018 年 10 月 29 日，祁连山国家公园甘肃省管理局在兰州市揭牌，西部生态安全的重要屏障祁连山至此实现生态跨区域统一保护管理。

（四）生态保护与修复卓有成效

以自然保护地为重点区域，国家实施野生动植物保护与自然保护区建设、

---

① 青海省政府：《三江源国家公园公报（2018）》，《青海日报》2019 年 1 月 31 日。

天然林保护、退耕还林还草等生态保护工程和草原生态补奖、生态保护补偿政策，遏制生态退化。2005年国家批准实施《青海三江源自然保护区生态保护和建设总体规划》。2013年，一期规划的重点保护和建设任务全面完成，中国科学院对一期项目实施成效开展的第三方综合评估认为"三江源区生态系统退化趋势得到初步遏制，生态系统服务功能有所提升，重点生态建设工程区生态状况明显好转"。2013年12月18日，国务院常务会议通过《青海三江源生态保护和建设二期工程规划》，将治理范围从15.2万平方公里扩大至39.5万平方公里，以保护和恢复植被为核心，将自然修复与工程建设相结合，二期规划的重点保护和建设任务相继开展。青海省坚持生态优先、绿色发展，强调生态保护和高质量发展，对地处"三江源"核心区的果洛、玉树两个自治州不再考核GDP。

这些举措初步遏制了这一地区的生态退化趋势，生态保护和建设成效凸显，主要是水量增加、植被盖度增加、生物多样性增加，具体表现为与生态修复工程实施前的2004年相比，三江源地区各类草地平均盖度增长11.6%，牧草产草量每亩增加29.66千克，森林覆盖率由6.09%增加到2012年的6.99%，荒漠化面积减少近500平方公里，湿地增长近5成，现有面积超过8万平方公里，位列全国第一；因植被、土壤水源涵养能力提升，三江源地区每年可向下游多输送近60亿立方米的清洁水，年输出量超过600亿立方米，水质长期达到优良标准；三江源地区生物多样性逐步恢复，藏羚羊、藏野驴、岩羊、野牦牛等野生动物种群明显增多，植物种群和鱼类等水生生物的多样性也得到有效保护。在祁连山国家公园持续开展的野生动物监测工作中，青海省连续监测获取雪豹影像资料957份，多次拍摄到多只雪豹同框，并在时隔30年后再次记录到"鸟中大熊猫"黑鹳。总之，通过三江源生态保护和建设工程的实施，三江源地区生态环境逐步改善，林草植被盖度快速提高，湖泊水域和湿地面积明显扩大，水源涵养、水土保持功能不断提升，黄河源头重现水草丰美、生物繁茂的美景，对下游供水能力也明显增强。[1]

---

[1] 邵全琴等：《基于目标的三江源生态保护和建设一期工程生态成效评估及政策建议》，《中国科学院院刊》2017年第1期。

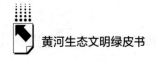

三 黄河流域自然保护地存在的问题

黄河流域自然保护地建设取得了显著成效，但由于自然生态脆弱，资源禀赋区域差异明显，而其经济社会发展整体滞后，人与自然和资源的矛盾日益突出。新型工业化、城镇化和人民生活水平的提高对生态提出新要求，生态保护压力持续增大，与全面建设社会主义现代化强国、高质量发展的要求相比，当地自然保护地建设和发展还面临一些问题和挑战。

（一）保护与发展矛盾仍然突出

黄河流域生态保护与修复任务繁重，经济发展与生态保护的矛盾长期存在。受发展阶段、经济布局、产业结构等因素影响，人口、资源与环境矛盾依然突出，统筹生态保护、经济发展和民生改善仍需要做大量艰苦工作。以黄河流域国家级自然保护区为例。根据课题组 2019 年的调查，截至 2019 年 6 月，黄河流域国家级自然保护区内分布有 1 个城市建成区，149 个建制乡镇建成区，818 个行政村。城市建成区仅在青海省三江源国家级自然保护区内有分布；建制乡镇建成区在青海省国家级自然保护区内分布较多，有 70 个，占黄河流域内建制乡镇建成区总数的 46.98%；行政村在青海省、甘肃省和山西省三个省的国家级自然保护区内分布较多，分别有 231 个（28.24%）、196 个（23.96%）和 93 个（11.37%），共占全部行政村的 60% 以上（见图 6）。

截至 2019 年 6 月，黄河流域国家级自然保护区内有社区居民 59.8 万人，平均人口密度为 2.67 人/公里^2。国家级自然保护区内核心区、缓冲区和实验区内社区人口数分别为 7.43 万（12.48%）、10.51 万（17.63%）和 41.64 万（69.89%）。其中，24 个国家级自然保护区核心区内有人口分布，占比为 40.00%。青海省国家级自然保护区核心区内的居民最多，达 4.36 万，占核心区总人数的 58.58%；其次分别是甘肃省（13.05%）和内蒙古自治区（11.97%）。这三个省区核心区总人口占全部核心区人口的 80% 以上。缓冲区内人口数最多的省份是青海省，人口达 5.45 万（51.88%）。缓

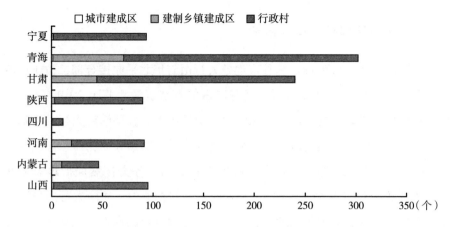

图6 2019 年不同省区国家级自然保护区内行政建成区的分布情况

冲区内人口数量较多的省份还有河南省（16.50%）和甘肃省（10.85%）。实验区内居民人数较多的省份是甘肃省、青海省和河南省，分别占实验区总人口的 37.09%、31.04% 和 9.40%。

黄河流域各省区的国家级自然保护区内平均人口密度最高的省份是山西省，人口密度达到 16.99 人/公里^2，其次是甘肃省（4.89 人/公里^2）。青海省虽然人口数量较多，但是国家级自然保护区面积也较大，平均人口密度反而较小，为 1.48 人/公里^2（见图 7）。

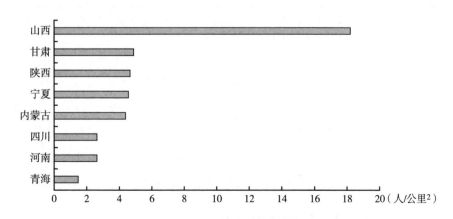

图7 不同省区国家级自然保护区内社区人口密度

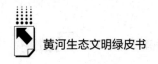

（二）自然保护地交叉重叠

以河南省辉县市为例。辉县市地处太行山与华北平原接合部，位于山西高原和黄淮海平原的过渡地带，拥有丰富的自然资源。截至2019年6月，该市有自然保护地5处，其中国家级自然保护区1处，即河南太行山猕猴国家级自然保护区；自然公园4处，分别为河南关山国家地质公园、白云寺森林公园、百泉风景名胜区、新乡凤凰山森林公园，各类自然保护地总面积429.16平方公里（含交叉重叠）。在这些自然保护地中，河南太行山猕猴国家级自然保护区、关山国家地质公园、白云寺森林公园和百泉风景名胜区等4处自然保护地之间存在不同程度的交叉重叠情况，重叠总面积高达201.49平方公里（见表1）。

表1 辉县市自然保护地交叉重叠面积

单位：平方公里

名称	太行山猕猴	百泉	关山	白云寺
太行山猕猴	—	40.20	55.14	9.16
百泉	40.20	—	93.29	3.63
关山	55.14	93.29		0.07
白云寺	9.16	3.63	0.07	—

注："太行山猕猴"指太行山猕猴国家级自然保护区，"百泉"指百泉风景名胜区，"关山"指关山国家地质公园，"白云寺"指白云寺森林公园。

自然保护地之间的交叉重叠，特别是建立较早的自然保护区与森林公园、地质公园、风景名胜区地域重叠现象严重，存在定位矛盾、管理目标模糊、多头管理等问题。虽然中央层面已经对自然保护地管理体制进行了改革，但是目前各地政策落地尚未完全到位。同时，一些自然保护地按照行政区界划建，导致同一生态系统内分设不同的自然保护地，影响了生态系统的完整性。

（三）高质量发展途径不够清晰

建设自然保护地、维护绿水青山所需成本高，区域生态修复可复制、可推广的方向和措施不明确，发挥地域比较优势和增加当地农（牧、渔）民收入的带动作用不强。同时，受制于交通条件和经济基础，生态旅游产业和绿色工业经济、服务经济等发展不均衡且整体不发达，绿水青山向金山银山转化的路径还需进一步探索。此外，流域内特别是自然保护地内自然与人文方面的景观比较优势还没有得到深入挖掘，引导多方面资金投入、激发社会资本投资和合作的积极性还需要进一步提高。并且，相关产品多数还处于粗加工阶段，绿色工业、特色农业、特色渔业等产业比较优势发挥不足。亟须培育一批从事生态保护修复的专业化企业，通过科学决策把生态优势转化为发展优势。

（四）支撑保障瓶颈问题凸显

黄河流域自然保护地特别是黄河上游、中游的自然保护地，多处于相对落后地区，经济不发达，建设资金有限，基层力量薄弱，技术手段落后，执法力量不足，监管能力受限，管理水平不高。主要体现：科技支撑能力明显不足，成果推广受限；道路交通工具、通信设施设备、水电供应保障、公众教育等硬件设施与现代保护管理工作需要不相适应；灾害应急处置、监督执法、疫源疫病防控及外来生物防治等能力不足，技术手段十分有限；自然保护地规章制度不完善、保护管理不规范、档案资料不完整、边界不清晰、资源本底不翔实等现象大量存在；大部分自然保护地的主要管理手段仍然依靠传统的人工巡护，效率低、盲区大、管理难以到位；专业技术人员缺乏，工作条件差，难以吸引或留住专业人才，科研监测力量普遍不强；保护管理机构不健全，管理队伍能力有待提升。

四　黄河流域自然保护地发展建议

以三江源国家公园、祁连山国家公园建设为基础，以青海国家公园示范省建设为引领，全面加强黄河流域国家公园建设，开展自然保护地优化整合，进一步理顺自然保护地管理体制机制，建立布局合理、保护有力、规范高效的自然保护地体系。

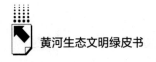

（一）深入推进国家公园示范省建设

青海省是当前中国唯一的国家公园示范省，目前已经从战略部署跨入建设阶段。国家有关部门及所在地政府应继续加大指导力度、加大配套政策和资金的支持力度，加快推进《青海以国家公园为主体的自然保护地体系示范省建设总体方案》《青海以国家公园为主体的自然保护地体系示范省建设实施方案》等方案的落地落实，完成青海省自然保护地调查评价方法研究报告、青海省自然保护地分类标准、青海省自然保护地整合优化办法等多项标准制度办法的制定，探索建立科学合理的自然保护地分类新体系，积极总结国家公园建设试点经验，为全国建设以国家公园为主体的自然保护地体系提供"青海模式""青海方案"。

（二）优化自然保护地体系

发挥国家公园引领作用，优化自然保护地空间布局。基于黄河流域生态空间的分区和保护空间，遵循山水林田湖草沙冰一体化治理的理念，按照流域综合治理的要求，将黄河流域具有国家代表性、生态重要性、管理可行性的最重要的自然生态系统、自然遗迹、自然景观和濒危物种种群纳入国家公园体系，包括但不限于若尔盖湿地、黄河中游湿地以及入海口区域，实行整体保护、系统修复、综合治理，并纳入全国国家公园总体优先布局。

科学推进自然保护地整合优化与归并。在科学评估重要保护对象分布和保护需求的基础上，整合优化各级各类自然保护地，合理确定归并后的自然保护地类型和功能定位，解决自然保护地地域交叉、空间重叠、保护管理分割、保护地破碎和孤岛化、部分自然保护地人口众多等问题，逐步建成以国家公园为主体、以自然保护区为基础、以各类自然公园为补充的自然保护地体系。

因地制宜推进自然公园建设。开展新型自然公园试点建设，特别是选取具有典型草原生态系统特征的自然公园作为国家草原自然公园试点，以保护草原生态和合理科学利用草原资源为主要目的。整合优化地质公园、森林公园、湿地公园、沙漠（石漠）公园和冰川公园等自然公园，有效保护这些珍贵自然公园及其所承载的景观、地质地貌和文化多样性。同时，根据各自然公园的生态系统特征，开展生态保护、生态旅游、科研监测和文化宣传等活动。

完善自然保护地勘界立标。根据自然保护地整合优化调整的结果，结合边界地块土地利用现状、规划和土地权属，依法依规勘定所有自然保护地边界、功能分区坐标，并在所有自然保护地边界、功能区界以及重要地段或关键节点处设立界碑界桩。

（三）完善自然保护地体制机制

积极推进以国家公园为主体的各类自然保护地管理体制创新、制度建设和规划体系、标准体系建设，完善立法执法体系建设。统筹衔接自然保护地体系和生态保护红线，健全补偿标准体系和绩效考核制度，探索建立动态调整机制。总结和推广国家公园试点区和国家公园建设示范省的经验，从全局上打破"九龙治水"的瓶颈，建立高效的现代管理体制，不断提高管理效能。

完善资金投入机制，发挥政府投入的主导作用，科学合理划分中央与地方财政事权和支出责任，鼓励各地统筹多层级、多领域资金，集中开展重大工程建设，鼓励金融和社会资本对自然保护地建设管理项目提供融资支持，推动建立以财政投入为主的多元化资金保障制度。建立完善市场化、多元化生态保护补偿机制，鼓励开展基于自然资源资产产权交易的市场化、多元化横向生态保护补偿。鼓励补偿资金用于黄河流域产业的升级改造，例如鼓励对三江源地区的草地畜牧业进行改造，大力支持农牧业科技推广体系的建立，通过推广先进的畜牧业技术和管理方法促进草地畜牧业发展，减轻草地压力。建立健全自然资源保险制度，进一步完善野生动物肇事补偿制度。通过政策设计、制度设计、标准设计带动，推进管理机构建设，落实财政支出责任。采取必要的工矿企业退出以及开展生态保护补偿试点等措施，有序解决历史遗留问题，促进生态保护和经济社会协调发展。

（四）强化自然保护地监管与保护

以增强黄河流域生态系统稳定性和生物安全为目标，强化自然保护地监

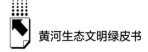

管和生物多样性保护，促进生态环境治理体系和治理能力现代化。结合《全国重要生态系统保护和修复重大工程总体规划（2021—2035 年）》，以各类自然保护地为重点，协同推进黄河上游流域、三江源地区、祁连山地区等区域及重要生态系统的保护和修复，大力推进自然保护地山水林田湖草整体保护、系统修复和综合治理，开展山水林田湖草系统工程，着力增强自然保护地水源涵养和生物多样性服务功能。实施生物多样性保护重大工程，加强以旗舰物种为核心的生物多样性监测评估，巩固珍稀野生动植物保护成效。在资源环境监测体系、智慧管护监测系统等地面监测网络体系建设的基础上，协调黄河水利委员会，吸引有关科研院所的力量，依托大数据、云计算等技术，高标准建设黄河流域自然保护地"天地空一体化"监管平台，并与国家相关平台对接。开展生态体验和自然环境教育，建立访客中心和宣教展示平台。

　　黄河流域不同区域的自然保护地在保护管理中应各有侧重。对于源头区的自然保护地，应继续实行抢救性保护，全面保护各类型的自然保护地，尽快恢复退化湿地，严格控制旅游强度；对于上游峡谷区的自然保护地，应禁止新增水力发电等水利工程，拆除违法小水电站；对于河套地区的自然保护地，应统筹水资源分配，减少农业面源污染；对于中下游地区的自然保护地，恢复河漫滩湿地系统，降低工农业生产的面源和点源污染；对于黄河三角洲自然保护区，应控制岸线侵蚀，控制油田开采，保护水鸟栖息地，控制旅游强度。

（五）优先实施关键区域生态移民工程

　　黄河流域特别是其上游的自然保护地自然条件相对恶劣，当地居民自我发展的基础条件较差，经济欠发达与生态脆弱相叠加。实施一批重大生态—移民—城镇化建设工程，实现"迁得出、能进城、会致富、留得住"，促进区域协调发展，从根本上解决长期存在的生态限制当地发展的问题。将黄河流域的生态脆弱区、自然保护地核心区的居民优先纳入生态搬迁范围。对留在草地上的新一代牧民开展培训，使其掌握现代化的生态畜牧业技能，实现科学养畜和保护生态的双赢。黄河流域自然保护地开展必要的生态移民搬迁，不仅可以保护自然保护地内重要的自然资源，让群众居住区的脆弱生态环境得以休养生息，还可以改善当地居民的生存和发展条件。同时，加大财政转移支付支持力度，增加对自然保护地内生态移民的补偿扶持投入。

（六）发展绿色经济和文化产业

为解决黄河流域生态保护与经济社会发展的突出矛盾，应充分依托黄河流域自身优势，发展绿色经济和可持续产业。三江源、祁连山等生态功能重要的地区，应持续强化保护生态，在创造更多优质生态产品的同时提升水源涵养功能。同时，进一步提高自然保护地建设等重点工程的带动能力，完善生态公益管护岗位的相关政策。鼓励当地居民直接参与自然保护地管理工作，将工程投资直接转化为项目区群众的收入。

加快森林、草原、湿地、荒漠等自然景观利用和野生动物观光等生态旅游业发展，积极培育生态文化、生态教育等特色生态旅游新业态，重点发展以自然公园为主的生态旅游业。加强区域联动、协调，打造国际知名生态旅游目的地，优化生态旅游发展布局，串联打造国家级生态旅游线路和风景道，加快发展国家公园、自然保护区、自然公园等自然保护地生态旅游产品，积极发展自然生态游、林草康养游，开发生态体验、野生动物观光等高附加值特色旅游产品。加快国家公园、自然保护区、自然公园等重点生态旅游地到中心城市、交通枢纽专线交通线路建设，支持区域性旅游应急救援基地、游客集散中心、集散点及旅游咨询中心建设，完善生态旅游宣教中心、生态停车场、生态绿道等配套设施建设，打造国家绿色生态产品供给地。

依托丰富的森林、草原、湿地、荒漠等自然资源，发挥好区域人文生态的独特性和大尺度景观价值，建设生态文化基地。依托生态文化基地建设，开展带有明显地域特色和民族风格的各类生态文化节庆活动。搭建生态文化展示平台，将生态文化研究成果引入自然教育、社区生态道德教育、生态体验、文创产品、生态旅游等领域，扶持一批重点草原、湿地文化产业和一批重点草原、湿地文化产业示范户，让社区居民在生态文化建设中获益。

G.9
黄河流域水土保持发展报告

余新晓　樊登星*

摘　要：　黄河流域是我国重要的生态屏障和经济地带，也是我国水土
　　　　　流失最严重、生态环境最脆弱的地区之一。新中国成立以
　　　　　来，我国高度重视黄河流域的水土保持工作，探索出一条具
　　　　　有黄河流域特色的水土流失综合治理之路，取得了举世瞩目
　　　　　的成效。在新的历史时期下，黄河流域水土保持高质量发展
　　　　　需要统筹上中下游综合防治战略布局，协调推进绿色发展和
　　　　　乡村振兴，并健全流域水土保持综合监测体系。

关键词：　水土保持　高质量发展　黄河流域

一　黄河流域水土保持史

（一）古代水土保持

《论语·泰伯》中记载，禹"尽力于沟洫"，这是我国最早的水土保持
思想——"平治水土"的重要内容。自西周至晚清3000年间，黄河流域的
先民采取了许多防治水土流失的治理措施，如打坝淤地、引洪淤灌等。据考
证，距今400多年的明万历年间（1573~1620），汾西一带就有闸沟筑坝澄

---

* 余新晓，博士，北京林业大学水土保持学院教授、博士生导师，研究方向为水土保持；樊登
星，博士，北京林业大学水土保持学院高级实验师，研究方向为水土保持。

沙淤地的传统经验。太谷县范村镇上安村西南大沟的沟头防护工程,初建于明崇祯年间(1628～1644),重建于清顺治十一年(1654),距今300余年仍完好,不仅有效地遏制了沟头前进与沟壁扩张,而且保护了村庄道路和近87公顷的耕地安全。北宋自然科学家沈括对水土流失进行过许多实地观察和研究,证明了"水凿"即水力侵蚀具有巨大的力量,得出了不少极为重要的科学论断。清朝学者胡定创新提出了"汰沙澄源"的治黄方针。他认为黄河泥沙是由中游黄土高原的水土流失造成,主张在黄河中游的黄土丘陵地区、沟壑地区修筑拦挡坝体,以便淤地种田,借以减少进入黄河下游的泥沙,最终达到使河水变清和根治黄河的目的。

(二)近代水土保持

民国时期中国社会的水土保持学理论和思想发生了根本性的变化。著名学者陈恩凤认为:"查斯项工作之研究,兴于北美,北欧土地利用甚为合理,土壤鲜生侵蚀,故此成为专门科学,不过二十年内事。"北美学者对水土保持的研究与实践,促进了水土保持学科最初的发展,同时提升了当时国内学者对水土流失问题的关注。作为国际水土保持学科奠基人之一的罗德民教授,于1923年在河南、陕西、山西等多个地方系统地调查了森林植被与水土流失之间的关系。学者任承统1943年发表了研究实践类论文《西北水土保持事业之设计与实施》,他开创性地总结了当时中国的试验研究和观测工作,同时也创建了早期的水土保持实验区,提出了相对系统的水土流失治理措施,提出并组建了水土保持管理机构,为水土保持事业作出了划时代般贡献。水利专家李仪祉认为河流治理方面应当上、中、下游并重,他提出"中上游不治、下游难安,泥沙不减、本病难除"的观点,在指导实践过程中积极倡导、推行阶田制和沟洫制,主张培植森林、广种苜蓿、筑堰拦泥、引洪淤灌,并提出了综合治理的观点和详尽的技术方案。

(三)新中国水土保持

新中国成立以来,水土保持工作历经70多年的持续发展。1952年政务

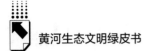
院发布了《关于发动群众继续开展防旱、抗旱运动并大力推行水土保持工作的指示》。1955 年，水利工业部首次组织了全国范围的水力侵蚀人工调查工作，此后在 1985 年、1999 年、2011 年先后开展了 3 次全国水土流失遥感调查，对我国水土流失情况和动态趋势有了相对清晰的掌握。1957 年，国务院水土保持委员会成立，同年，国务院发布了我国第一部水土保持法规《中华人民共和国水土保持暂行纲要》。1983 年，我国首个国家水土保持重点建设工程——全国八大片重点治理区水土保持工程启动实施。1991 年，《中华人民共和国水土保持法》颁布，我国的水土保持工作逐步走上依法防治的轨道，《中华人民共和国水土保持法》提出的"三同时"制度得到深入贯彻落实。1993 年，国务院印发《关于加强水土保持工作的通知》，明确指出，山区发展的重要生命线就是水土保持，同时水土保持是国土整治、江河治理的根本，是国民经济和社会发展的基础，也是我国必须长期坚持的一项基本国策。2002 年，我国在北京第一次成功举办了第十二届国际水土保持大会，大会的顺利召开使水土保持工作及其学科的影响力不断扩大。随着时代革新，建设美丽中国成为国家和党的重要奋斗目标，水土保持作为生态文明建设的重要内容，战略地位得到了再次提升。2010 年修订并通过的《中华人民共和国水土保持法》，进一步强化了水土保持工作中政府和部门责任，建立健全了水土保持投入保障机制，完善了水土保持监测和监督检查制度。

（四）新时代水土保持

党的十八大以来，以习近平同志为核心的党中央高度重视生态文明建设，把生态文明建设纳入中国特色社会主义事业"五位一体"总体布局。党的十九大报告提出："到 2035 年，生态环境质量实现根本好转，美丽中国目标基本实现。"2015 年，国务院正式批复同意《全国水土保持规划（2015—2030 年)》，这成为我国水土流失防治进程中的一个重要里程碑。这部涵盖全国范围的规划是我国第一部获得批复的国家级水土保持规划，是此后一个时期我国水土保持工作的开展蓝图和重要依据，也是贯彻落实国家生态文明建设总体要求的行动指南。2019 年 9 月 18 日，习近平总书记在郑州召开黄河流域生态保护和高质量发展座谈会并发表重要讲话，开创性地将黄河流域生态保护与高质量发展上升为重大国家战略，提出共同抓好大保护，协同推进大治理，让黄河成为造福人民的幸福河，同时也对新时代水土保持工作在战略性、全局性和长远性方面提出新的要求。

二 黄河流域水土流失现状

黄河之患，因在泥沙；黄河生态之患，根在水土流失。黄河是世界上泥沙含量最高的河流，位于黄河中游地区的黄土高原是世界上水土流失最为严重的地区之一，也是黄河泥沙的集中来源区。

根据 2019 年黄河流域水土流失动态监测数据，黄河流域水土流失面积为 26.42 万平方公里，占流域总面积的 33.25%。按水土流失类型划分，水力侵蚀面积 18.96 万平方公里，占水土流失面积的 71.76%；风力侵蚀面积 7.46 万平方公里，占水土流失面积的 28.24%。按水土流失强度划分，轻度侵蚀面积、中度侵蚀面积、强烈侵蚀面积、极强烈侵蚀面积、剧烈侵蚀面积分别为 16.55 万、6.03 万、2.34 万、1.17 万和 0.33 万平方公里，分别占水土流失面积的 62.64%、22.82%、8.86%、4.43% 和 1.25%（见表 1）。与 2018 年相比，黄河流域中度及以上水土流失面积减幅达 7.37%。

从水土流失分布特征来看，流域水土流失面积主要集中分布于黄土高原地区，达 23.57 万平方公里，占流域水土流失面积的 89.21%。其中，中度以上侵蚀面积达 9.34 万平方公里，占流域水土流失面积的 35.35%。此外，黄土高原多沙区水土流失面积达 9.23 万平方公里，占流域水土流失面积的 34.94%。其中，中度以上侵蚀面积达 4.86 万平方公里，占该区水土流失面积的 52.65%。区域内水土流失主要分布在甘肃庆阳西北部、平凉中部和定西、临夏局部，宁夏固原局部，内蒙古鄂尔多斯东部、呼和浩特南部，陕西榆林大部、延安北部，山西忻州西部和吕梁大部。

从水土流失动态变化特征来看，黄河流域水土流失面积由 1990 年的 46.48 万平方公里，减少至 2019 年的 26.42 万平方公里，减小幅度为

43.16%。按水土流失强度划分，强烈及以上水土流失面积占比由 1990 年的 67.08% 减小至 2019 年的 37.36%。

表1　2019 年黄河流域水土流失面积

单位：万平方公里

类别	轻度	中度	强烈	极强烈	剧烈	合计
水力侵蚀	10.69	5.00	2.00	1.06	0.21	18.96
风力侵蚀	5.86	1.03	0.34	0.11	0.12	7.46
合计	16.55	6.03	2.34	1.17	0.33	26.42

资料来源：《中国水土保持公报（2019 年）》。

三　黄河流域水土保持主要成效

为根治黄河水患，减少入黄泥沙，我国先后开展了小流域水土流失综合治理工程、黄河上中游水土保持重点防治工程、退耕还林（草）工程、黄土高原水土保持淤地坝工程等一大批国家重大生态建设项目，逐步走上了以小流域为单元，山、水、田、林、路、草统一规划，沟、坪、梁、峁、坡综合治理，植物措施、工程措施和耕作措施科学配置，生态效益、经济效益和社会效益协调发展的具有黄河流域特色的水土流失综合治理之路。新中国成立以来，党中央、国务院高度重视黄河流域水土保持工作，经过几代人坚持不懈的治理，黄河流域水土保持工作取得显著成效。

（一）入黄泥沙得到有效控制

人民治黄以来，入黄泥沙得到有效控制。根据潼关水文站 1919～2018 年水沙实测资料，入黄泥沙量由 1919～1959 年的每年 16 亿吨锐减至 2000～2018 年的每年约 2.5 亿吨，减少了 85%。黄河流域的年平均径流量由 1919～1959 年的 426.6 亿立方米减少至 2000～2018 年的 236.4 亿立方米，减少了 45%（见表 2）。黄河流域水沙锐减，沙量减幅大于水量。从泥沙来源来看，黄河沙量主要来自河口镇至潼关，占全河泥沙量的90%，而黄土高原向黄河贡献了97%的泥沙。

黄河流域水少沙多、水沙关系不协调，是黄河复杂难治的症结所在。习近平总书记强调"抓住水沙关系调节这个'牛鼻子'"。随着梯田改造、淤地坝建设、退耕还林还草、生态治理等工程的持续实施，坡面—沟道—流域等尺度的水土保持工作的持续开展，黄土高原的生态环境将继续向好的方向发展，沙量仍将继续减少。基于黄河径流量与输沙量的预测模型估算，2030～2050年黄河潼关水文站径流量为每年210亿～244亿立方米，潼关水文站输沙量为每年0.7亿～4.5亿吨。

表2　黄河流域潼关水文站不同时段来水量、来沙量及其变化特征

时段(年)	年均径流量(亿米³/年)	输沙量(亿吨/年)	减幅	
			径流量(%)	输沙量(%)
1919～1959	426.6	16.00	—	—
1960～1986	399.4	12.10	6.4	24.4
1987～1999	261.6	8.10	38.7	49.4
2000～2018	236.4	2.48	44.6	84.5

资料来源：潼关站1919～2018年水沙实测资料。

（二）植被建设成效显著

黄河流域植被建设成效显著，黄土高原主色调由"黄"变"绿"。黄河流域通过实施退耕还林还草工程，植被建设成效显著，黄河流域源区、上游和中游地区的生态环境得到明显改善。①黄河源区生态环境脆弱，在气候变化和人类活动的共同作用下，植被覆盖和土地利用发生剧烈变化。黄河源区LAI（叶面积指数）呈现明显上升趋势，从2000年的2.21增加到2018年的2.45，增幅为10.9%。黄河源区年均LAI从西北到东南呈增高趋势，东南部和北部植被改善最为明显。②黄河上游生态环境复杂多样，植被类型的地带性分布明显。近20年来，上游地区植被覆盖度呈现稳定或增加的趋势，少数地区植被略有减少，西南部植被覆盖度较高，东北及中部地区植被覆盖

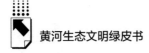
度相对较低。③黄河中游是典型的多沙粗沙区，土质疏松，暴雨集中，水土流失严重。经过 70 多年的科学治理和综合防治，黄土高原植被覆盖率由 20 世纪 80 年代的不到 20% 增加到 2018 年的 63%。

（三）民生改善效益显著

黄河流域的水土保持工作成效不仅体现在改善生态环境方面，同时也产生了显著的经济效益和社会效益，改善了群众生产生活条件，促进了区域经济社会发展和进步。近 20 年来，水土保持措施累计增产粮食 9731 万吨、果品 13063 万吨，累计取得经济效益 9556 亿元，其中粮食 2662 亿元、果品 6894 亿元，据测算 70 年来黄河流域水土保持取得的经济效益累计达到 11789 亿元。以陕西、甘肃为例，实施退耕还林还草以来，农户收入平均增加 2 倍多，非农收入占 60% 以上。同时，乡村生态、生活和生产的空间得到优化调整，沟道和川地已经成为农业生产的主要区域，坡面成为生态修复的主要空间，对促进乡村振兴发挥了重要作用。

从经济结构来看，水土保持措施实施以来，黄土高原地区第二产业和第三产业产值增长态势明显，第一产业表现为先下降后增长。从三次产业占比来看，黄土高原地区第一产业占比逐年下降，第二产业占比逐年上升，第三产业占比先上升后平稳。植被恢复形成的生态旅游和经果林的大面积拓宽增加了当地农民的收入来源，提高了农民收入。对陕西榆林南部 6 县（米脂、绥德、佳县、吴堡、清涧和子洲）农业产业结构调整的贡献系数分别为 50.5%、23.0%、4.2%、47.0%、5.0% 和 36.0%。

四　黄河流域水土保持重要举措

（一）小流域水土流失综合治理

以小流域为单元的水土流失综合治理是黄河流域特别是黄土高原水土流失治理的成功经验。以小流域水土流失治理为中心，根据小流域自然和社会经济状况以及区域国民经济发展的需求，建立具有水土保持兼高效生态经济功能的半山区小流域水土流失综合治理模式。小流域水土流失综合治理须结合自然规律和经济规律，因地制宜、因害设防、综合治理。在规划治理和措施配置上，坚持耕作、工程和植被措施相结合，长效措施和短期措施相结合；坚持综合治理与自然恢复相结合，水土流域严重地区重点治理，大面积荒山实行封禁管护。黄土高原地区的不同类型区，在治理和生产的实践中已经形成了一批典型的小流域水土流失综合治理示范。

山西吉县蔡家川小流域位于黄土高原残塬沟壑区向丘陵区的过渡地带。蔡家川小流域于1990年开始进行小流域水土流失综合治理工作，试验并大规模推广抗旱造林、困难立地造林等技术措施，植被恢复效果显著，植被覆盖率达到65%～80%（见图1）。经过多年综合治理，流域内水土流失得到有效遏制，流域内少林地区（植被覆盖率为15.2%）的平均径流深度是多林地区（植被覆盖率为82.7%）的3.43倍，无林地区（植被覆盖率为0）的平均

图1　蔡家川小流域植被恢复情况

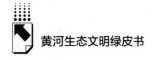

径流深度是多林地区的4.95倍。蔡家川小流域多年的植被恢复和科研为小流域水土流失综合治理提供了示范。

（二）退耕还林（草）

退耕还林（草）工程是我国林业重点生态工程之一。1999年退耕还林（草）试点工程启动以来，我国在保护生态环境和改善民生方面取得了巨大成效。黄河流域是实施退耕还林（草）工程的重点区域，通过实施大规模的退耕还林（草）工程，黄土高原典型流域林地、草地面积呈上升趋势，平均年增长率为4.7%~6.7%，退耕还林（草）工程对于提高黄河流域生态环境质量、推动流域经济发展具有重要意义。

2019年，黄河流域退耕还林（草）工程造林面积为39.02万公顷，占流域造林总面积的14.21%，占流域人工造林总面积的22.79%，占流域林业重点生态工程造林总面积的37.21%。按流域分区划分，青藏高原区，川甘流域区，河套平原区，黄土高原区和汾渭平原区，伊洛河、沁河流域及黄淮海平原区的退耕还林（草）工程造林面积分别为8621公顷、141351公顷、53560公顷、183600公顷和3072公顷，其中，黄土高原区和汾渭平原区、川甘流域区的退耕还林（草）工程造林面积最大，分别占退耕还林（草）工程造林总面积的47.05%和36.23%。

（三）旱作梯田

旱作梯田是黄土高原坡耕地治理的根本措施之一。新中国成立以来，梯田建设取得了重要成效。特别是从2013年开始，我国启动了"坡耕地水土流失综合治理专项工程"，开始了大规模、高标准、多模式梯田建设的新阶段。

截至2018年，黄土高原现有梯田面积368.97万公顷，主要集中在多沙区，该区梯田面积占梯田总面积的72%。从省区分布来看，甘肃、山西和陕西的梯田面积位列前三，分别为205.20万、46.55万、45.78万公顷，占梯田总面积的81%，河南（6.56万公顷）、内蒙古（9.84万公顷）和青海（25.21万公顷）的分布面积较小。从流域来看，以泾洛渭汾河流域为主，该流域梯田面积占梯田总面积的 54%。从梯田利用方式来看，现有梯田主要用于农作物和经济作物生产，其面积达 344.23 万公顷，占梯田总面积的 93%，其他用途的梯田面积为 24.74 万公顷，主要用于退耕还林（草）工程等林草植被建设。就梯田建设标准和质量而言，据统计分析现存低标准梯田面积 58.68 万公顷，占梯田总面积的 16%。

梯田建设工程不仅能够控制水土流失、改善农业生产条件，也在保障粮食安全和促进农业产业化方面发挥着巨大的作用。今后的梯田建设应紧密围绕"实施乡村振兴战略"，面向脱贫攻坚、乡村振兴和美丽乡村建设，以需求为引领、科学布局，以坡耕地改造和低标准梯田建设为核心、提高梯田工程建设标准，同时配套好田间道路和坡面水系工程，为区域经济发展、培育生态产业奠定良好基础。

（四）淤地坝

黄河流域特别是黄土高原地区的淤地坝建设历史悠久，经验丰富，淤地坝建设取得了较快发展。淤地坝作为重要的水土保持工程措施，既能有效拦截泥沙、保持水土，又能淤地造田、增产粮食、防洪减灾。

截至 2018 年，黄土高原地区共有淤地坝 58776 座，其中大型坝 5905 座、中型坝 12169 座、小型坝 40702 座，分别占淤地坝总数的 10%、21% 和 69%。从水土流失重点区域来看，多沙区建有淤地坝 52241 座，占淤地坝总数的 89%。现有淤地坝主要集中分布于陕西和山西，分别建有淤地坝 34087 座和 18161 座，两省淤地坝数量占淤地坝总数的 89%。就病险淤地坝现状来看，现有大中型病险淤地坝 5282 座，已完成除险加固工程 1484 座，占比为 28%。就已淤满淤地坝现状来看，根据淤积率计算，淤地坝已淤满 41008 座，占淤地坝总数的 70%，淤积库容为 55.04 亿立方米，实际淤积率近 50%。其中大型和中型坝淤满 7305 座，占大中型坝总数的 40%。

为促进黄土高原地区淤地坝建设的可持续发展，保障淤地坝安全高效运行和效益持续发挥，应重点考虑以下建议。①统筹规划，科学设计，以多沙

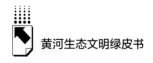
区为重点建设区域，统筹安排淤地坝建设，构建淤地坝建设整体格局。②加强淤地坝运行管理，继续推进病险淤地坝除险加固。③建立淤地坝安全预警等监控体系。

（五）水土保持科学试验站

几十年来，黄河流域的水土保持科学试验站在水土流失定位观测方面积累了大量第一手观测数据，在水土流失规律、土壤侵蚀预测预报、水土保持措施效益评价等方面取得了丰硕的成果，为黄河流域水土流失治理和区域经济发展起到了重要支撑作用。流域内几个典型的水土保持科学试验站的基本情况介绍如下。

1. 绥德水土保持科学试验站

绥德站是黄河水利委员会在黄土高原黄土丘陵沟壑区第一副区设立的唯一一个水土保持科研机构，主要任务是研究黄土丘陵沟壑区第一副区小流域综合治理的合理配置、不同治理措施的减水减沙效益以及黄河水沙变化规律。60多年来，绥德站根据"纵向分析、平行对比，大流域套小流域、综合套单项"的指导思想，建立了野外试验观测基地，基地总面积117.59平方公里，纵向分析不同尺度的水土流失基础指标的变化规律，横向观测分析治理与非治理流域基础指标的变化规律。目前绥德站已积累了266站年的径流泥沙资料、834站年的降雨资料、791站年的径流场泥沙资料，拥有国内黄丘一区水土流失规律观测时间序列最长的连续定位观测资料。

2. 天水水土保持科学试验站

甘肃天水试验站始建于1942年，是国内最早的水土保持科研机构。梁家坪试验场从不同地形、不同植被、不同耕作方式研究水土流失的规律，积累了大量的实测资料。1943~1957年，南山径流场是我国早期规模最大、时间最长的坡地水土流失测验径流场。建立的大柳树沟测验站是国内最早的水土流失观测站。1946年起先后对大柳树沟、吕二沟、桥子沟、清水河、罗玉沟等中小流域进行降雨和径流泥沙的长期观测，揭示水土流失基本规律，为水土保持规划提供理论基础。

3. 西峰水土保持科学试验站

西峰科学试验站经过几代人的辛勤付出而倾力打造的南小河沟流域，成为全国小流域综合治理的标杆，曾被誉为"黄河中游上的一块翡翠"。目前，南小河沟和砚瓦川流域监测站已被水利部监测中心纳入全国典型小流域水土流失动态监测网络，成为国家水土保持公告的重点监测站点。主要取得以下成果。①初步摸清了径流主要来自塬面、泥沙主要来自沟谷，泥沙比径流更集中在汛期的黄土高原沟壑区水土流失规律。②探索提出了黄土高原沟壑区"三道防线""四个生态经济带"，形成了一整套综合治理模式。③主持完成了黄河中游重点流域和区域水土保持措施在减水减沙方面取得的成果，培养了一支有一定影响力的黄河水沙研究队伍。

4. 吉县水土保持科学试验站

山西吉县站位于黄河中游黄土高原东南部半湿润地区，为黄土高原残塬沟壑和梁峁丘陵沟壑地貌。吉县站主要开展落叶阔叶林植被结构及其演替过程、嵌套流域森林水文过程、土壤侵蚀与水土流失过程、植被恢复重建与生态修复等方面的研究。自建站以来，试验站在黄土高原水土保持研究领域取得了重要研究进展。其中，"黄土高原立地条件类型划分和适地适树研究""黄土高原水土保持林体系综合效益的研究""黄土高原抗旱造林技术""昕水河流域生态经济型防护林体系建设模式研究""黄土高原与华北土石山区防护林体系综合配套技术""北方防护林经营理论、技术与应用"先后获得国家科技进步奖二等奖。

（六）水土保持监督管理

近年来，黄委等部门以问题为导向、强化制度建设、提升监督管理，推动黄河流域水土保持监管工作取得明显成效，有效遏制了新的人为水土流失发生，增强了社会民众的水土保持法治意识。

主要的做法和经验总结为以下几个方面。①机构设置方面，形成了以黄委水土保持局、黄河上中游管理局和流域地方各级水行政主管部门为主体的监督管理体系，以及水土保持监督执法体系。②制度建设方面，黄河流域各省区及流域机构依法履行职责，并制定相关监督管理制度及规定，构建了流域水土保持生态建设和生产建设项目水土流失监督管理制度体系。例如，近年来，黄河水利委员会修订了《黄河水利委员会直属水利工程项目水土保持管理办法》；水利部印发了《关于进一步加强黄土高原地区淤地坝工程安全运用管理的意见》（水保〔2019〕109号）。③监管手段方面，对重点生产建设项目实施"精细化"监管，确保监管成效，保障重点项目顺利实施；强化信息化手段，构建流域水土保持监测站网，实现了流域监测全面覆盖。

新时期流域监督管理工作，应更加注重水土保持监管的系统性、整体性、协同性，全面履行水土保持职责，强化水土保持事中事后监管，切实做好生产建设项目水土保持和国家水土保持重点工程建设监管，着力提升管理能力与水平，做到监管有力、治理有效，推动流域监管工作不断取得新进展。

五 黄河流域水土保持高质量发展的展望

新时代黄河流域水土保持工作，要以习近平新时代中国特色社会主义思想为指导，全面贯彻落实生态文明建设、"美丽中国"、乡村振兴等重大国家战略要求，把"黄河流域生态保护"和"高质量发展"统筹协调，确立黄河流域水土保持高质量发展目标，推进黄河流域水土保持与生态保护的战略举措，为黄河流域生态保护与高质量发展作出贡献。

尽管黄河流域水土流失治理工作已取得举世瞩目的成就，但在新的历史时期、新的治黄要求和新的水沙情势下仍然存在一些问题。①流域水土流失治理成效显著，但生态环境脆弱的本底特性没有根本改变，存在区域和空间治理的不平衡性，亟待调整并完善黄河流域水土流失综合治理的新格局。②黄河近20年泥沙锐减，但水沙不协调的问题依然突出，给下游防洪安全带来隐患，亟须构建新的水沙调控体系。③初步建立了水土保持监督管理体系，但人为水土流失潜在威胁依然存在，水土保持监管能力亟待加强，迫切需要建立并完善覆盖全流域的水土保持监测体系。

（一）确立核心主导功能，统筹上中下游综合防治战略布局

黄河流域水土流失综合治理总体布局，要实行分区防治、分类精准施策，要重点突出各区的主导生态功能和定位，统筹构建黄河流域上中下游水土流失综合防治新格局。①上游地区以水源涵养为主导功能，到 2035 年，逐步恢复并建成上游水源涵养区和生态功能区。重点在黄河源头、祁连山、甘南山地、子午岭和六盘水地区，以及渭河、汾河等支流源头区，建立水源涵养保护区，通过退耕还林还草、封禁封育、湿地保护、生态移民等措施，进一步减少人为干扰，充分发挥大自然的自我修复功能，提升水源涵养功能。②中游地区以水土保持功能为主导功能，到 2035 年，黄土高原水土保持率达到 73%，人为水土流失得到全面控制，水土流失面积得到全面有效治理。以黄河中游河龙区间，特别是多沙粗沙区作为重点治理区域。重点工作包括以小流域为治理单元，实施坡耕地综合治理工程、固沟保塬工程、粗泥沙拦沙工程等重点治理工程；推进河套平原、汾渭平原、内蒙古高原湖泊萎缩退化区等重点区域开展水土流失综合治理；开展病险淤地坝排查和除险加固，黄土高原适宜地区实施坡耕地整治和老旧梯田改造项目。③下游地区以防洪减灾为主，兼顾生物多样性保护。以黄河下游滩区、黄泛平原风沙区和黄河三角洲地区为重点治理区域，提升滩区和河道防洪综合治理，加强黄河三角洲湿地的生物多样性保护。要因滩施策，确保防洪安全、充分发挥滩区滞洪沉沙功能，实施生产堤和河道整治工程，有序推进滩区开发利用；规避黄泛平原风沙区的风蚀风险；制定黄河下游地区的生态保护与恢复规划，推进黄河三角洲地区湿地保护和生态治理，提升生物多样性。

（二）探索高质量发展路径，推进绿色发展和乡村振兴

治理黄河，重在保护，要在治理。牢固树立"绿水青山就是金山银山"的理念，在总结传统水土流失治理模式的成功经验的基础上，及时

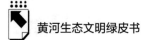

调整流域水土流失治理目标，探索流域高质量发展路径，实现"让黄河成为造福人民的幸福河"的宏伟目标。"高质量发展"是新时代水土保持工作的主题，而统筹山水林田湖草沙冰系统治理，推进流域绿色发展和乡村振兴，是实现"高质量发展"的最佳路径。①统筹山水林田湖草沙冰系统治理，要求做到"宜水则水，宜山则山，宜林则林，宜草则草，宜粮则粮"，统筹治山、治水、治林、治田、治湖、治草、治沙、治冰。②坚持以支流为骨架、以小流域为单元，多措并举，形成合力，协同推进，系统治理。开展具有示范带动作用的生态清洁小流域建设，打造一批水土保持科技示范园为综合示范模板，坚持生态优先、绿色发展，创新水土保持与乡村振兴融合发展模式。③既要"黄河安澜""绿水青山"，又要"绿色发展""金山银山"，协调推进流域生态文明建设，改善流域生态环境，建设美丽黄河。

（三）强化水土流失监管，健全流域水土保持综合监测体系

坚持以问题为导向、以强监管为核心，构建流域水土保持综合监测体系，开创黄河流域保护治理新局面。①建立健全水土保持监督管理体制，全面落实水土保持法，依法依规履责，创新监管方式，推进流域水土保持监管的制度化和法制化建设。②构建水土保持监测网络体系，提升水土保持监管的信息化水平，实现水土流失动态监测的全流域覆盖，为水土保持决策和治理提供强力支撑。③强化水土保持重点工程和人为水土流失监管，为重点保护区生态保护工程、重点治理区水土流失综合治理工程的顺利实施保驾护航。加强监管执法能力建设，以切实有效的措施实施严格的水土保持事中事后监管，排查、查处各类水土保持违法违规行为，做到严格执法、严肃问责、严控人为水土流失。

参考文献

曹文洪、张晓明：《新时期黄河流域水土保持与生态保护的战略思考》，《中国水土保持》2020 年第 9 期。

高云飞等：《新时期黄土高原旱作梯田建设思路》，《中国水土保持》2020 年第 9 期。

高云飞等：《1990—2019 年黄河流域水土流失动态变化分析》，《中国水土保持》2020 年第 10 期。

郭玉梅、雷欣、刘思君：《绥德站水土保持科学试验数据共享的思路》，《人民黄河》2019 年第 S2 期。

韩思淇等：《2000—2018 年黄河源植被叶面积指数时空变化特征》，《灌溉排水学报》2019 年第 12 期。

胡春宏、张晓明：《黄土高原水土流失治理与黄河水沙变化》，《水利水电技术》2020 年第 1 期。

李文学：《黄河治理开发与保护 70 年效益分析》，《人民黄河》2016 年第 10 期。

李智广：《试论黄河流域水土保持高质量发展目标与途径》，《中国水利》2020 年第 10 期。

刘雅丽、贾莲莲、张奕迪：《新时代黄土高原地区淤地坝规划思路与布局》，《中国水土保持》2020 年第 10 期。

水利部水土保持司：《水土保持 70 年》，《中国水土保持》2019 年第 10 期。

王敏：《黄河流域水土保持强监管实践与探索》，《中国水土保持》2020 年第 9 期。

杨才敏：《古代水土保持浅析》，《水土保持科技情报》2004 年第 4 期。

姚文艺：《新时代黄河流域水土保持发展机遇与科学定位》，《人民黄河》2019 年第 12 期。

余新晓等：《黄土高原多尺度流域环境演变下的水文生态响应》，科学出版社，2011。

喻权刚、王富贵：《黄河水土保持监测站点标准化建设研究——以黄委天水、西峰、绥德监测站点建设为例》，《水土保持通报》2009 年第 3 期。

周海燕：《深入贯彻落实习近平总书记重要讲话精神　凝心聚力开创黄河流域水土保持工作新局面》，《中国水土保持》2020 年第 9 期。

G.10
黄河流域沙化土地治理发展报告

张宇清　于明含*

摘　要：　黄河流域分布着大面积的沙化土地，主要位于黄河源高寒沙化土地区、上游干旱半干旱典型沙漠化区和下游黄河故道土地沙化区。20世纪90年代以来，随着防沙治沙力度的不断加大，黄河流域土地沙化程度明显减轻、沙化土地面积显著降低，但局部零星沙地仍存在扩大现象。黄河流域人民在防沙治沙实践中形成一批行之有效的实用技术和模式。针对沙化土地治理存在的问题和挑战，本报告提出了坚持科学治沙、防治草场退化、促进沙产业高质量发展等建议。

关键词：　沙化土地　治沙模式　黄河流域

一　黄河流域沙化土地现状及特征

（一）黄河流域沙化土地面积与分布

黄河流域沙化土地主要分布于黄河源高寒沙化土地区、上游干旱半干旱典型沙漠化区和下游黄河故道土地沙化区。其中，黄河故道沙化土地主

* 张宇清，博士，北京林业大学水土保持学院教授、副院长、博士生导师，研究方向为荒漠化防治；于明含，博士，北京林业大学水土保持学院讲师、硕士生导师，研究方向为荒漠植被生理生态。

要是黄河淤积、改道、决口及风蚀所致，面积近1.3万平方公里，由于这些沙地的自然条件较为优越，大部分已经改造为农田和林地，流沙面积很少。黄河源高寒沙化土地主要分布于三江源和青海共和盆地，总面积约2.2万平方公里，主要形式为河流沿岸沙地和草场沙化土地，受过度放牧、鼠兔危害、生产建设和全球气候变化等因素的综合影响，土地沙化有进一步恶化的趋势。

黄河上游干旱半干旱典型沙漠化区是黄河流域沙化土地的核心区域，也是我国沙漠化最严重的地区之一，面积超过20万平方公里，占黄河流域总面积的26.7%，主要包括乌兰布和沙漠、腾格里沙漠、库布齐沙漠、毛乌素沙地，以及一些零星沙地，分布于陕、甘、宁、蒙4省（区）。

黄河甘肃段全长913公里，沙化土地分布于白银市的景泰县、靖远县、平川区，甘南州的玛曲县，共涉及2个市（州）的4个县（市、区）。

黄河宁夏段全长397公里，流经腾格里沙漠和毛乌素沙地，流域内沙化土地面积为1.12万平方公里，分布于银川市兴庆区、金凤区、西夏区、永宁县、贺兰县、灵武市，石嘴山市大武口区、惠农区、平罗县，吴忠市利通区、红寺堡开发区、青铜峡市、盐池县、同心县，中卫市沙坡头区、中宁县，共涉及16个县（市、区）的189个乡（镇），占宁夏总面积的21.65%。

黄河内蒙古段全长830公里，介于阴山南麓与鄂尔多斯高原之间。该段流经乌兰布和沙漠、库布齐沙漠，流域内沙化土地分布于呼和浩特市、包头市、巴彦淖尔市、乌海市和阿拉善盟5个市（盟）。

黄河陕西段全长716.6公里，流经毛乌素沙地，沙化土地面积为1.35万平方公里，分布于榆林市的神木市、府谷县、定边县、靖边县、佳县、横山区、榆阳区，延安市的吴起县，渭南市的大荔县，共涉及3个地级市的9个县（市、区）。

（二）黄河流域沙化土地发展变化特征

1975～2000年黄河流域沙化土地面积整体增加了10358.29平方公里，平均增加速度为每年414.33平方公里，其中3075.57平方公里的沙化土地由 1975 年的非沙化土地转化而来。① 除极重度沙化土地面积减少以外，重度、中度、轻度沙化土地面积均有所增长，增长时间主要集中于 20 世纪 90 年代以前。

近年来，随着防沙治沙力度的不断加大，土地沙化趋势发生了逆转。1994~2009 年，宁夏回族自治区黄河流域沙化土地面积共减少 0.13 万平方公里，其中，重度和极重度沙化土地面积显著减少，分别减少 0.11 万平方公里和 0.16 万平方公里；中度沙化土地面积总体波动，略增加 0.003 万平方公里；轻度沙化土地面积增加 0.13 万平方公里。截至 2019 年，内蒙古自治区黄河流域草原植被盖度达到 28.98%，比 2013 年增加 8.4 个百分点；重点治理区域沙漠扩展现象得到遏制，黄河流域范围内沙化土地面积比 2009 年减少 0.29 万平方公里。总体而言，黄河流域沙化土地沙化程度明显减轻、面积显著减少。

然而，局部零星沙地仍然存在扩大现象。据 2019 年统计数据，甘肃省黄河流域沙化土地面积总体比 2009 年有所减少，白银市沙化土地面积减少 0.006 万平方公里，甘南州沙化土地面积增加 0.002 万平方公里；具有沙化趋势的土地面积增加 1.91 万平方公里，其中，白银市减少 0.086 万平方公里，甘南州增加 1.94 万平方公里。

二 黄河流域沙化土地成因

地质背景和气候条件是黄河流域沙化土地形成的决定性因素，不合理的人为活动和气候变化干扰（某一因素独立影响或多因素叠加影响），加速了土地沙化的发生或者发展。

（一）黄河流域沙化土地形成的自然条件

1. 地质地貌基础

黄河流域沙化土地主要集中在库布齐沙漠、乌兰布和沙漠、腾格里沙

---

① 孙永军、周强、杨日红：《黄河流域土地荒漠化动态变化遥感研究》，《国土资源遥感》2008 年第 2 期。

漠和毛乌素沙地四个区域。沙化土地的沙源物质主要来源于第四纪河流、湖泊沉积物，在第四纪上更新世末，因气候干旱，经长期的剥蚀作用，并有强劲的西北风将古河湖相沙层吹扬、堆积，逐渐塑造了现代沙地的地貌形态。

2. 气候条件

黄河流域沙化土地处于温带干旱半干旱区。冬季受蒙古冷高压影响，干燥寒冷；春季多风少雨，旱情严重，是我国沙尘中心之一。年均降水量100～440毫米，且降水变率大，年潜在蒸发量均在2000毫米以上。区域内大风事件频发，年大风日数20～40天。干燥的气候和强烈的风蚀为土地沙化提供了动力。

（二）黄河流域沙化土地形成的人为因素

1. 人口压力增加

人口压力激增、土地超载是黄河流域沙化土地形成和发展的主要社会经济因素。自秦汉以来长城沿线屯兵屯垦、自清代以来草原区（沙漠区）大规模垦荒等，导致黄河流域易沙化土地人口密度激增、水资源消耗增加、人类干扰强度加剧，进而诱发了严重的土地沙化。此外，新中国成立以来在西部大开发等政策导向下，黄河流域人口密度激增。根据2019年宁夏最新人口统计数据，全区人口为688.3万，人口密度从1949年的每平方公里3人增至每平方公里132人，全区人口密度远远超过联合国1970年建议的人口承载极限指标（干旱区人口每平方公里不超过7人，半干旱区人口每平方公里不超过20人），且农村人口比重较高，对农牧业依赖性较强，对土地造成巨大的压力。

2. 不合理的土地开发

由于黄河流域人口持续增长，为满足粮食供给，大量非宜农土地被垦殖，最终形成大面积沙化土地；同时，农牧业生产活动低投入、低产出的粗放式经营方式，也导致其对土地资源的不合理利用。20世纪50年代以来，黄河流域宁夏、内蒙古两区牲畜存栏量大幅增加、畜均草原面积大幅减少，导致该区域90%以上的草原发生不同程度的退化。20世纪50年代至80年代，黄河流域的生活燃料主要来自对天然植被的樵采，大量固沙植被遭到破坏，导致毛乌素沙地、鄂尔多斯高原等地的土地沙化面积扩张。受利益驱动，乱挖药材和滥伐植物的现象屡禁不止，以青海省同德县为例，1986~1996年，林地面积减少了49.31%。

3.不合理的水资源利用

黄河及其支流是流域内农牧业生产、发电、工业及生活等用水的主要来源，由于农林牧业灌溉制度和用水结构不合理，经济社会发展和生态环境保护竞争性用水积累，生态补水与生态蓄水无法得到保障。此外，由于人为对河道的控制和束缚，土壤入渗空间大大缩减，流域内天然湖泊湿地数量减少、面积萎缩，地下水位下降，植被难以生存，在原河道流经处，出现土地沙化现象。

4.生产建设活动

黄河流域区内道路、油气管线、光伏/风能电站建设及矿产开发等大规模的地表扰动会直接引起局部区域土地沙化。

（三）黄河流域沙化土地形成的气候变化因素

无论是地质时期，还是历史时期，气候变化始终是影响土地沙化的一个主要因素，其中，降水、气温和大风事件是最主要的气候因素。

受全球气候变化影响，黄河流域内腾格里沙漠、库布齐沙漠和乌兰布和沙漠表现出较为显著的暖湿化态势，东部毛乌素沙地呈现降水减少趋势。多年来，流域内气温显著升高，升高幅度达到全球平均水平的约2.5倍，尽管气温升高为植被生长提供较好的热量条件，增加植被覆盖度，但同时也增加了植被生长的水分需求，加剧了水资源短缺。以甘肃省为例，据《2014年甘肃气候变化监测公报》，1961~2014年甘肃省年均气温呈上升趋势，平均每10年升高0.26℃，升幅高于全国平均水平；平均年雨日呈弱增加趋势，每10年增加2天。

风力的变化与黄河流域土地沙化过程密切相关。20世纪六七十年代频繁的大风事件和春旱，诱发了同期黄河流域沙化土地面积和数量的快速增加；80年代之后，年均风速下降明显，土地沙化的程度也明显减弱。

三 黄河流域沙化土地治理

为应对风沙危害，在长期的防沙治沙实践中，黄河流域居民已逐渐总结出一批行之有效的实用技术和模式。这些技术和模式在阻止沙漠扩张、治理沙化土地、改善沙区居民生产生活条件、促进区域经济社会发展等方面，发挥了重要的作用。

（一）黄河流域沙质农田沙害治理

1. 农田防护林技术模式

在黄河流域沙化耕地中多营建农田防护林，其主要目的是削弱风速、降低风蚀、保证农业丰产丰收。在引黄灌区如宁夏中部、内蒙古河套地区、河西走廊灌区等风沙危害严重的地区，农田防护林营建已经形成特定的模式，对防护林构建参数也已经开展广泛的研究。

黄河流域防护林体系中以"三圈模式"为主要代表，该模式由外围封育灌草固沙阻沙带、骨干防风阻沙林带、内部农田防护林网三部分构成。外围封育灌草固沙阻沙带遏制外缘就地起沙和拦截外来流沙。骨干防风阻沙林带是第二道防线，位于灌草带和农田之间，采用乔、灌结合的形式继续削弱越过灌草带的风速，沉降风沙流中挟带的沙粒，进一步减轻风沙危害。第三道防线是内部农田防护林网，目的是改善农田近地层小气候条件，控制农田内部起沙。三圈模式已经成为黄河流域沙质耕地最主要的防护模式。

2. 保护性耕作技术模式

以防风固沙为主要目的的黄河流域典型耕作模式包括带状耕作、留茬、免耕和少耕等。

带状耕作模式主要应用区域有乌兰布和沙漠大豆种植、陕西延安地区的灌草带状种植等。该模式主要应用于具有原生植被覆盖的区域，通过保留一

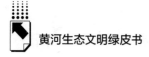

定宽度的原生植被带，作为防止风蚀的屏障；或进行小块状耕作，缩小耕作面积，以防止或减轻土壤风蚀。

留茬少耕技术模式是指人工收获作物后（主要为玉米）秸秆留茬，以实现风季对地表的防护，效果显著。据中国科学院兰州沙漠研究所在宁夏盐池县高沙窝地区的测试结果，留茬地比秋翻裸露耕地风速削弱了3倍；在风季，裸露地表风蚀量6339千克/公顷，留茬地无风蚀且积沙3800千克/公顷，风积细沙为土壤增加了肥力。

免耕模式在黄河流域的干旱、半干旱耕作区，如鄂尔多斯高原、内蒙古高原已经广泛推广，是指收获后将秸秆留存于地面覆盖过冬，待第二年播种时一次完成农田作业，以减少农机具进地次数、减轻地表扰动。

（二）黄河流域流动沙地治理

1. 工程治沙技术模式

黄河流域的工程治沙措施主要包括机械治沙、化学固沙和风力治沙3种。机械治沙一般指设立各种类型的沙障进行固沙，是应用最为广泛的防沙治沙措施。如乌兰布和沙漠大面积设置的草方格沙障、粘土平铺式沙障、尼龙网沙障、生物活沙障等，为农业生产提供了有效的保障。宁夏中卫市布设的草方格沙障超过42万亩，在腾格里沙漠边缘筑起了60公里的防护带，沙区生态环境得到显著改善。

2. 生物治沙技术模式

人工造林种草是黄河流域最传统和最基本的生物治沙手段，包括播种造林（含飞播造林）、植苗造林、扦插造林3种方式。由于立地类型复杂多样，在植物种选择、整地方法和种植方式等方面均因地制宜进行模式调整。如陕北群众创造了沙柳簇式栽植法，疏中有密栽植，既可抗风蚀，又可解决栽植过密造成水分养分不足的问题；赤峰巴林右旗在流动沙丘用黄柳、杨柴插条扦插成2米×2米规格的网格状林网，也取得了显著成效。

除传统的生物固沙技术外，近年来，生物土壤结皮固沙技术在黄河流域沙化土地的治理中，也得到一定程度的应用和推广。利用人工生物土壤结皮可加快沙化土地的治理速度，通过人工培养的藻种与微生物技术的联合使用，可在1年内完成生物土壤结皮自然状态下10余年的形成过程。目前，生物土壤结皮固沙技术已逐渐成熟，在藻种的分离、纯化与选育、规模化培养、工厂化/规模化生产和野外接种等方面形成了较为完善的技术体系，并在腾格里沙漠、毛乌素沙地、库布齐沙漠等地进行了推广应用。

（三）黄河流域交通沿线沙害治理

"以固为主，固阻结合"的铁路防沙体系是黄河流域目前最为成功的交通沿线治沙技术模式。该防沙体系由防火平台、灌溉林带、草障植物带、前沿阻沙带、封沙育草带五部分构成，首次应用于黄河流域包兰铁路沿线沙害防治，为我国第一条沙漠铁路——包兰铁路的安全畅通做出了极其重要的贡献，成为我国乃至世界沙漠铁路建设史上的创举，先后荣获国家科技进步奖特等奖、联合国环境规划署"全球500佳"环境奖、联合国开发计划署"最佳实践奖"等诸多重大奖励和荣誉。

（四）黄河流域沙化草场治理

1. 封禁治沙技术模式

封禁指的是在由于原生植被遭到破坏而产生沙化的地区，通过实行一定的保护措施（如围栏），借助天然力逐步恢复天然植被的治沙方法。由于该模式成本低、方法简单，易于实施、成效显著，在黄河流域沙区得到广泛推广，如毛乌素沙地的内蒙古伊金霍洛旗毛乌聂盖村从1952年起封育1.73万公顷流沙，至1960年已变成以油蒿为主要建群种的固定沙地，植被覆盖度达40%以上。

2. 飞播治沙技术模式

飞播造林是以种子的天然更新为基础进行沙区植被建设的一种方式，具有播种面积大、速度快、成本低、成效好的特点。1958年在陕西榆林毛乌素沙地开始进行第一次飞播试验，1974年根据中央水电部、农林部的指示，由黄河水利委员会和陕西省农林厅主持，北京林学院等10个单位组成沙区飞播试验研究协作组开展研究，并取得重大进展。该项工作在 1982 年得到了邓小平同志和中央领导的高度重视和大力支持，后经过在沙区不同立地条件类型上的大规模试验，技术逐渐成熟并取得了巨大成功。

3. 草（牧）场防护林技术模式

黄河流域草（牧）场防护林指的是以防风固沙、修复退化土地为主要目的营造的天然林与人工林。由于受到水资源限制，该区域内草（牧）场防护林从提高水分利用率、植被稳定性和加快修复速度等方面出发，对传统防护林进行配置参数上的改良和优化。草（牧）场防护林成林覆盖度一般控制在 15% ~ 25%，常见的有单行一带、两行一带、网格、生态林业体系等 4 种模式，与传统农田防护林相比，可降低造林成本 40% ~ 60%、生态用水量 20% ~ 30%。

（五）其他典型沙化土地综合治理模式

1. 库布齐治沙模式

库布齐治沙模式具体指的是"一核三环"的沙漠生态圈模式，在该模式的框架下，区域沙化土地治理实现了"治沙、生态、科技、产业、扶贫"均衡发展，实现了从"沙进人退"到"绿进沙退"的历史性转变，被联合国环境规划署确立为全球沙漠"生态经济示范区"。具体内涵如下。

①治沙与科技创新相融合，提升治沙效率和效果。库布齐沙漠治理强调科技治沙，自主研发的方法包括微创气流法植树技术、风向数据法造林技术、原位土壤修复技术等。同时，还建立了全球第一所企业创办沙漠研究院，建成了中国西北最大的种质资源库，研发了 127 项生态种植与产业技术。

②治沙与社会服务相结合，改善社会生态。通过建设沙漠绿洲，大幅度减少了沙尘天气，增加了沙漠土壤蓄水量，提高了生物多样性。2019 年，经联合国环境规划署《中国库布齐生态财富评估报告》的官方认定，库布齐 30 年来共创造生态财富 5000 多亿元人民币，其中 80% 是生态效益和社会效益。

③治沙与产业相结合，促进经济发展和脱贫攻坚。库布齐沙漠形成了生态修复、生态牧业、生态健康、生态旅游、生态光伏等多产业融合发展的生态富民产业体系。截至 2018 年，库布齐沙漠的甘草种植面积达 220 万亩，带动 1800 多户　5000 多人成功脱贫。

2. 毛乌素沙地"三圈"生态经济模式

"三圈"模式是针对毛乌素沙地，主要由滩地、硬梁地、软梁地三种典型景观组成的生态经济模式，因地制宜地安排和布设治理和开发措施体系，以实现资源合理利用，增加生物多样性，提高对各种自然灾害的抵御能力，达到生态环境持续改善、资源持续利用、经济效益稳定提高的目标。

第一圈：滩地绿洲高效复合农业圈。利用滩地优越的生境条件，在滩地外围建立乔、灌、草结合，常绿与落叶结合的防护林体系，滩地内部采用豆科牧草压青、施用有机肥、沙土掺加草炭土等综合改土技术手段，结合喷灌、滴灌等节水灌溉措施和集约经营，建立高效农、林、果、牧、药基地。

第二圈：软梁地径流（集雨）林草圈。软梁地与低缓沙丘区是滩地中心与外围灌木群落的过渡区，生境条件较好。应用地表径流集水、保水措施，引进高经济价值、耐干旱、耐贫瘠的经济灌木（如大扁杏、蒙古扁桃、沙棘、枸杞等），结合滴灌节水技术，条带状栽植林木，块状间作人工草地，建立经济灌木与半人工草地相结合的综合体系，形成径流式园林经济基地。

第三圈：硬梁地灌草防护圈。在滩地和软梁地之外还分布着大量的硬梁地，植被稀疏，放牧潜力不大。通过条带状栽植当地具有代表性的灌木树种（如锦鸡儿、柠条、杨柴等），建立灌木防护区，固定地表，保护原生植被，阻挡外围中高大沙丘入侵，同时用作灌木种质库和半放牧割草地。

3. 乌兰布和沙漠阿拉善梭梭林肉苁蓉沙产业开发模式

内蒙古阿拉善盟通过各类国家林业生态工程造林补贴项目，有效保护天然梭梭林、营造人工梭梭林，并在天然梭梭林与人工梭梭林中接种肉苁蓉，发展肉苁蓉产业，打造梭梭苁蓉产业基地。截至 2017 年底，全盟共保护天然梭梭林 1450 万亩，人工营造梭梭林 420 万亩，接种苁蓉面积 70 万亩，年产值 3 亿元以上，在有效遏制当地风沙危害的同时，极大地促进了区域经济

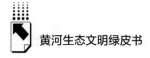

的发展。

4. 腾格里沙漠八步沙林场治沙模式

八步沙林场位于腾格里沙漠南缘，历史上沙丘以每年 7.5 米的速度向南推移，给周边群众生产生活、交通设施、建筑工程造成巨大危害。在治沙实践中，八步沙林场提出"治沙先治窝、再治坡、后治梁"的治沙思路，实现治沙与林草建设同步发展，共营造人工林 478.3 万亩、封山沙育林草 248.6 万亩；同时结合经济作物的改良种植，探索出一条"以农促林、以副养林、农林并举、科学发展"的治沙新路子，成为防沙治沙与产业富民、精准扶贫相结合的典范。

四 黄河流域沙化土地治理成效

黄河流域沙化土地治理是全国沙漠化防治的主要组成部分和核心区域，党和政府高度重视，相继制定和出台了一系列相关政策措施、法律法规、技术标准，确保了防沙治沙的有序推进和顺利实施；启动实施了一批重大生态建设工程，如"三北"防护林体系建设工程、退耕还林还草工程、京津风沙源治理工程、天然林保护工程等，推动了沙化土地治理的进度；借助科学研究和科技进步的发展，提高了防沙治沙的质量与水平。

（一）黄河流域甘肃段沙化土地治理成效

1959 年中国科学院治沙队在巴丹吉林沙漠建立了民勤治沙综合试验站，标志着甘肃土地沙化防治工作的开始。在此基础上，1980 年甘肃省治沙研究所成立，土地沙化防治工作步入新的阶段。为缓解景泰沙化土地引黄灌区水资源压力，甘肃省综合实施天然植被封育保护、阻沙林带建设、农田林网更新改造等工程，提出并示范景泰沙区以滩渠为主的辐射式综合治理模式，成为黄灌区沙地治理的样板。甘肃腾格里沙漠八步沙林场的治沙模式，实现封沙育林 37 万亩、植树 4000 万株，形成了牢固的绿色防护带，为我国防沙治沙树立了榜样。

（二）黄河流域宁夏段沙化土地治理成效

宁夏回族自治区是全国唯一的省级防沙治沙综合示范区，在防沙治沙工作中投入巨大力量并取得卓越成就，并于 2010 年颁布《宁夏回族自治区防沙治沙条例》，将防沙治沙列入政府重点工作。据宁夏回族自治区林业局公布的数据，从 20 世纪 70 年代至 2019 年，宁夏沙化土地面积由 2475 万亩减少到 1686 万亩，特别是 1994 年以来，宁夏连续 20 年实现沙化和沙化土地面积"双缩减"，在省域尺度上率先实现了沙化逆转。

在宁夏的治沙实践中，写下浓墨重彩一笔的是包兰铁路沙害防治。在腾格里沙漠铁路交通干线两侧，通过在流动沙丘迎风坡扎设防沙、输沙的阻沙栏，在沙面扎设草方格沙障，沙障中按一定比例种植"先锋种—优势种—稳定种"组成的稀疏人工植被，形成"以固为主，固阻结合"的沙害治理模式，保护铁路长度 140 公里，使得铁路沿线植被覆盖度由不足 5% 提升到 50%。这种沙害治理模式在国内外广泛应用，成为我国乃至世界治沙历史上的奇迹。

（三）黄河流域内蒙古段沙化土地治理成效

2004～2017 年，通过全面实施京津风沙源治理、"三北"防护林体系建设、森林生态效益补偿等多项重点生态建设和保护项目，内蒙古自治区年均完成林业生态建设面积超过 1000 万亩，2.6 亿亩风沙危害面积得到初步治理。

内蒙古自治区内的库布齐沙漠，1/3 面积实现绿化，成为世界上唯一被全面治理的沙漠，并探索了一种环境治理与产业、社会相结合的"库布齐沙漠生态财富创造模式"。

内蒙古自治区内的乌兰布和沙漠，植被覆盖度从 0.04% 上升到 15.3%。在生态治沙的同时，注重资源利用与产业发展，形成了沙区生态恢复与资源利用的良性循环，涌现出一批以民营企业为代表、以技术创新为特点的沙产业龙头企业。截至 2014 年底，乌兰布和沙漠已形成以苁蓉、葡萄为主的系列产品，远销区内外，年产值过亿元。以圣牧高科为龙头企业的有机养殖业享誉全国。依托沙漠丰富的风能、太阳能等清洁能源发展生物质能源产业，以沙漠景观游为特色的生态旅游业也正在蓬勃发展。

（四）黄河流域陕西段沙化土地治理成效

陕西省黄河流域沙化土地主要分布在陕北地区，总面积约 2.22 万平方公里，以榆林沙区为主，约占毛乌素沙地的一半。

陕西省治沙历史悠久。1950 年，陕西省成立了我国第一个治沙造林林场——陕北防沙造林林场。1974 年，陕西省开创性地开展了我国最早的飞播治沙试验。此后，经过不断完善，飞播治沙技术在我国北方沙区进行大面积推广。经过 60 余年的治理，2020 年陕西榆林沙化土地治理率已达93.24%，流动沙丘面积缩减至 0.35 万平方公里，沙区林草植被覆盖度从0.9% 提高到 40% 以上，成为我国乃至世界治沙的先进典型。[①]

五　黄河流域土地沙化治理存在的问题及建议

（一）黄河流域沙化土地治理存在的问题与挑战

1. 自然环境条件恶劣，全球气候变化加之人为经济活动的影响，黄河流域沙化土地治理必将是一个长期的任务

黄河上中游地区土地沙化治理尽管取得了举世瞩目的成效，但仍有大面积的沙化土地尚未得到有效治理，上中游地区草场沙化、退化严重，且由于深处内陆，气候干旱、降水量低、植被稀疏、沙源丰富，生态环境十分脆

---

① 赵国平等：《榆林市六十年治沙研究与实践》，《陕西林业科技》2018 年第 6 期。

弱，受亚洲冬季风的影响，冬春季节风沙活动频繁，极易导致新的土地沙化和已治理土地再次沙化。历史上，由于气候变化，库布齐沙漠、毛乌素沙地均发生过多次固定和活化的交替，在目前气候变化的背景下，部分已治理的区域面临水资源短缺、植被退化的风险。此外，黄河流域上中游地区还是我国重要的畜牧业生产区和能源基地，超载放牧、能源开采、排污等人为活动势必对生态系统带来大规模的扰动。因此，黄河流域沙化土地的治理必将是一个长期而艰巨的任务。

2. 已治理的沙地生态系统结构依然十分脆弱，生态服务功能不高，保护和巩固任务繁重

黄河流域通过实施"三北"防护林体系建设、退耕还林还草、天然林保护、自然保护地建设等生态保护工程，生态状况得到明显改善，植被盖度显著提高，沙尘暴发生频率和强度显著下降。但我们也应当清醒地认识到，大面积的沙化土地治理区仅处在生态系统正向演替的初期，生态系统结构依然十分不稳定，生态系统服务功能不高，部分沙化土地治理成效不高，在自然和人为扰动的情况下，极有可能导致二次退化，多年治理成果功亏一篑。

3. 部分沙化土地治理措施缺乏科学性，沙产业发展质量不高

黄河上中游地区，自然禀赋差，水资源尤其短缺，植被承载力有限，但在沙化土地治理中，依然存在草原造林、大面积灌溉造林、大量引进外来树种造林、片面追求高植被覆盖度等过度治理的做法，对自然规律和区域水资源承载力认识不够，导致部分地区出现地下水位下降严重、植被退化、固定沙丘活化、防沙治沙成本提高等问题，并进一步加剧生态用水与社会经济各业用水的矛盾。另外，沙区沙产业目前发展质量偏低，品牌效应不够，产业链条延伸短，资源利用率、产品附加值低，沙区资源环境价值未能得到充分挖掘，生态资源未能充分、有效地转化为生态价值，没有协调好产业开发和资源环境保护的关系，生态产业化、产业生态化程度不够。

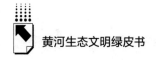

（二）黄河流域沙化土地治理建议

1. 坚持科学治沙

区分荒漠和沙化土地，对于自然荒漠生态系统应以生态系统保育措施为主，逐步恢复原有荒漠生境，避免大规模的扰动和人为治理；对于潜在沙化土地和沙化土地，坚持保护优先、自然恢复为主，人工修复与自然恢复相结合，遵循自然规律开展沙化土地治理，以防止沙害、恢复自然生态系统、提高生态系统自我修复能力和稳定性为主要目的，充分考虑区域水资源承载能力，坚持以水定绿、量水而行，因地制宜，除部分绿洲防护林外，以恢复灌草植被为主，宜灌则灌、宜草则草、宜荒则荒；在林草植被建设中，以乡土植物为主，避免引入高耗水、适应性差、抗环境胁迫能力弱的植物种。

2. 重点防治草场退化

黄河流域部分地区的草场沙化、退化比例高达90%以上，已成为新增沙化土地的主要来源。保护和科学合理利用草场资源，是遏制黄河流域草场退化与土地沙化的重要手段。在对黄河流域不同气候区、不同类型草场资源进行准确评估的基础上，确定合理的载畜量和科学的放牧制度，真正落实和实现草畜平衡；对于退化草场，应采取封禁、人工修复等措施，恢复草场的生产和生态功能，严格禁止过度利用和破坏，防止草场进一步退化并最终沙化。

3. 扶持和推动沙产业高质量发展

实施积极的财税金融政策及将部分环境效益突出的企业列入生态补偿范围等措施，鼓励和扶持一批大型龙头企业，充分发挥政府引导、市场调节机制，全面实现以传统种养殖业为主的业态向"技术密集型、资金密集型"的深加工、高附加值的现代沙产业转型，大力推动和扶持沙漠旅游、沙漠康养等长链产业的发展。依托国家沙漠公园，探索生态保护和经济发展相互促进、相得益彰的生态产品价值实现路径，在保护自然生态的同时，实现人与自然和谐共生。

4. 建立健全沙化防治的法治保障体系

按照山水林田湖草沙冰系统治理的理念，修订完善相关的法规政策，加强黄河流域生态保护和生态修复的地方性立法工作，建立党委领导，政府主导，政府、企业、社会合作共治的现代生态治理体系，落实沙化防治目标责任制，加大对破坏生态、污染沙漠等行为的惩处力度，拓展设立草原国家公园、沙漠国家公园，同时完善相应的激励和保障机制，弘扬防沙治沙的生态文化，切实推进黄河流域沙化防治的治理体系和治理能力现代化。

G.11
黄河流域矿山生态修复发展报告

赵廷宁 郭小平 肖辉杰 姜群鸥 王若水 黄建坤 程 瑾 王 冠*

摘　要： 黄河流域矿产资源丰富，但矿产资源开采会导致地貌景观破坏、土地损毁、水资源污染、空气质量下降、生态退化等诸多问题。当前，将人工修复技术和生态自修复作用相结合，创新黄河流域矿区生态修复模式，加快推进绿色矿山建设，是黄河流域生态保护与高质量发展的一项重要工作内容。黄河流域矿山生态修复工作还需进一步完善矿山监管制度，提高矿山管理水平，优化矿区开发利用规划，强化矿山废弃资源的管理与循环利用。同时鼓励市场化修复模式，大力吸引社会资金参与矿山生态修复实践，在水资源保护、地形整理、植被恢复等方面力求实现技术突破，实现矿山绿色升级和可持续发展。

关键词： 矿山生态修复　绿色矿山　黄河流域

* 赵廷宁，博士，北京林业大学水土保持学院教授、博士生导师，研究方向为工程绿化、生态修复；郭小平，博士，北京林业大学水土保持学院教授、博士生导师，研究方向为生态修复工程、废弃物资源化利用；肖辉杰，博士，北京林业大学水土保持学院副教授、硕士生导师，研究方向为生态恢复、防护林；姜群鸥，博士，北京林业大学水土保持学院副教授、硕士生导师，研究方向为3S技术在资源环境中的应用；王若水，博士，北京林业大学水土保持学院副教授、硕士生导师，研究方向为复合农林经营；黄建坤，博士，北京林业大学水土保持学院副教授、硕士生导师，研究方向为防灾减灾与防护工程；程瑾，博士，北京林业大学生物学院副教授、硕士生导师，研究方向为植物生长发育；王冠，博士，北京林业大学水土保持学院讲师，研究方向为草原荒漠化、灌丛化。

一 黄河流域矿产资源及其开发利用

（一）黄河流域矿产资源情况

黄河流域矿产资源富集，尤其是能源资源十分丰富，因而被称为"能源流域"。黄河流域已被探明的矿产有 37 种，约占全国的 82%，其中稀土、石膏、玻璃用石英岩、铌、煤、铝土矿、钼、耐火粘土等 8 种矿产储量占全国矿产总储量的 32% 以上，被认为具有全国性优势（见表 1）。黄河流域的矿产受成矿条件多样化的影响，广泛聚集在各个区域，使其利于开发利用。现阶段，黄河流域对矿产资源进行集约化开采并利用的区域主要兴海—玛沁—迭部区、西宁—兰州区、灵武—同心—石嘴山区、内蒙古河套地区、晋陕蒙接壤地区、陇东地区、晋中南地区、渭北区、豫西—焦作区及下游地区等 10 个地区。这些地区矿产资源集中，根据各地的规模、特色形成了特定的矿产生产基地。

表 1 黄河流域矿产基本情况表

优势性	矿产名称	保有储量		占全国比重（%）	主要分布省区
		数量	单位		
全国性优势	稀土	9024.0	万吨	97.9	蒙、青、陕
	石膏	433.3	亿吨	75.5	鲁、蒙、青、宁
	玻璃用石英岩	17.3	亿吨	74.9	青、晋、豫
	铌	136.3	万吨	50.0	蒙、晋、豫
	煤	4492.4	亿吨	46.5	陕、晋、蒙、宁、甘、豫、鲁、青
	铝土矿	9.2	亿吨	44.4	晋、豫、陕、鲁
	钼	370.5	万吨	43.2	豫、陕、晋
	耐火粘土	7.8	亿吨	37.1	晋、蒙、豫、鲁、陕
地区性优势	石油	41.0	亿吨	26.6	鲁、豫、陕、甘
	芒硝	55.4	亿吨	20.0	青、蒙、晋

续表

优势性	矿产名称	保有储量		占全国比重（%）	主要分布省区
		数量	单位		
相对优势	天然碱	885.1	万吨	15.5	蒙
	硫铁矿	6.4	亿吨	14.3	蒙、豫、晋、甘
	水泥用灰岩	53.2	亿吨	13.4	陕、甘、豫、鲁、青、宁、晋、蒙
	钨	64.2	万吨	12.5	豫、青
	铜	724.2	万吨	11.8	晋、青、蒙、陕、甘、鲁、豫
	岩金	185.0	吨	11.4	豫、陕、蒙、晋、青、甘

资料来源：根据《黄河年鉴》相关统计数据整理。

　　黄河流域不同矿产资源分布于不同区域。具有全国性优势的煤炭资源广泛分布于陕西、山西、内蒙古、宁夏、甘肃、河南、山东以及青海等地，主要分布在内蒙古、山西、陕西以及宁夏四省区。这些省区的煤炭资源不仅优质丰富、品种齐全，而且分布相对集中且埋藏较浅，具有易开发的特点。位于黄河流域的内蒙古东胜煤田、准格尔煤田、山西河东煤田、沁水煤田、太原西山煤田、霍西煤田、宁武煤田、大同煤田、宁夏鸳鸯湖—盐池煤田、陕西黄陇煤田以及陕北侏罗纪煤田（共11个）已探明存储量均超过100亿吨，占全国煤炭总储量的50%以上。黄河流域已探明的石油资源占全国石油资源的26.6%，天然气资源占全国天然气资源的9%，总探明储量分别为41亿吨和672亿立方米，主要分布在黄河流域的长庆油田、胜利油田、延长油田和中原油田。

　　中国不同区域对矿产资源开发利用制定了相应的规划。《全国矿产资源规划（2016—2020年）》指出，黄河流域内煤炭规划区有70个、煤层气规划区有8个，基本分布在山西省内。油气开发主要集中在黄河流域中西部，以塔里木、鄂尔多斯、准噶尔等盆地为重点区域。天然气勘查开发主要集中在黄河流域内鄂尔多斯盆地、四川盆地等地区。稀土资源的勘察开发也从2016年开始逐步进行，通过对稀土资源进行统一的监督与规划，加强对黄河流域稀土资源的管理。

（二）黄河流域矿产资源开发功能区划

1. 黄河流域地理区划

根据黄河流域的气候、地貌等状况，可将黄河流域划分为干旱高原区、半干旱高原区、半湿润平原区和湿润高寒高原区。

干旱高原区：本区包括青海湖至巴颜喀拉山山脉区域（河源湖南干旱区）以及黄河上游兰州至内蒙古达拉特旗区间和内流区的大部分区域（黄河上游干旱），跨蒙、青、甘、宁四省区。

半干旱高原区：本区包括黄土高原东部（陕甘晋半干旱区）和陕西、山西和内蒙古三省区的交界地带（晋陕蒙半干旱区）以及青甘宁半干旱区，跨青、陕、甘、晋、蒙、宁六省区。

半湿润平原区：本区包括渭河流域、泾河中下游和潼关以下广大地区（黄河中下游半湿润区）。

湿润高寒高原区：本区包括青藏高原东部阿尼玛卿山、巴颜喀拉山与岷山之间的草原、沼泽地和山谷地（青川甘湿润区），以及青藏高原东北部（上游湿润区），跨青、川、甘三省。

2. 黄河流域矿产资源开发功能区划

考虑到不同区域的资源基础差异，将黄河流域矿产资源开发功能区划分为矿产资源重点开发区、一般开发区、限制开发区和优化开发区，其中矿产资源限制开发区分为基础条件限制开发区和生态条件限制开发区两种（见表2）。

表2　黄河流域矿产资源开发功能区划

功能区	划分依据
矿产资源重点开发区	主要矿产资源基础好，区域生态限制少，综合基础条件好，其资源开发不仅在全国能源资源供应中占据主要地位，还可以满足地区经济发展需求，因此有必要进行大规模开发利用的区域
矿产资源一般开发区	主要矿产资源基础一般，区域生态限制少，其资源开发可以满足地区经济发展需求，是当前能够保障我国矿产资源安全的次核心区

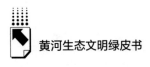

续表

功能区	划分依据
矿产资源基础条件限制开发区	主要矿产资源基础较好,生态区域限制少,但综合基础条件较差,其资源开发能够满足地区经济发展需求,因此通过改善综合基础条件,可以成为重点开发区的区域
矿产资源生态条件限制开发区	以生态功能保护为主,应适当限制矿产资源开发的区域
矿产资源优化开发区	以第三产业发展为主,其矿产资源的开发并不能够满足地区经济发展需求,且考虑城市生态环境建设,应疏解矿产资源开发的区域

重点开发区:矿产资源重点开发区识别原则是主要矿产资源基础好,区域生态限制少,综合基础(影响资源开发的地形、水、能源、交通等)条件好,满足地区经济发展需求,从而应该进行大规模开发利用、大量输出。黄河流域矿产资源重点开发区主要分布在山西、河南、陕西等省。

一般开发区:矿产资源一般开发区识别原则是主要矿产资源基础一般,区域生态限制少,其资源开发可以满足地区经济发展需求,是当前能够保障我国矿产资源安全的次核心区。黄河流域矿产资源一般开发区主要分布在山东、山西、河南、陕西等地。

限制开发区:矿产资源限制开发区分为两类,一类是生态条件限制开发区,另一类基础条件限制开发区。

生态条件限制开发区识别原则是该区域生态环境十分重要,应以生态功能保护为主,适当限制矿产资源开发的区域。黄河流域矿产资源生态条件限制开发区分布在内蒙古巴彦淖尔市、鄂尔多斯市,甘肃甘南藏族自治州、陇南市和陕西宝鸡市、延安市。

基础条件限制开发区识别原则是主要矿产资源基础较好,生态区域限制少,但综合基础条件较差,其资源开发能够满足地区经济发展需求,因此通过改善综合基础条件,可以成为重点开发区的区域。黄河流域矿产资源基础条件限制开发区分布在内蒙古巴彦淖尔市、甘肃平凉市和青海海北藏族自治州、海西蒙古族藏族自治州。

优化开发区:矿产资源优化开发区的识别原则是该区域以第三产业发展

为主，区域经济发展对资源开发无需求，且考虑城市生态环境建设，应疏解矿产资源开发。黄河流域矿产资源基础条件限制开发区分布在山东泰安市、济南市，山西太原市、晋中市、长治市，河南郑州市和陕西延安市。

（三）黄河流域矿产资源开发历史与现状

1. 古代黄河流域矿产资源开发历史

公元前 2000 年前后，黄河流域已出现青铜器，青铜冶炼技术到商朝达到较高水平，此时期铁器冶炼也开始出现。《山海经》的记载显示，战国时期的产铁地点主要在今陕西、山西、河南等省份。秦汉时期铁矿的发现地点更加广泛，增加到今山东、四川等地；东汉时期铁矿开采使得铁器普及并逐渐取代青铜器。[①] 春秋战国之际，山西等地开始了煤炭资源勘探。汉朝社会经济的发展促进了煤炭资源的开采利用。西晋时期，河南、陕西等地区都有煤炭开采的历史记录。[②] 明清时期，青海也有了开采煤矿的历史记录。秦汉时期，在今陕西、甘肃等地都有石油出产，内蒙古发现天然气（见表3）。

表3 古代黄河流域矿产资源开发历史

朝代	时间	矿产资源开发
商朝	公元前 1600 ~ 前 1046 年	青铜冶炼技术水平较高，出现铁器冶炼
春秋	公元前 770 ~ 前 476 年	铁矿的发现地点更加广泛，山西等地开始了对煤炭的勘探
秦朝	公元前 221 ~ 前 206 年	山东等地发现铁矿
		陕西及甘肃等地都有石油出产
汉朝	公元前 206 ~ 公元 220 年	煤炭的开采利用更广泛，是我国用煤史的第一个高峰期
		内蒙古发现天然气
西晋	265 ~ 317 年	河南、陕西等地都有煤炭开采的历史记录
唐朝	618 ~ 907 年	河南焦作、鹤壁、新密，山东淄博、枣庄等地开采和利用煤炭
宋朝	960 ~ 1279 年	今河南、山东、陕西等地发现煤炭资源集中分布
清朝	1616 ~ 1911 年	青海有开采煤矿记录

资料来源：根据相关研究制作。

---

① 姜翠屏：《秦汉时期矿产资源的开发与利用》，硕士学位论文，东北师范大学，2007。
② 王强：《明代黄淮地区煤炭开发的历史地理研究》，硕士学位论文，暨南大学，2011。

2. 近代黄河流域矿产资源开发历史

1880年，山东省煤矿的建设是对黄河流域矿产开发的起点。1894年甲午中日战争以后，黄河流域主要矿山有山东省烟台煤矿、淄博煤矿，河南省焦作煤矿等。1907年，陕西省延长县打出了中国陆地第一口油井。1911年辛亥革命以后，延长油矿先后开凿了十几口油井。1934年，今内蒙古乌兰察布市、鄂尔多斯市、巴彦淖尔市等地区记载的煤矿有拴马椿煤田等。

抗日战争时期，党中央意识到陕甘宁抗日根据地和晋察冀抗日根据地周边矿产资源的开发对人民生活和区域经济建设具有重要意义。《一九三八年边区经济建设工作的报告》明确指出，"积极建立大规模的工矿业与机械工业"，扩大煤矿与油矿的开采规模。1938年，甘肃玉门油矿钻井产油，拉开了中国石油开采工业的历史序幕。1941年《陕甘宁边区三十年经济建设计划》明确规定了边区增加油产品的产量与种类以及提高煤炭开采量的任务。抗日战争后期，晋冀鲁豫根据地和晋绥边区、山东等抗日根据地的煤矿、铁矿、盐矿、金矿等矿业开发得到进一步发展。1944年，晋绥边区新建煤窑达336座。解放战争时期，陕甘宁地区陕西煤炭和石油资源开发受到一定影响，1948年，石油开发逐渐恢复（见表4）。

表4　近代黄河流域矿产资源开发历史

时间	矿产资源开发
1894年	山东烟台煤矿、淄博煤矿，河南焦作煤矿开采记录
1907年	陕西延长县打出了中国陆地第一口油井
1934年	内蒙古鄂尔多斯市、巴彦淖尔市、包头市等地有煤矿开采
1938年	甘肃玉门油矿钻井产油，拉开了中国石油开采工业的历史序幕
1941年	《陕甘宁边区三十年经济建设计划》提出加大煤炭开采量
1944年	晋冀鲁豫根据地和晋绥边区、山东等抗日根据地矿业开发进一步发展
1948年	陕甘宁地区石油开发恢复

资料来源：根据相关研究制作。

3. 现代黄河流域矿产资源开发历史

新中国成立以来，我国更加重视黄河流域矿产资源的开发与利用。1949

年建立的内蒙古白云鄂博稀土工业基地开启了中国现代矿业发展的历程。近年来，全国矿产资源规划对于黄河流域内的矿产资源进行了重点规划，加强黄河流域矿产资源的勘查和开发，形成了一系列矿产能源基地，促进了沿黄地带的经济发展（见表5）。

表5　现代黄河流域矿产资源开发历史

时间	矿产资源开发
1949 年	内蒙古白云鄂博稀土工业基地
1978 年	陕西—内蒙古一带的神府—东胜煤田是当时世界级特大型煤田
	重点扩建了山西阳泉市等30多处老矿区，以及山西大同市、晋城市等14个现代矿务局
1982 年	黄河流域的矿产业发展良好，为矿业开发奠定了坚实的基础
1996 年	银川—石嘴山、神府—东胜、晋陕蒙峡谷带、晋陕豫接壤区有煤炭资源开采
	河南濮阳中原油田和山东胜利油田
2000 年	加快黄河流域各省区矿产资源富集区开发建设
	加强黄河中上游地区油气资源勘探、开发，加快建设一批油气化工项目
	加快陕西榆林市、神木市、横山县等一批矿区的建设步伐
	陕西、甘肃等地的有色金属矿产勘探取得较好成果
	加快黄河上游有色金属资源开发
2002 年	《"十五"西部开发总体规划》指出，加快发展陕西关中地区、宁夏沿黄地区、青海东部、内蒙古河套地区等能源化工基地建设，加大石油、天然气勘探力度，建设陕甘宁地区石油、天然气生产和外输基地
2004 年	宁夏宁东能源重化工基地建设全面启动
2007 年	按照部分省市矿产资源总体规划，河南省已开发利用矿产90种；甘肃省发现各类矿产173种（含亚矿种）；陕西省开发利用矿产达100种；青海省已经开发利用矿产65种；山西省已开发利用矿产53种
2008 年	《全国矿产资源规划（2008—2015年）》勘查了黄河流域内各个省区的矿产资源，推进内蒙古鄂尔多斯盆地、山西宁武、河南安阳等煤层气富集区的煤层气产业化基地建设，对山西、内蒙古等重点开采区内矿产资源进行规模开采和集约利用，形成了一批大中型矿产资源开发基地
2010 年	《全国主体功能区规划》提出发展黄河流域内呼包鄂榆地区沿黄产业
	加强宁东能源化工基地建设
	合理开发山西省和内蒙古鄂尔多斯市内煤炭资源，加快煤层气开发，加大石油、天然气、煤层气开发能力
	合理开发内蒙古包头白云鄂博铁稀土矿，强化稀土资源保护和综合利用，建设全国重要的稀土生产基地

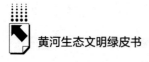

时间	矿产资源开发
2010 年	对陕西、甘肃和内蒙古的铜、锌、镍、钼等资源合理开发,在全国范围内加大黄河流域西部地区矿产资源开发利用力度
2016 年	《全国矿产资源规划(2016—2020 年)》指出,黄河流域煤炭规划区有 70 个,其中山西 18 个、陕西 14 个、内蒙古 14 个、宁夏 7 个、甘肃 6 个、河南 5 个、山东 2 个、青海 2 个、四川 2 个
	黄河流域内煤层气规划区有 8 个,基本分布在山西省内
	加大黄河流域中西部油气开发力度,以鄂尔多斯盆地为重点
	推进神东、陕北等大型煤炭基地绿色化开采和改造
	建设内蒙古包头、四川凉山等六大稀土资源基地
	黄河流域内石墨规划区有 2 个
2019 年	启动"全国矿产资源规划(2021—2025 年)"重大专题研究 黄河流域矿产资源勘查、开发利用与保护的战略导向和政策措施

资料来源:根据相关研究制作。

4. 黄河流域不同区域矿产资源开发利用

黄河流域矿产资源开发利用主要集中在黄河中游的半干旱高原区,其次是黄河中下游的半湿润平原区,还有部分黄河上游的干旱高原区。对于煤炭资源,自西部大开发以来,我国的煤炭开采重心已经由东部转移至西部,黄河流域成为我国煤炭开发规模最大的地区,煤炭年产量约占全国煤炭总产量的 70%。金矿开采区主要分布在黄河流域北部的干旱高原区,石墨开采区主要分布在黄河流域东部的半湿润平原区。

二 矿产资源开采对生态环境的影响

黄河流域高寒高原区金属矿、煤矿、砂石矿等矿产资源的大规模开采,破坏地貌景观、损毁土地、加剧生态退化。干旱、半干旱高原区在采矿扰动下出现了更严重的缺水、地裂缝、塌陷、水土流失和土地沙漠化等灾害。湿润平原区大规模高强度的采矿过程引发了固体废弃物压占土地、破坏地表植被、采空区沉陷积水、尾矿库堆积、土壤污染等一系列问题,生态环境日益恶化。

（一）空间景观格局

矿区土地利用与景观格局的时空变化是采矿活动对矿区生态系统影响的综合反映。[1] 处于生命周期不同阶段的矿井，对景观格局的扰动特征也不同。[2] 发展初期，矿产资源产量较小，矿区植被覆盖基本没发生变化；发展期，矿井建设和开采量不断增加，矿区土地利用、植被覆盖等均发生较大变化；稳定期，矿产持续大规模开采，矿区地表塌陷、耕地损毁，景观破碎化加剧，生态系统恶化；衰退期，矿产开采量下降，对景观格局的影响减弱，由于生态环境破坏的累积效应和滞后性，矿区的生态环境继续恶化。[3] 此外，稀土开采模式对矿区及矿点土地利用也有较大影响，变化最大的是沉淀池、尾砂地、复垦植被和植被四种地类，[4] 植被始终是矿区最大斑块，沉淀池和水体的破碎化程度较低，分布较为集中。[5]

（二）植被

矿产开采会直接破坏地表土层和植被，使植被覆盖度、植物多样性和生物多样性降低，矿山开采过程中废弃物堆置过量占用土地也会破坏原有植被[6]，同

---

① 卞正富、张燕平：《徐州煤矿区土地利用格局演变分析》，《地理学报》2006 年第 4 期。

② 王行风等：《煤矿区景观演变的生态累积效应：以山西省潞安矿区为例》，《地理研究》2010 年第 5 期。

③ 李永峰：《煤炭资源开发对矿区资源环境影响的测度研究》，《中国矿业大学学报》2009 年第 4 期；W. T. Dai, J. H. Dong, W. L. Yan, et al., "Study on Each Phase Characteristics of the Whole Coal Life Cycle and Their Ecological Risk Assessment: a Case of Coal in China," *Environmental Science & Pollution Research*, 24 (2017): 1296 – 1305；徐嘉兴等：《煤炭开采对矿区土地利用景观格局变化的影响》，《农业工程学报》2017 年第 23 期。

④ 李恒凯、李芹、王秀丽：《基于 QuickBird 影像的离子型稀土矿区土地利用及景观格局分析》，《稀土》2019 年第 5 期。

⑤ 李芹：《基于 MCR 模型的赣南稀土矿区景观生态安全格局研究》，硕士学位论文，江西理工大学，2019。

⑥ 上官中菊：《运城市矿区植被破坏状况及其生态恢复存在问题的探讨》，《内蒙古林业调查设计》2014 年第 6 期。

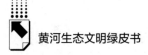

时矿区煤炭自燃引起的森林火灾也对植被产生了严重影响。① 此外，矿产开采活动会使区域内土壤和水体等环境条件发生变化从而影响植被生长。地表塌陷产生的裂缝区作为养分流失源，使周围一定范围内土壤环境空间格局发生变化，其中地下水位降低和土壤水流失非常不利于受损植被的生长和恢复，导致地表塌陷区植被退化甚至死亡。② 在黄河流域，植被净初级生产力（NPP）增长量小于 10 gc/（m² · a）（每平方米每年有机碳含量的克数）的矿区城市集中在内蒙古多个矿区城市以及甘肃武威，这些城市的生态生产力多年来未表现出提升，甚至呈现较明显的下降。③

（三）土地与土壤

山西、甘肃、内蒙古分布着大量的煤矿、铀矿、铝土矿、金矿等金属矿区，这些金属矿区所处区域降水较少，地表植被稀疏，矿产资源开发导致的地表土层破坏容易导致水土流失、沙尘暴等生态环境灾害。④

1. 土地形态

矿产地上开采后会留下深且大的采坑，地下开采后地表一般会出现无积水沉陷盆地，地陷、地裂和地面沉降等地面变形的情况。矿产开采过程中出现地面下沉和塌陷现象的主要原因是排水过度和地下矿产资源被采空。⑤

2. 土壤侵蚀

矿产资源的地上开采使得地表裸露，而地下开采往往导致地表沉陷，进

---

① 王力、卫三平、王全九：《榆神府煤田开采对地下水和植被的影响》，《煤炭学报》2008 年第 12 期。
② 史沛丽等：《采煤塌陷对中国西部风沙区土壤质量的影响机制及修复措施》，《中国科学院大学学报》2017 年第 3 期。
③ 马丽、田华征、康蕾：《黄河流域矿产资源开发的生态环境影响与空间管控路径》，《资源科学》2020 年第 1 期。
④ 马丽、田华征、康蕾：《黄河流域矿产资源开发的生态环境影响与空间管控路径》，《资源科学》2020 年第 1 期。
⑤ 田增刚、王玉太、周士勇：《浅谈矿产开采类项目水土流失的特点及防治对策》，《山东水利》2007 年第 8 期。

而造成地形坡度增大，改变地表径流方向，水力侵蚀加剧。[①] 采石场、铁路、公路修建产生的尾矿库、废石堆，以及煤矿开采产生的矸石堆，会改变区域水热结构，影响地下水位和排灌系统，进而诱发滑坡、泥石流等地质灾害。[②] 地下开采产生的裂缝使土壤机械组成发生变化，导致区域土壤植被覆盖率和土壤容重降低，使土壤抗风蚀能力减弱，在外在条件（风力）和内在条件（土壤抗风蚀能力）的共同作用下，地表土壤可蚀性颗粒随风移动，尤其是表层土壤，沙化现象最为严重。此外，植被的地上部分对地表有保护作用，根系可提高土壤的稳定性，植被的存在可降低土温日较差，而矿产开采导致植被覆盖度降低，这在一定程度上加剧了冻融侵蚀。

3. 土壤质量

地裂缝的产生使土壤容重降低，开采过程中产生的废弃物的压占使得土壤紧实，土壤机械组成发生变化。此外采矿过程中使用的化学药剂，产生的废渣、废浆，携带有污染物的大气颗粒沉降进入表土等均会污染土壤[③]，同时由于矿山开采出现地表塌陷、植被减少、土壤沙化等现象，对土壤酶活性和养分含量等也产生一定影响[④]。

（四）水

蒙西、山西、陕西相交的"三西"地区以及甘肃、宁夏等地，是中国煤炭的主产区，以露天开采为主，这会进一步破坏地表植被，加剧水分的蒸发和水土流失。[⑤]

[①] 李昌明等：《矿山开采产生的主要环境问题与防控手段分析》，《环境与发展》2020年第6期。
[②] 史沛丽等：《采煤塌陷对中国西部风沙区土壤质量的影响机制及修复措施》，《中国科学院大学学报》2017年第3期。
[③] 李昌明等：《矿山开采产生的主要环境问题与防控手段分析》，《环境与发展》2020年第6期。
[④] 史沛丽等：《采煤塌陷对中国西部风沙区土壤质量的影响机制及修复措施》，《中国科学院大学学报》2017年第3期。
[⑤] 马丽、田华征、康蕾：《黄河流域矿产资源开发的生态环境影响与空间管控路径》，《资源科学》2020年第1期。

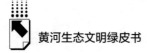
1. 水资源量

矿产开采导致地层塌陷、出现裂缝，破坏或改变了煤系地层以上各含水岩组地下水状况，破坏了地下水影响带的延展，导致泉域面积缩小、泉井枯竭。同时矿区长期的疏干排水使地下水位下降，减少了地下潜流，影响地表河的流量。[1]

2. 水环境

矿山弃渣经过雨水淋滤、选矿污水未经处理即排放均会将大量有毒害的物质直接带入水循环系统，造成大面积的地表水及地下水污染。[2] 同时由于矿山疏干排水引起的地下水位降低，会进一步引起周边地下水径流条件的改变，水位较高的污水补给水位较低的水质较好的含水层，造成地下水水质的恶化，在地下水径流的途径中，又会扩大污染面积。[3]

（五）大气

1. 粉尘颗粒

矿山在开采、钻孔、爆破、选矿筛分、装载运输等过程中产生的粉尘，尤其是粗颗粒物 PM_{10} 和总悬浮颗粒物 TSP[4]，煤矸石自燃释放出的大量有害物，可随风扩散影响空气质量，并导致硅肺病等多种职业病[5]，同时研究发现露天矿区大气中含有较高浓度的致癌元素 As 和 Cd[6]，会影响身体健康。此外，粉尘浓度升高对矿山作业系统的生产效率也会产生不利影响[7]，提高

① 王力、卫三平、王全九：《榆神府煤田开采对地下水和植被的影响》，《煤炭学报》2008 年第 12 期。
② 刘妍芬：《矿山开采对地下水环境影响的研究》，《中国金属通报》2020 年第 3 期。
③ 张宏刚：《金属矿山开采对地下水环境的影响评价——以尤溪龙门银矿为例》，《能源与环境》2019 年第 3 期。
④ 刘韵等：《春季黄河附近乌海市露天煤矿大气不同粒径粉尘质量浓度分布规律》，《中国水土保持科学》2020 年第 3 期。
⑤ 陈玉、刘超：《露天矿地面生产系统粉尘治理方案》，《露天采矿技术》2015 年第 1 期。
⑥ 吴红璇等：《乌海市煤矿区及周边春季降尘污染特征及来源分析》，《环境科学》2020 年第 3 期。
⑦ 刘儒杰：《白音华 4 号露天矿安全评价系统及评价方法研究》，硕士学位论文，辽宁工程技术大学，2014；杨莹：《露天矿开采大气环境影响评价若干问题的探讨》，2014 中国环境科学学会学术年会，2014。

事故率[①]。

2. 化学污染

矿山开采引起的地表塌陷、下沉、地裂等为煤层提供了氧气，诱发煤层自燃。同时，大量外排煤矸石长期露天堆放，矸石内部的热量逐渐积累，诱发自燃放出 SO_2、H_2S、CO、CO_2 和氮氧化物等气体，并伴有大量烟尘。[②] 矿山爆破、燃油设备会产生大量含有 SO_2、CO_2、CO、NO_2、NO 等气体，在太阳光条件下会发生光化学反应，产生新的污染物[③]。此外，很多矿业城市还依托当地开发的资源就地发展电力和钢铁工业，导致地区工业 SO_2 及工业烟（粉）尘的产生量显著增加。[④]

三　黄河流域矿山生态修复研究与实践

黄河流域是我国重要的能源和工业基地，流域内煤炭、石油、天然气以及有色金属资源丰富。区域矿产资源的开发带来经济腾飞的同时，也导致生态环境遭到破坏，因此矿山生态修复尤为重要。经过多年的矿山生态修复实践，现今黄河流域的生态修复研究致力于将人工修复技术和生态自修复作用相结合，从被动防治转为主动治理，逐步形成黄河流域矿区生态修复的工作重点与发展模式。

（一）黄河流域矿产资源与矿山环境保护历史与现状

1. 黄河流域矿产资源与矿山环境保护历史

我国矿产资源保护历史悠久，最早可追溯至西周时期。表 6 ~ 表 8 以古代、近代、现代三个时间节点展示我国的矿产资源保护历史。

---

① 刘儒杰：《白音华 4 号露天矿安全评价系统及评价方法研究》，硕士学位论文，辽宁工程技术大学，2014；杨莹：《露天矿开采大气环境影响评价若干问题的探讨》，2014 中国环境科学学会学术年会，2014；刘煜等：《探讨如何减少露天矿卡车运输对环境的危害》，《露天采矿技术》2012 年第 5 期。

② 荣立明等：《乌海市露天煤矿生态环境现状分析及治理对策》，《内蒙古林业》2018 年第 4 期。

③ 汤万钧：《露天煤矿粉尘分布和运移机理研究》，博士学位论文，中国矿业大学，2018。

④ 马丽、田华征、康蕾：《黄河流域矿产资源开发的生态环境影响与空间管控路径》，《资源科学》2020 年第 1 期。

表6 我国古代矿产资源与矿山环境保护

朝代	时间	矿产资源保护政策
西周	公元前1046~前771年	《周礼》首次提出设置矿业开发管理机构
春秋	公元前770~前476年	提出"官山海"政策,对矿冶制盐实行官营
秦朝	公元前221~前206年	开始实行官营民采矿业政策
汉朝	公元前206~公元220年	汉高祖规定私自铸造货币者处以极刑
		汉文帝后元六年(公元前158年),实行盐铁开放,废除"盗铸钱令"
		汉景帝及汉武帝等都严格禁止私铸货币的行为
唐朝	618~907年	在唐律中规定货币犯罪及刑罚
宋朝	960~1279年	对铁、煤等建立禁令制度

资料来源:根据相关研究制作。

古代矿业刑法大多以皇帝诏书或者群臣奏章的形式出现,具有分散、不成文件的特性,但实质上对减轻矿产资源开采造成的破坏产生了积极影响。近代中国对矿产资源的保护集中于清朝末期到新中国成立初期,方法趋于系统化、科学化。现代社会对矿产资源的保护更加具体明确,规定了各项罪责的构成标准以及量刑程度,也更加注重生态保护及可持续发展。

表7 我国近代矿产资源与矿山环境保护

年份	法律、法规及政策
1898	颁布《矿物铁路公共章程二十二条》,是我国近代矿业立法的开端
1902	颁布《矿务章程十九条》《矿务暂行章程》
1904	制定《光绪矿律》,首次关注矿业开采的环境保护
1907	编制成《大清矿务章程》,被誉为"中国近代早期较好的矿业法规"
1914	出台《中华民国矿业条例》,是近代矿产法律刑事制裁的萌芽
1930	出台《中华民国矿业法》,是我国历史上第一部较为完善系统科学的矿业法规
1949	对矿业法进行9次修正

资料来源:根据相关研究制作。

表8　我国现代矿产资源与矿山环境保护

年份	法律、法规及政策
1954	《宪法》等规定矿藏资源归国家所有
1951	出台《中华人民共和国矿业暂行条例》
1965	出台《矿产资源保护试行条例》
1986	出台《矿产资源法》，开始关注矿业生产的可持续发展
1996	对《矿产资源法》进行修订，开始涉及刑事责任
2003	对各项罪责量化及认定进行明确
2005	国土资源部发布《非法采矿、破坏性采矿造成矿产资源破坏价值鉴定程序的规定》
2008	颁布《全国矿产资源规划（2008—2015年）》，明确绿色矿业的发展要求
2012	党的十八大提出优化国土空间开发格局，控制开发强度
2014	党的十八届四中全会提出建立健全自然资源产权法律制度
2016	《全国矿产资源规划（2016—2020年）》提出加快矿业绿色转型升级
2017	党的十九大提出坚持节约优先、保护优先、自然恢复为主的方针
2018	《深化党和国家机构改革方案》提出组建自然资源部，统一行使国土空间用途管制职责
2019	对《矿产资源法》进行修订，纳入生态优先和绿色发展理念，推动矿业生态文明建设

资料来源：根据相关研究制作。

2. 黄河流域矿山环境保护与修复现状

我国对于矿业废弃地的土地复垦工作开展较晚，1989年《土地复垦规定》开始实施后，矿业废弃地的土地复垦工作逐步得到发展，在30多年的实践与发展中取得了阶段性成果。另外矿山地质环境、生态环境、水土保持、土地、林业等相关管理部门出台相关管理政策，对矿产资源与矿山环境保护提出明确要求。近年来，国家制定了一系列政策法规用以规范矿山环境保护与生态修复工作（见表9）。

表9　矿产资源与矿山环境保护法规与政策

年份	保护措施
1986	《矿产资源法》《土地管理法》颁布
1989	《土地复垦规定》实施
1996	国务院颁布《国务院关于环境保护若干问题的决定》
1998	国土资源部成立，我国有了土地复垦工作的管理部门
2006	国土资源部颁布《关于加强生产建设项目土地复垦管理工作的通知》

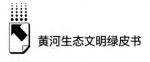

年份	保护措施
2009	《矿山地质环境保护规定》实施
2011	《中华人民共和国水土保持法》修订实施
2011	国务院颁布实施《土地复垦条例》,我国土地复垦工作迈入快速发展阶段
2013	颁布《土地复垦质量控制标准》
2014	修订《环境保护法》,明确生态修复要求
2015	《历史遗留工矿废弃地复垦利用试点管理办法》颁布实施
2015	《中共中央　国务院关于加快推进生态文明建设的意见》提出加快发展绿色矿业
2017	出台《关于加快建设绿色矿山的实施意见》
2018	自然资源部成立并设立国土空间生态修复司
2019	中共中央办公厅、国务院办公厅印发了《天然林保护修复制度方案》,鼓励在废弃矿山上逐步恢复天然植被

资料来源:根据相关研究制作。

2005年,浙江省湖州市率先开展绿色矿山建设先行试点工作。2007年,国土资源部在中国国际矿业大会上发出关于"发展绿色矿业"的倡议。2008年,国土资源部发布的《全国矿产资源规划(2008—2015年)》对发展"绿色矿业"提出具体要求和发展战略目标。2010年,国土资源部发布的《关于贯彻落实全国矿产资源规划发展绿色矿业建设绿色矿山工作的指导意见》对建设"绿色矿山"提出明确要求。2011～2014年,国土资源部组织申报国家绿色矿山试点单位,607家国家级绿色矿山试点单位通过评审。2018年6月22日,自然资源部发布《非金属矿行业绿色矿山建设规范》等9项行业标准,涉及非金属矿行业、化工行业、黄金行业、石油行业、砂石行业、煤炭行业、水泥灰岩行业、冶金行业、有色金属行业,并于2018年10月1日起正式实施,标志着我国第一套关于绿色矿山的行业标准出台,使我国在绿色矿山建设方面形成一套完整的体系。2019年,自然资源部组织全国绿色矿山名录新一轮遴选工作。此轮评选改变了2011～2014年国家绿色矿山试点单位建设的九大指标,强调了由定性条件分析逐渐过渡到定量指标评价的转变。经过遴选,全国29个省共推荐矿山1024家,最终纳入名录的矿山有935家,其中555家矿山为新入选矿山,398家矿山为原国家级绿色矿山试点单位。2020 年，自然资源部矿产资源保护监督司发布《绿色矿山建设评价指标》《绿色矿山遴选第三方评估工作要求》，对绿色矿山建设的评价体系提出具体要求，评价指标包括矿区环境、资源开发方式、资源综合利用、节能减排、科技创新与智能矿山、企业管理与企业形象六个方面（见表10）。

表 10　绿色矿业发展历程

年份	发展特征
1999～2007	1999 年，提出发展绿色矿业的观点;2007 年,倡议发展绿色矿业
2008～2009	《全国矿产资源规划(2008—2015 年)》提出发展绿色矿业的具体要求
2010	《国土资源部关于贯彻落实全国矿产资源规划发展绿色矿业建设绿色矿山工作的指导意见》,标志着绿色矿业发展开始进入实践阶段
2011～2014	国土资源部组织国家绿色矿山建设试点单位申报工作
2015	《关于加快推进生态文明建设的意见》将绿色矿山建设上升到国家战略高度
2016	《全国矿产资源规划(2016—2020 年)》明确 2020 年基本形成节约高效、环境友好、矿地和谐的绿色矿业发展模式
2018	《非金属矿行业绿色矿山建设规范》等九项行业标准发布,标志着绿色矿山的首套行业标准出台
2019	自然资源部组织新一轮年度绿色矿山遴选工作 《关于探索利用市场化方式推进矿山生态修复的意见》发布,通过政策激励,吸引各方投入,推行市场化运作、科学化治理的模式
2020	《绿色矿山建设评价指标》《绿色矿山遴选第三方评估工作要求》

资料来源：根据相关研究制作。

（二）黄河流域矿山生态修复进展

1. 法律法规

我国对于矿山生态修复的重视始于 20 世纪 80 年代发布的《土地管理法》。1988 年国务院发布的《土地复垦规定》明确了"谁破坏、谁复垦"的土地复垦原则。1996 年颁布的《国务院关于环境保护若干问题的决定》规定了"污染者付费，利用者补偿，开发者保护，破坏者恢复"的重要原则。2011 年颁布实施的《土地复垦条例》将受损坏土地恢复为耕地及其他生态化用地设立为矿山土地复垦的主要目标。2014 年修订的《环境保护法》对生态修复提出"建立和完善相应的调查、监测、评估和修复制度"。2015 年《中共

中央　国务院关于加快推进生态文明建设的意见》提出要加快发展绿色矿业。

目前，我国关于矿产资源生态修复的立法，主要有《矿产资源法》《水土保持法》《矿山地质环境保护规定》等。自然资源部发布的《非金属矿行业绿色矿山建设规范》等九大行业绿色矿山建设规范和原国家安全监管总局等部委联合印发的《关于依法做好金属非金属矿山整顿工作的意见》进一步对矿区规划布局、资源开发、生态环境保护等多方面内容进行了规范。

2. 技术标准

针对矿山生态修复，我国制定了33项国家标准规范，其中强制性国家标准11项，推荐性国家标准22项，"十三五"期间分别制定2项和16项（见表11）。针对不同行业我国也制定了相应的行业标准，其中水利行业10项，能源行业8项，土地管理行业31项，林业2项，地质矿产行业44项，农业5项。

我国现有完整的《矿山生态环境保护与恢复治理技术规范（试行）》（HJ 651 – 2013）、《矿山地质环境保护与治理恢复方案编制规范》（DZ/T 0223 – 2011）、《矿山废弃地植被恢复技术规程》（LY/T 2356 – 2014）、《土地生态服务评估原则与要求》（GB/T 31118 – 2014）、《环境影响评价技术导则　生态影响》（HJ 19 – 2011）用以指导矿山的生态修复方案选择、编写、实施及复垦土地的生态服务价值评估。

表11　矿山生态修复相关国家标准规范

类型	标准号	标准规范/政策法规
强制性国家标准	GB 15618 – 2018	《土壤环境质量　农用地土壤污染风险管控标准(试行)》
	GB 36600 – 2018	《土壤环境质量　建设用地土壤污染风险管控标准(试行)》
	GB 16423 – 2006	《金属非金属矿山安全规程》
	GB 3838 – 2002	《地表水环境质量标准》
	GB 18597 – 2001	《危险废物贮存污染控制标准》
	GB 18598 – 2001	《危险废物填埋污染控制标准》
	GB 18599 – 2001	《一般工业固体废物贮存、处置场污染控制标准》
	GB 8978 – 1996	《污水综合排放标准》
	GB 50330 – 2013	《建筑边坡工程技术规范》
	GB 3838 – 2002	《地表水环境质量标准》
	GB 50021 – 2001	《岩土工程勘察规范〔2009年版〕》

续表

类型	标准号	标准规范/政策法规
推荐性国家标准	GB/T 21010 – 2017	《土地利用现状分类》
	GB/T 32864 – 2016	《滑坡防治工程勘查规范》
	GB/T 24034 – 2019	《环境管理 环境技术验证》
	GB/T 38104 – 2019	《磷尾矿处理处置技术规范》
	GB/T 38224.1 – 2019	《重金属废水处理与回用技术评价》第1部分:程序和方法
	GB/T 38224.2 – 2019	《重金属废水处理与回用技术评价》第2部分:指标体系
	GB/T 37758 – 2019	《高矿化度矿井水处理与回用技术导则》
	GB/T 37764 – 2019	《酸性矿井水处理与回用技术导则》
	GB/T 38360 – 2019	《裸露坡面植被恢复技术规范》
	GB/T 36393 – 2018	《土壤质量 自然、近自然及耕作土壤调查程序指南》
	GB/T 36197 – 2018	《土壤质量 土壤采样技术指南》
	GB/T 36198 – 2018	《土壤质量 土壤气体采样指南》
	GB/T 36199 – 2018	《土壤质量 土壤采样程序设计指南》
	GB/T 36200 – 2018	《土壤质量 城市及工业场地土壤污染调查方法指南》
	GB/T 14848 – 2017	《地下水质量标准》
	GB/T 29750 – 2013	《废弃资源综合利用业环境管理体系实施指南》
	GB 14161 – 2008	《矿山安全标志》
	GB/T 16453 – 2008	《水土保持综合治理技术规范》
	GB 12719 – 91	《矿区水文地质工程地质勘探规范》
	GB/T 18337.3 – 2001	《生态公益林建设技术规程》
	GB/T 51040 – 2014	《地下水监测工程技术规范》
	GB/T 15776 – 2016	《造林技术规程》

资料来源:作者自制。

国家环境保护总局、国土资源部、卫生部发布的《矿山生态环境保护与污染防治技术政策》及国土资源部发布的《土地复垦方案编制规程》（TD/T 1031.1 – 2011）中的《土地复垦质量控制标准》（TD/T 1036 – 2013）对生态环境修复指标及矿产开采造成的土地毁损复垦标准作了规定。《采挖废弃土地复垦技术标准》和《开发建设项目水土保持技术规范》也制定了矿山场地复垦工程标准及水土保持技术规范。

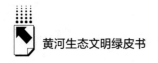

（三）黄河流域矿山生态修复重点工程

2010 年，国土资源部颁布《全国矿山地质环境保护与治理规划（2010—2015 年）》，划分了黄河流域各省区重点治理区及矿区类型，对问题突出的矿山建立国家级监测网点 600 处，监测示范区 10 个，监测控制面积 3 万平方公里。

"十二五"以来，国土资源部高度重视矿山生态恢复和综合治理工作，由神华集团牵头组织，针对我国大型煤炭基地生态建设难点，建立了 7 个示范工程。黄河流域矿山企业初步形成了新老矿山环境问题统筹解决的新局面，并借鉴国外土地复垦和土地整治经验开展矿山废弃地土地复垦和矿区塌陷地造地还田。

相关部门研究编制的《黄河流域综合规划（2012—2030 年）》和《全国重要生态系统保护和修复重大工程总体规划（2021—2035 年）》在黄河流域 9 省区布局了黄土高原水土流失综合治理、秦岭生态保护和修复、贺兰山生态保护和修复、黄河下游生态保护和修复、黄河重点生态区矿山生态修复 5 个重点工程，以强化流域综合管理，维持黄河健康生命，支撑流域及相关地区经济社会的可持续发展。

国家发展和改革委员会、自然资源部联合发布《全国重要生态系统保护和修复重大工程总体规划（2021—2035 年）》，提出要加快推动历史遗留矿山生态修复工程。黄河流域青海、山西、内蒙古、甘肃、陕西等省区相继开展此项工作。

四　黄河流域矿山生态修复政策建议

自 1979 年《中华人民共和国环境保护法（试行）》颁布以来，我国在矿区生态修复领域逐渐形成以环境保护法、矿产资源法为基础，内容涉及土地、环境、地质、水利水资源、水土保持、森林、草原、海洋、大气等不同领域的法律法规体系。2015 年,《中共中央 国务院关于加快推进生态文明建设的意见》提出加快推进绿色矿山建设,对矿山生态修复提出了更高的要求,需要从技术、管理、经济、法规等几个方面对现有生态修复政策加以改进和完善。

(一)技术层面

我国矿产资源类型繁多,矿山开发状况不同,引发的生态环境问题类型和规模不一,加之矿山生态修复内容广泛,在实践中不能搞"一刀切",应突出重点、因地制宜、分类施策、长期治理。分区分类长期建设矿山生态修复研究、示范、监测网络,打破行业壁垒,整合行业、学科优势,开展综合研究。矿区生态修复需要综合考虑所处地理位置、气候条件、地质环境、生态问题等因素,明确矿区生态修复方向,评估生态修复潜力。针对不同矿种、不同开采方式和不同规模的矿山,采用分类施策或者一区一策的方式开展生态修复。生态修复应坚持功能导向、系统设计、整体推进、分步修复的原则,针对每个阶段应用不同的技术,最终实现矿区的生态修复。针对黄河流域矿区生态环境修复,要重点结合矿层赋存特点和开采工艺技术,重点关注水的保护与利用,改变传统认为矿产开采只会破坏生态环境的观念,积极将人工修复技术和生态自修复相结合,实现从被动防治到主动治理。

(二)管理层面

我国需要不断提高矿山管理水平,优化矿区开发利用规划,优化矿山生态环境保护与修复规划。政府部门应加强对规划与方案编制、方案评审的指导,强化协调功能,打破矿区、矿山界限,优化方案,保护矿产资源和生态环境。在"保护中开发,开发中保护"的总原则指导下,将矿区划分为重点开采区、限制开采区、禁止开采区、提高开采效率,减少环境破坏。对于矿山残留资源管理,我国还未对固体废弃物回收立法,相关条文散见于《固体废物污染环境防治法》的原则性规定中,缺乏实际可操作性。应强化

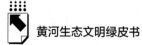

对废弃资源的管理，建立鼓励性政策支持体系，推动固体废弃物利用产业的市场发展。提高采选矿技术，从源头上解决矿山废弃物问题，减少固体废弃物的产生，提高矿产资源综合利用程度和采选回收率，强化深加工、高附加值产品的生产环节。探索矿山固体废弃物利用的新领域，将矿山固体废弃物应用于防治沙漠化及赤潮等新领域。在对矿区资源现状和开采环境充分了解的基础上合理制定规划方案，保证矿区开采后在能够维持必要服务年限的前提下具有相当的生产规模。

（三）经济层面

在增加财政资金投入的同时，吸引社会资金参与矿山生态修复，考虑不同区域财政实力的差异，建立上下联动的资金保障体系。在矿山生态修复过程中鼓励社会资金参与，积极探索开发式和第三方治理等模式。加强与金融资本合作，发挥政策性银行融资优势，矿山修复造成的土地价值变动可与金融机构进行有效对接，通过证券系统、资本市场等，以公允价格进行结构化安排。坚持长期治理与连续治理，紧密结合区域发展需求，跳出"为治理而治理"的思维，将矿山废弃地变为农业综合体和生态景观，发展产业牵引、可持续的矿山生态修复。

（四）法规层面

修改完善相关法律法规，完善规划计划体系，提高矿产开采、加工、储运、堆放技术标准，健全相关管理制度和监管措施。坚持开门编规划，建立多渠道的公众参与和社会协同机制。建立健全生态服务价值产权体系，明确生态服务类型。根据不同生态服务类型，明确生态服务价值对象、范围、原则、标准、机制、立法等。建立生态补偿机制，利用市场规律提供生态补偿所需资源。建议确立绿色矿山相关法律法规体系，强化法律制度对矿山企业的制约，结合小型矿山实际重点、难点拓展性延伸管理制度，实现绿色矿山的全面建立及可持续发展。

五　黄河流域矿山生态修复技术建议

（一）黄河流域矿山生态修复技术现状与问题

目前矿区生态修复技术主要针对挖损地、压占地、沉陷地等不同土地损毁类型，围绕"水、土、气、生"展开研究，主要包括高矿化度矿井水综合利用技术、污染水处理技术，表土保护与利用技术、土壤重构原理与方法、地形重塑方法、排土场整治技术、煤矸石山的自燃治理技术、煤矸石山生态修复技术，粉尘抑制技术，适生植物筛选及配置技术。近年来，矿区生态治理由先破坏后治理逐渐向"采—排—复"一体化方向发展，监测手段也从传统地面监测逐渐发展到"星—空—地—井"立体融合的监测诊断技术、基于多数据源的矿区土地生态损伤信息获取方法等。

然而，黄河流域地域广大，区域气候及地理条件差别较大，不同区域的矿区生态修复都面临不小的困难。高寒区寒旱的气候环境导致生态修复效率低下。干旱半干旱区水土资源短缺是生态修复的瓶颈，现有方法和技术难以支撑该区域资源开采与生态修复的协调发展。[1] 湿润平原区采矿形成的沉陷湿地及破坏的耕地的生态修复技术体系不健全、修复成本高等问题亟待解决。

（二）黄河流域矿山生态修复技术的建议

在黄河流域矿山生态恢复的过程中，要坚持山水林田湖草综合治理、系统治理和源头治理，遵守"生态优先、绿色发展、以水而定、量水而行"的总则和"注重安全、综合治理、生态优先、因地制宜、适时适法、注重景观、经济节约、技术适用"的原则。主要在地下水保护与污染水处理与

---

① 彭苏萍、毕银丽：《黄河流域煤矿区生态环境修复关键技术与战略思考》，《煤炭学报》2020 年第 4 期。

综合利用技术、仿自然地形修复技术、生物种群优化配置技术、植被快速恢复技术、人工与自然修复综合治理技术、生态修复效果评价与生态安全评价技术等方面寻求技术突破，加强对适合不同区域、不同损毁类型的矿山生态修复技术体系、技术模式、技术标准的研究，坚持生态建设和乡村振兴相结合。

1. 统筹协调分区规划

高寒区应重点关注水资源涵养与生态协调发展，生态修复要以还草为重点。在干旱区种植草本和灌木，探讨地下水变化与土壤沙化的关系，探索砾石覆盖、生物防尘和抑尘技术；在半干旱区抓好水土保持与土壤提质增容技术，种植乔木和经济作物增效。[①] 在湿润和半湿润区建设地面人工湖泊或湿地。

2. 攻克水土资源利用的难题

建设生态矿区、保护水土资源是黄河流域生态修复的重要任务。实现矿产开采、水资源保护与生态环境安全协调发展是西部矿产开发须解决的关键技术问题之一。高寒区重点做好水资源保护、水源涵养；干旱半干旱区重点做好水资源保护性开采，高矿化度矿井水、污水综合利用；湿润区重点做好矿井水等工业水处理、盐渍化控制。近黄河地区，处理好引黄河水和黄河泥沙利用的问题。对于重金属超标的尾矿库、自燃的排矸场和盐碱地，合理实施土壤改良和重构技术、盐碱地微生物修复和改良技术以及复绿技术。

3. 生态修复理念的提升

在西部生态脆弱区，采用"采—排—复"一体化的治理技术体系和思想[②]，采用减少扰动的开采和治理技术，最大限度开展自然恢复，适度辅以人工修复，避免过度修复。在下游平原湿润区，利用湿地生态系统的修复原

---

① 彭苏萍、毕银丽：《黄河流域煤矿区生态环境修复关键技术与战略思考》，《煤炭学报》2020年第4期。

② 胡振琪：《我国土地复垦与生态修复30年：回顾、反思与展望》，《煤炭科学技术》2019年第1期。

理与方法、耕地生产力修复方法，建立生态农业与传统农业结合的技术体系。

4. 科学的植物筛选、繁殖与配置

未来要重视对高寒区、干旱区、半干旱区抗性先锋植物和当地适生乡土植物筛选、繁殖、营建、配置模式以及保育技术的研究。重点开展对不同区域商品化乡土适生植物种繁育技术、土壤种子库特征、乡土植物种在矿区表土保存、利用以及植被配置模式方面的创新性研究。

5. 建设智慧矿山

结合遥感、无人机、物联网、人工智能等技术，加强挖损地、压占地和沉陷地等重点损毁类型的灾害预警预报、生态修复系统监测和评价研究，科学评估生态环境的损毁程度、生态风险、生态承载力和生态安全性，形成矿山"采—排—复"全生命周期生态演变信息系统，建设智慧矿山。

参考文献

薛毅：《近代中国煤矿发展论述》，《河南理工大学学报》（社会科学版）2008 年第 2 期。

G.12
黄河流域水污染和大气污染治理发展报告

王强 王毅力 王春梅 等*

摘　要：　本报告重点分析黄河流域水污染和大气污染的治理情况。我国从"十一五"开始加大对黄河中上游的水污染防治力度，2006～2020年，黄河流域水质整体呈逐步改善趋势，总体水质由中度污染改善为轻度污染。黄河流域大气污染治理取得了一定成效，但多数城市可吸入颗粒物污染程度仍较高，难以达到国家空气质量二级标准，颗粒物扬尘污染仍不容忽视。"十四五"期间我国应统筹规划，加强水污染和大气污染综合治理，为实现生态环境根本好转作出贡献。

关键词：　水污染　大气污染　综合治理　黄河流域

一　黄河流域水污染综合治理

（一）黄河流域水环境质量现状

黄河在孕育华夏文明的同时，也被公认为是世界上水情最为复杂、治理最

---

* 王强，博士，北京林业大学环境科学与工程学院院长、教授、博士生导师，研究方向为大气污染综合防治和气候变化减缓；王毅力，博士，北京林业大学教务处副处长，北京林业大学环境科学与工程学院教授、博士生导师，研究方向为环境污染控制与生态修复技术；王春梅，博士，北京林业大学环境科学与工程学院副教授，研究方向为土壤污染修复；李小林，北京林业大学环境科学与工程学院博士研究生；范文琦、韩志博、仝瑶、周妍卿、商帅帅，北京林业大学环境科学与工程学院硕士研究生。

为艰巨、保护难度最大的河流之一。黄河干流大部分河段天然水水质良好，pH 值为 7.5～8.2，呈弱碱性。流域内河流径流矿化和总硬度呈从东南向西北递增趋势。

从"十一五"开始，我国加大对包括黄河中上游在内的全国重点流域水污染防治力度。随着黄河流域生态文明建设的不断推进，2006～2020 年，黄河流域水质整体呈逐步改善趋势，总体水质由中度污染改善为轻度污染。

根据 2019～2020 年生态环境部公布的《全国地表水水质月报》的数据，黄河流域主要河流总体水质为轻度污染，干流水质为优，主要支流与省界断面水质为轻度污染。干流水质最好，Ⅰ～Ⅲ类水质断面占 96.11%，无劣 V 类水质断面；支流水质较差，Ⅰ～Ⅲ类水质断面占 65.37%，劣 V 类水质断面占 10.32%（见图 1）。

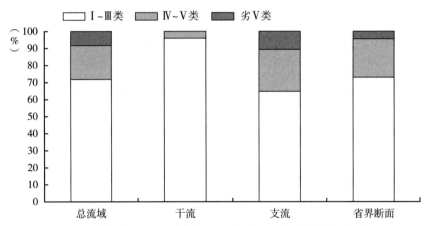

图 1 2019 年 1 月至 2020 年 6 月黄河不同流域水质类别比例

资料来源：生态环境部中国环境监测总站 2019～2020 年《全国地表水水质月报》。

目前，对黄河水质的监测指标有氨氮、化学需氧量、总磷、五日生化需氧量、氟化物、高锰酸盐指数、挥发酚、石油类、阴离子表面活性剂、砷、硒、pH、硫化物、溶解氧等，其中主要的监测指标是化学需氧量、五日生化需氧量、总磷、氨氮、高锰酸盐指数、氟化物。由图 2 可知，化学需氧量为最主要的污染物来源，有 23.36% 水质断面不达标原因是化学需氧量超标。其次，氨氮、总磷与五日生化需氧量占比较高，均超出了Ⅲ类水标准。

其中，污染较严重的河流有磁窑河、汾河、清涧河和石川河；污染较严重的省界断面有晋—晋、陕蔚汾河碧村和豫、鲁金堤河张秋断面。

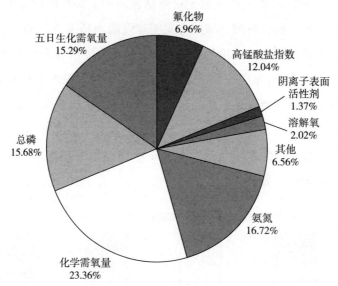

图2 2019年1月至2020年6月黄河流域水体污染指标百分比统计

资料来源：《黄河流域重点水功能区水资源质量公报》。

（二）水环境质量时空变化特征

首先，黄河流域水环境质量随时间变化特征明显，根据生态环境部发布的2017~2020年《中国生态环境状况公报》资料进行的水质评价结果，2017年参与评价的黄河流域总计137个水质断面中，有57.7%的监测断面属于Ⅰ~Ⅲ类水质断面，Ⅳ~Ⅴ类水质断面占26.3%，劣Ⅴ类水质断面占16.1%。与2017年相比，2020年黄河流域的水质明显好转，Ⅰ~Ⅲ类水质断面比例上升，Ⅰ~Ⅲ类水质断面占总监测断面的84.7%，比2017年上升了27个百分点；Ⅳ~Ⅴ类水质断面占15.3%，下降了11个百分点；劣Ⅴ类水质断面清零。并且，2018~2020年，黄河干流的断面达标率达到100%，黄河水系主要支流也由中度污染变成水质良好（见表1）。总体而言，黄河流域水质呈逐步改善趋势。

表1　2017～2020年黄河流域水质达标情况

单位：个，%

年份	水体	断面数	占比						污染情况	断面达标率
			Ⅰ类	Ⅱ类	Ⅲ类	Ⅳ类	Ⅴ类	劣Ⅴ类		
2017	流域	137	1.5	29.2	27	16.1	10.2	16.1	轻度污染	57.7
	干流	31	6.5	58.1	32.3	3.2	0	0	优	96.9
	支流	106	0	20.8	25.5	19.8	13.2	20.8	中度污染	46.3
2018	流域	137	2.9	45.3	18.2	17.6	3.6	12.4	轻度污染	66.4
	干流	31	6.5	80.6	12.9	0	0	0	优	100
	支流	106	1.9	34.9	19.8	22.6	4.7	16	轻度污染	56.6
2019	流域	137	3.6	51.8	17.5	12.4	5.8	8.8	轻度污染	72.9
	干流	31	6.5	77.4	16.1	0	0	0	优	100
	支流	106	2.8	44.3	17.9	16	7.5	11.3	轻度污染	65
2020	流域	137	6.6	56.2	21.9	12.4	2.9	0	良好	84.7
	干流	31	3.2	96.8	0	0	0	0	优	100
	支流	106	7.5	44.3	28.3	16.0	3.8	0	良好	80.1

资料来源：生态环境部2017～2020年《中国生态环境状况公报》。

以生态环境部发布的黄河流域重要水质断面监测数据为依托，取每个月的监测断面水质类别指标百分比，分析断面水质指标的年内变化趋势，结果如图3所示。分析表明，受年内流域降水、径流等水文要素变化影响，黄河流域水质指标占比在不同季节呈现较大差异。2018年黄河流域内Ⅰ～Ⅲ类水质断面百分比总体呈现先上升后下降的趋势，劣Ⅴ类水质断面百分比则呈现相反的趋势。2018年8～11月黄河流域水质较好，在10月的检测报告中，Ⅰ～Ⅲ类水质断面百分比为全年最高（79.8%）；Ⅳ～Ⅴ类水质断面占13.5%，劣Ⅴ类水质断面占6.7%，都在全年平均值以下；1～3月水质较差，2月的Ⅰ～Ⅲ类水质断面百分比为54.2%，全年最低；劣Ⅴ类水质断面占比全年最高为21.4%。2019年后水质状况整体向好的趋势发展，1～3月水质较差，自8月后Ⅰ～Ⅲ类水质断面百分比呈现平稳的上升趋势，并于2020年4月断面达标率首次达到100%。综上所述，黄河流域在汛期水质条件优于非汛期，在冬季1～3月水质条件较差。

2018年与2020年同期相比，2020年黄河流域总体水质条件优于2018

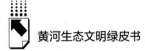
年，在4～9月较为明显。2018年4～9月的Ⅰ～Ⅲ类水质断面整体上占总监测断面的70%～80%，劣Ⅴ类水质断面占5%～10%；2020年同期的Ⅰ～Ⅲ类水质断面占95%～100%，劣Ⅴ类水质断面清零（见图3）。因此，2020年与2018年同期相比，黄河流域总体水质情况明显好转。

其次，黄河流域水质达标情况存在明显的空间差异，根据不同流域的地理、地质条件及水文条件，黄河干流河道可分为11个河段。上游、下游水质良好，水质断面基本为Ⅱ类、Ⅲ类，而中游地区61%的面积为黄土高原，区间支流每年平均向干流输送泥沙9亿吨，占河流年输沙量的56%，是黄河流域泥沙来源最多的地区，因而水质较差，部分水质断面常年处于劣Ⅴ类。

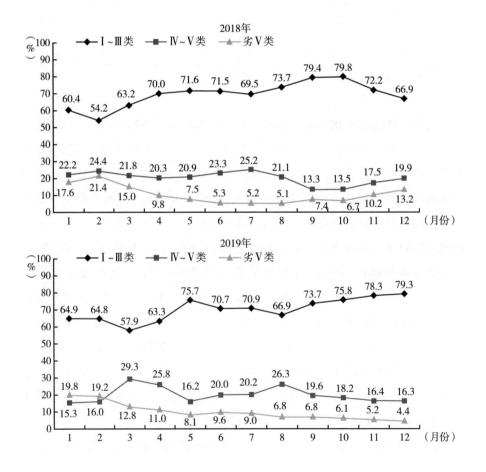

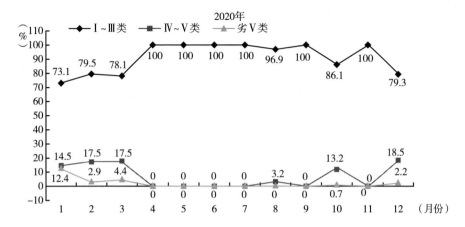

图3　2018～2020年黄河流域主要监测断面指标百分比变化情况

资料来源：生态环境部中国环境监测总站2018～2020年《全国地表水水质月报》。

　　根据生态环境部发布的2018～2020年《全国地表水水质月报》对黄河上中下游河流断面污染状况的统计分析，2018年黄河流域河流重度污染次数总计高达125次，轻度污染为170次，2019年较2018年河流重度污染与轻度污染总次数均有所减少，2019年重度污染次数比2018年减少15.2%，轻度污染次数减少约15.9%；2020年重度污染次数与2018～2019年相比大幅度下降，重度污染次数为30次，轻度污染为173次。以2020年为例，黄河流域上游、下游水质状况明显优于中游，重度污染较多的河流大部分分布在中游地区，2018年与2019年黄河中游河流重度污染次数占总流域河流重度污染次数的72%和77.36%，2020年也达到了66.67%（见表2），其中污染较严重的河流有浍河、磁窑河、涑水河、汾河等，造成这种现象的原因一方面是中游地区土壤侵蚀严重，另一方面是晋、陕两省煤矿企业较多，势必会导致水环境恶化。

　　从黄河流域各水质指标的沿程变化看，运城河津大桥断面水质状况最差，常处于劣Ⅴ类，主要影响因子为氨氮、高锰酸盐指数；其次为海东民和桥断面，水质在Ⅳ类至劣Ⅴ类之间波动，主要影响因子为氨氮，还有渭南潼关吊桥断面水质偶尔会不达标。河津桥段水质较差的主要原因是运城河津市工农业的大规模发展，河津市每年有超过1000万吨的工业和生活污水未经处理直接排入河流；湟水干流民和桥断面氨氮负荷主要来源于扎马隆—西钢桥，上游干流农田地表径流、畜禽养殖废水、农村生活污水等污染源——氨氮排放不容忽视，支流中的甘河沟对氨氮也有较大影响，因此海东民和桥断面水质较差；陕西渭南大部分企业污水排放管理制度不完善，大量废水直接流入河道，加之泾、渭河交汇，导致潼关吊桥断面水质偶尔不达标。除上述三个断面外，其余断面水质良好，基本为Ⅱ类、Ⅲ类水质。

表2　2018～2020年黄河流域河流污染情况汇总

单位：次，%

省区	黄河流域	2018年				2019年				2020年			
		河流重度污染	占比	河流轻度污染	占比	河流重度污染	占比	河流轻度污染	占比	河流重度污染	占比	河流轻度污染	占比
青海 四川 甘肃 宁夏 内蒙古	上游	15	12.00	50	29.41	10	9.43	36	25.17	8	26.27	52	30.06
陕西 山西	中游	90	72.00	98	57.65	82	77.36	79	55.25	20	66.67	98	56.65
河南 山东	下游	20	16.00	22	12.94	14	13.21	28	19.58	2	6.67	23	13.29

资料来源：生态环境部中国环境监测总站2018～2020年《全国地表水水质月报》。

（三）黄河流域水污染治理案例与效果

1. 汾河流域水污染治理

汾河作为黄河第二大支流，位于山西境内，流经六市。汾河的主要支流磁窑河的水质常年超标，导致汾河水生态环境也遭到相应程度的破坏。鉴于此现象，汾河水质控制围绕"治污、加湿、疏浚、绿岸、引水"五项战略，统筹上下游和左右岸污染治理，提出"减污与增水并重"的治理方案。为实现汾河"水质好起来"，山西省生态环境部门首先对重点工程开展水污染防治工作，加速建设和改造城镇生活污水处理设施，集中处理工业聚集区的工业废水和沿河村镇的生活污水，以重点工程污染治理带动整个流域的水质情况改善。同时，联动环保和公安部门，为水污染治理提供支撑，全面排查散、乱、污企业，分类整治违法排污的污染源。为实现汾河"水量丰起来"，山西省以汾河中游核心区干流为重心建设完成了汾河太原段综合治理三期工程，15 座蓄水闸坝和 24 个水量水质监测站，建设中的项目有汾河新二坝工程、一坝综合治理工程、中游示范区清淤工程等。此外，2018 年通过万家寨引黄工程向汾河补水 1 亿立方米。

在"减污与增水并重"的方案指导下，汾河水质已得到初步改善。2019 年，在流域内 13 个国家检测地表水断面中，有 5 个以上水质断面水质优良，劣 V 类水质断面控制在 5 个以内，有 3 个水质断面退出劣 V 类（汾河入黄口庙前村段、支流岚河曲纵段、浍河西曲村段）。此外，汾河干流中下游及支流的水质明显改善。2020 年，优良水质断面保持在 6 个以上，全面消除了劣 V 类水质断面，建成了汾河绿色生态景观长廊。

2. 晋城段沁河与丹河治理

晋城市位于山西省的东南部，主要有属黄河水系的两条河流——沁河和丹河。这两条河流及其支流在晋城污染严重，每年各类污水总共排放化学需氧量和氨氮分别为 3422.13 吨和 403.27 吨。晋城市城区水体黑臭的主要原因有直排生活污水、散排农村污水、初期雨水地表径流、合流制溢流污染、农业面源污染、沿河两岸垃圾堆积和河床淤泥长期积存等。晋城市市区黑臭水体整治工程总体思路是"控源截污、内源治理、生态修复、活水保质、能力建设"。

通过河道清淤、雨污分流、生态岸线建设、城市面源污染控制、生态补水等方案，合计预计削减化学需氧量污染负荷 236.8 吨/年，氨氮 103.9 吨/年。剩余化学需氧量污染负荷 1057.3 吨/年，氨氮负荷 103.4 吨/年。2020年，建成区内黑臭水体河道水质全面提升，水质满足 V 类标准，建成区内 30% 以上的河段长度达到水清岸绿、鱼翔浅底要求，污水处理厂进水生物需氧量（BDD）浓度不低于 100 mg/L，建成区内黑臭水体河道流域的城镇污

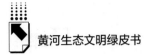

水收集处理系统完善，生活垃圾清运处置体系有效建立，形成完善的黑臭水体治理管理机制。

（四）"十四五"期间黄河流域水污染综合治理思路

目前，黄河流域水污染存在的突出问题是污染严重的水体水质无明显改善，污染排放区域性、结构性特征突出，水生态系统服务功能减弱，水资源禀赋差，生态流量保障不足等。针对黄河流域的结构特征及存在的问题，我国提出以改善流域生态环境为核心，以改善水环境现状、管控水环境风险、提升水环境监管为抓手，强化生态扩容，政府公众齐发力，全面推进黄河流域水污染共治共管格局的治理思路（见图4）。

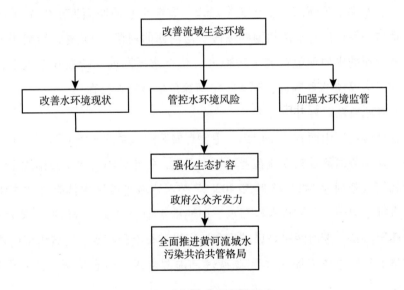

图4 水污染治理思路示意

1. 坚持以水环境质量改善为核心的减排控污任务

明确黄河九省区污染物排放总量的削减计划，促进产业结构调整升级，重点关注工业聚集区的污水集中治理建设，加强对能源、化工、冶炼、造纸等传统行业总氮、总磷控制，使排污总量大幅削减，并加强企业环境监管，落实企业污染的主体责任。严格限制能源、煤化工、石化、有色冶金等工业基地污染物排放，实施取水总量控制，推进污水厂尾矿库生态湿地深度治理。加强重点地区水环境风险企业布设，提升水环境风险防控水平。加强灌区及湖泊周边点源、农业面源污染控制，开展农灌排水沟综合整治。农村污染防治方面，重点实施汾河、都斯兔河等流域规模化畜禽养殖污染治理，以汾渭平原和河套平原灌区为重点实施农田退水污染控制，加强饮用水水源地等生态区、三门峡水库等集水区农村生活垃圾的深度处理。

2. 坚持强化生态扩容

黄河流域一直存在资源型缺水的短板，要想增加环境容量，重点是保障生态流量、保护和恢复水生态，提升生态系统质量和稳定性。按"一河（湖）一策"要求，优先在黄河干流、洮河、湟水等 11 条河流和沙湖、鹤泉湖、乌梁素海等 6 个湖库制定重点河湖生态流域保障实施方案，建立以生态保护为刚性约束条件的水资源开发和再生水利用体系，实施差异化的生态流量协调管理机制。已达到设计使用年限的小水电项目有序退出，加强黄河重要支流水电站下泄生态流量管控，制定生态流量调度方案，逐步恢复重点河段河流连通性。提升中下游重要支流再生水利用效率，落实最严格的水资源管理制度，实施生态调度，提高区域用水效能。

3. 坚持水污染管理机制改革

以健全流域生态环境治理体系为目标，明确流域管理机构职责，加快推进一体化管理，管理人员要承担自身的职责，缓解不同主体间的矛盾。按照政府部门的改革制度，对水资源及水环境分离管理，并设立专门的流域管理机构。同时，在黄河水污染治理过程中，应整合黄河流域管理机构，积极组建全国流域管理机构；整合相关水资源部门职责，纳入全国流域管理机构进行管理，实现基于统一治理的政府分层治理。

4. 坚持防范环境风险

健全流域内风险源评估、防范和应急处理机制。严格控制黄河及其支流沿岸水体污染风险，合理布局生产装置及危险化学品仓储等设施，加大力度规范黄河三角洲国家级自然保护区内的人类活动，清退三角洲内油田等生产企业与设施，避免受到重金属及持久性有机物的污染。深

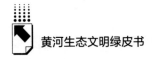

入开展黄河流域污染成因与治理等重点领域的研究，引导能源化工行业绿色发展。

二 黄河流域大气污染综合治理

（一）黄河流域大气环境质量现状

本报告以西宁、兰州、银川、呼和浩特、太原、西安、郑州、济南为代表城市，自上游至下游分析黄河流域空气质量。根据中国环境监测总站监测数据，我国空气质量状况报告按月更新，报告的主要指标是空气质量综合指数，涉及 SO_2、NO_2、PM_{10}、$PM_{2.5}$、CO、O_3 等六项污染物的综合污染程度，指数越大表明污染危害程度越重。图 5 是 2013 ~ 2020 年 1 月与 7 月黄河流域主要城市空气质量综合指数变化情况。由于温度对污染物浓度影响较大，因此取 1 月和 7 月数据进行对比。总体来看，所有城市空气质量综合指数随年份的推移均呈现先增高后降低的趋势，意味着各城市空气质量先变差后逐年向好，这说明我国大气治理逐渐得到重视，减排思想得到广泛贯彻。1 月与 7 月数据差异明显，归因于北方城市冬季供暖对大气环境造成额外负担以及气候影响导致的雨水减少和空气不流动。西宁和呼和浩特的空气质量一直较为良好，与其地广人稀、污染型工业区较少从而空气污染物排放较少有关；济南和太原等重工业密集城市的空气质量虽在早年间波动较大，但在近年逐步向好，可见工业较发达、人口较密集的城市节能减排相关政策实施力度越来越大，空气质量逐渐转优。

自 2014 年开始，中国环境监测总站的监测数据进一步细化，统计了各城市的 $PM_{2.5}$、PM_{10}、SO_2、NO_2 的月均浓度，并统计 CO 日均值的第 95 百分位数以及 O_3 日最大 8 小时值的第 90 百分位数，图 6 是 2014 ~ 2020 年黄河流域主要城市空气质量各指标的年均浓度变化。

2014 ~ 2020 年的监测数据表明，在可吸入颗粒物浓度方面，根据《环境空气质量标准》（GB3095 - 2012），$PM_{2.5}$ 和 PM_{10} 的二级浓度限值分

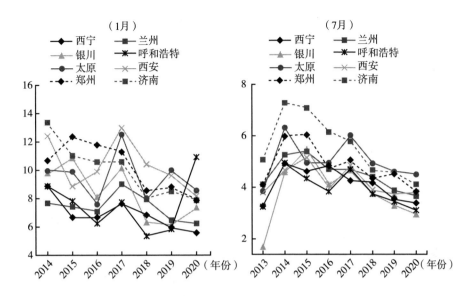

图5　2013～2020年黄河流域主要城市月度环境空气质量综合指数

资料来源：中国环境监测总站。

别为年平均$35\mu g/m^3$和$70\mu g/m^3$，可见黄河流域多数地区可吸入颗粒物污染程度仍较高，难以达到国家空气质量二级标准。随着年份的推移，各城市可吸入颗粒物浓度逐渐下降，说明对细颗粒物管控取得一定效果，但效果并不是特别理想。来自新疆和内蒙古的沙团会在春季给北方城市带来严重的污染，不过影响不及人为污染排放和气象条件。总之，颗粒物扬尘污染仍不容忽视。

其他有害污染物浓度变化基本与空气质量综合指数变化趋势相同。SO_2浓度的降低是最明显的，2017年以后，黄河流域主要城市空气质量已达国家空气质量二级标准，其中，太原历年的SO_2浓度偏高，与其矿业发达紧密相关；NO_2浓度一直处于较高水平，说明对氮氧化物排放的管控效果不明显；各城市CO浓度呈小幅下降趋势，说明对CO的管控有所成效；O_3浓度呈上升趋势，污染问题日益突出，O_3污染的形成主要是氮氧化物和挥发性有机物大量排放造成的，减少这两种污染物排放，O_3污染恶化情况能够得到有效缓解（见图6）。

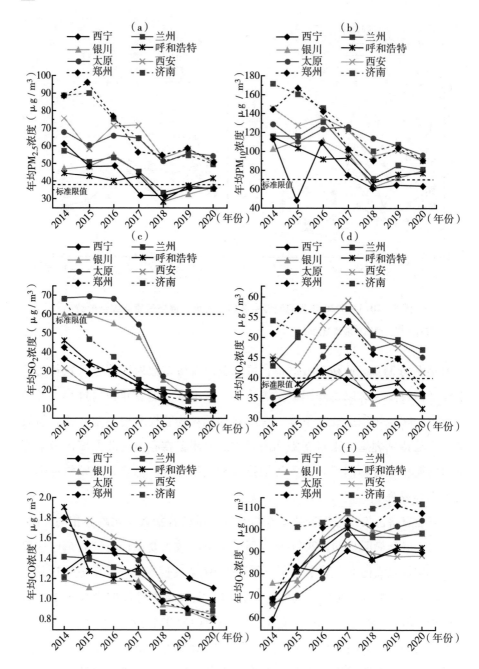

图6　2014～2020年黄河流域主要城市年均空气质量监测数据

资料来源：中国环境监测总站。

（二）黄河流域大气污染源分布与变化

大气污染源可分为天然污染源和人为污染源两大类。天然污染源是自然原因（如火山爆发、森林火灾等）造成大气污染的污染源，人为污染源是由于人们从事生产生活活动而形成的污染源。人为污染源又可分为固定污染源（如烟囱、工业排气筒）和移动污染源（如汽车、火车、飞机、轮船）两种。人为污染源普遍且容易调控，因而比自然污染源更受重视。工业企业是大气污染加重的主要来源，也是大气卫生防护工作的重心之一。如今，随着工业企业的快速发展，大气污染物的种类和数量不断增加。同时，在居民区，随着人口的集中，大量民用家用炉灶和采暖锅炉也需要消耗大量的能源。煤炭，尤其是在冬季取暖时，往往会在污染地区造成雾霾，这也是一个不容忽视的空气污染源。近几十年来，由于交通的发展，汽车、火车、轮船、飞机等的客货运输频繁，给城市增添了新的空气污染源。这里重点讨论主要污染源——工业企业。

根据《中国能源统计年鉴2019》及各省区统计年鉴，图7、图8分别是2018年黄河流域部分省区及主要城市分行业能源消费情况。从图7可以看到，虽然山东未提供分能源消费，但总能源消费居首位，2018年综合能源消费量超过38684万吨标准煤，是名副其实的能源消费大省；第二位能源消费大省为河南，与山东均在黄河流域的下游，可见黄河流域下游工业繁荣，主要是采矿业和制造业，故而最应注意工业排放对大气环境的影响；能源消费居中的三个省区为内蒙古、山西和陕西，2018年综合能源消费量在12000万吨标准煤至21000万吨标准煤，三者均处于黄河流域中下游，制造业发展水平相当，陕西和山西的采矿业较发达，内蒙古的生产及供应业较发达；位于黄河流域上游的青海、甘肃和宁夏能源消费非常少，均在10000万吨标准煤以下，工业造成的大气污染较少。

对比图7和图8可以看到，2018年黄河流域各省与主要城市的能源消费并不是同一趋势，银川市综合能源消费量最高，达到4107万吨标准煤，说明银川市工业密度较大，造成的环境负荷较大；其次为兰州、呼

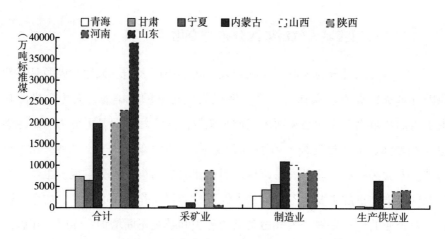

图7 2018年黄河流域部分省区分行业综合能源消费量

资料来源:《中国能源统计年鉴2019》及各省区统计年鉴。

和浩特、太原和郑州等中游城市,综合能源消费量在15000万吨标准煤
至24000万吨标准煤;西宁、西安和济南能源消费最少。其中,在采矿
业综合能源消费量较高的城市为银川和太原,可见这两个城市矿业较为
发达,也可能存在技术不成熟导致能耗过大的问题。

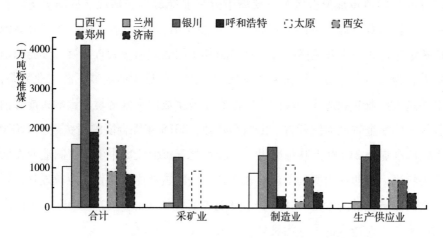

图8 2018年黄河流域主要城市分行业综合能源消费量

资料来源:《中国能源统计年鉴2019》及各城市统计年鉴。

为了进一步分析空气污染源的变化，除分析能源消费外，将空气污染物排放的历史记录也纳入分析。图9为2013～2017年黄河流域九省区二氧化硫、氮氧化物、烟（粉）尘排放总量。总体来看，各类污染物排放量逐年减少，不同省区排放种类存在差异。青海各类污染物排放量均最少，各省区污染物排放量自黄河上游至下游整体呈增加趋势。从二氧化硫和氮氧化物的排放量来看，山东排放量最大，内蒙古、山西和河南次之，若不及时处理，除了酸性气体带来的一次污染外，形成的酸雨及气溶胶等二次污染也会对黄河流域生态造成较大影响，不容忽视。受矿业生产的影响，山西的烟（粉）尘排放量非常大，但在2016～2017年有较大进步，可见矿产开采规范化相关措施的实施有所成效。

总而言之，黄河流域的大气污染源非常密集，除了黄河源头的青海省，黄河流域各省区均有较大的工业能耗，且重点城市行业分布不均匀，适合对点从源头治理；从上游到下游大气污染物的排放量整体呈增加趋势，随着时间的推移大气污染物排放量逐年减少但仍在较高水平，尤其是$PM_{2.5}$和O_3远超国家二级标准。除了重视节能减排，生态环境建设也不容忽视。为避免颗粒物与气态污染物的复合，在各城市进行多种污染物共同控制势在必行。

（三）综合治理情况

《大气中国2020：中国大气污染防治进程》报告评估了全国168个重点城市空气质量管理的成效。其中，银川在综合榜单中位居第一。此外，黄河流域还有两个重点城市表现良好，得分在100以上，分别是兰州和成都。在"较差"的城市中，山西和河南的城市较多。其中，临汾继上年之后再次垫底。与上年相比，成都、大同、西宁等城市都取得了明显的进步。由于$PM_{2.5}$浓度的增加，山东许多城市的排名大幅下降。

据生态环境部介绍，《大气污染防治行动计划》实施后，我国大气环境质量特别是京津冀"2+26"城市等重点区域改善显著。京津冀及周边地区秋冬季的$PM_{2.5}$平均浓度从每立方米104微克下降到每立方米70微克，累计下降

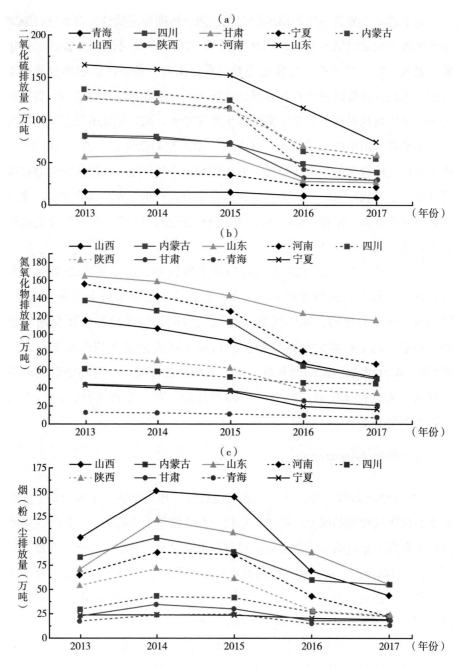

图9　2013～2017年黄河流域九省区大气污染物排放总量

资料来源：2014～2018年《中国能源统计年鉴》及各省区统计年鉴。

了32.7%，平均重度污染天数由37.4天下降到14.1天，下降了62%。与2016年相比，2019年"2+26"城市$PM_{2.5}$平均浓度下降了22%，重度污染天数减少了40%。汾渭平原等重点区域大气环境质量也在改善过程中。但是，仅$PM_{2.5}$、PM_{10}、SO_2浓度有小幅下降，NO_2、CO浓度水平均与2018年持平，O_3则持续恶化。

空气质量达标已成为全面建成小康社会的重要依据。目前，黄河流域空气质量明显改善，各项指标持续向好，但大气污染总体形势依然严峻，完成污染防治任务依然艰巨。应保持空气质量稳步改善势头，采取更深入、更果断的措施，推进秋冬季大气污染治理，达到治理污染的预期效果。

（四）"十四五"大气污染治理思路

进入"十四五"时期，树立新的蓝天目标，开启新征程，是当前大气污染治理的一大重点，也关系到未来五年广大人民群众的身体健康和福祉。以黄河流域大气治理为目标的"十四五"规划，应延续《大气污染防治行动计划》《打赢蓝天保卫战三年行动计划》的思路，重点围绕改善空气质量和减少主要污染物确立目标，满足人民对蓝天和美好生活的向往，落实党的十九大对2035年空气质量根本性转变的要求。

1. 重视臭氧和$PM_{2.5}$的协同去除

近年来，黄河流域的主要污染物中，臭氧尤为突出。随着工业的发展，臭氧污染问题越发严重，规划应针对臭氧的两种前驱物——挥发性有机物和氮氧化物设计减排目标。"十四五"期间，要注重臭氧与$PM_{2.5}$协同治理，进一步采取减排措施，在遏制臭氧污染上升趋势的同时，不断降低$PM_{2.5}$浓度。$PM_{2.5}$和臭氧协同治理需要技术支撑，也需要优化减排路径，多措并举，确保氮氧化物和挥发性有机物实现全国范围内的"双控双降"。

2. 推进精细化高科技管理

黄河流域大气污染已治理多年，传统治理工艺和减排空间越来越小，需要在大气环境精准治理和科学管理中挖掘潜力。环境执法和治理不应"一刀切"，因为不同行业的生产水平和技术水平参差不齐。当前，大气治理要

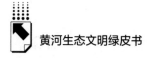

分类化、产业化、精细化，利用多行业高科技协同治理，更有针对性地控制和治理大气污染，保证经济效益，同时推进环境保护。

3. 针对新形势科学调整治理思路

因为缺乏对大气环境资源的认识，当前的治理过程存在不少问题。例如，单一评估空气质量数据的机制，虽然客观上遏制了行业的污染气体排放，但就当地大气环境资源数据而言，当地无法将空气质量改善目标与污染物排放控制相匹配，从而导致污染产业的无序转移，加重了大气污染治理的复杂性。

4. 复合型污染治理提上日程

现阶段，黄河流域不只是传统的烟尘式污染，而是多污染物作用下的复合污染，如对$PM_{2.5}$的控制不能阻止臭氧污染的继续恶化。因而下一阶段大气治理的目光应聚焦复合污染。基于蓝天保卫战的经验，探究复合污染的特征，分析前体污染物的相互作用，多角度考察制定潜在污染源的防治方案，做到在初期控制复合污染的影响。

我国正处于有条件、有能力解决生态环境突出问题的窗口期。要继续打好污染防治攻坚战，加强生态保护和修复，更好地协调经济社会发展和生态文明建设，着力推进和加强生态系统保护，继续打好空气、水、土壤环境保卫战，推进黄河流域生态保护，更好地贯彻落实国家战略，完成大力发展有前途的绿色产业等战略任务。

G.13
黄河流域城市绿色空间建设
与发展报告

刘志成　李倞　李方正　王博娅*

摘　要：　城市绿色空间的建设和发展是保护黄河流域生态安全和改善人民生活的重要措施。本报告从城市绿色空间的总量、建设质量和管理水平等方面总结了黄河流域各省区绿色空间建设取得的积极进展和尚存的问题，并从坚持规划引领、坚持分类发展、统筹黄河流域自然与文化资源、促进惠民体系建设等方面提出对策建议。

关键词：　城市绿色空间　"三绿"指标　生态保护　高质量发展

黄河流域生态保护和高质量发展是着眼国家发展大局，保护生态安全，维护社会稳定的重大国家战略。城市绿色空间不仅具有改善生态环境和提供休闲场所的重要功能，同时也是城市生态保护和高质量发展的重要抓手。城市绿色空间的建设和发展是保护黄河流域生态安全和改善人民生活的重要措施。

---

* 刘志成，博士，北京林业大学园林学院副院长、教授、博士生导师，研究方向为风景园林规划与设计；李倞，博士，北京林业大学园林学院教授，研究方向为绿色基础设施、城乡生态网络、社区营造和公共健康；李方正，博士，北京林业大学园林学院副教授、硕士生导师，研究方向为风景园林规划设计与理论；王博娅，博士，北京林业大学园林学院讲师，研究方向为风景园林规划与设计。

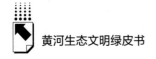
一 城市绿色空间建设取得积极进展

多年来，在党和政府的高度重视与坚强领导下，黄河流域九省区认真贯彻落实习近平总书记重要讲话和批示指示精神，始终坚持"生态优先、绿色发展"的理念，坚持"共同抓好大保护、协同推进大治理"，对上下游、干支流、左右岸统筹谋划，扎实推进黄河流域城市绿色空间建设的各项工作，在不断增加绿色空间总量和提高绿色空间建设质量方面取得了积极进展。

（一）城市绿色空间总量不断增长，生态环境持续向好

近年来，黄河流域九省区有序实施大规模国土绿化措施，努力推进城市绿色空间的建设，"三绿"指标——绿地率、建成区绿化覆盖率、人均公园绿地面积总体呈稳步上升态势，生态环境持续向好，综合成效日益显现。

1. 绿地率和建成区绿化覆盖率指标持续上升

绿地率是指城市市辖区内各类绿化用地总面积占城市建设用地总面积的百分比，建成区绿化覆盖率是指城市市辖区内绿化覆盖面积占城市建设用地总面积的百分比，这两个指标均显示了一个城市的绿色空间建设水平。根据各省区统计年鉴、国民经济和社会发展统计公报和政府工作报告的相关统计数据，2019年黄河流域的九个省区中，青海省、宁夏回族自治区、四川省的绿地率分别达到31.84%、37.97%和36.08%；青海省、河南省、陕西省、四川省建成区绿化覆盖率分别达到31.84%、33.59%、39.32%和40.55%。2019年黄河流域各地级市中，西宁市、天水市、巴彦淖尔市、银川市、中卫市、吴忠市、忻州市、晋中市和洛阳市的绿地率分别达到31.84%、35.14%、37.13%、41.98%、34.63%、40.90%、32.96%、35.91%和37.02%的较高水平，远远超过了2019年国家园林城市系列标准中绿地率不低于31%的要求。银川市的绿地率高达41.98%，成为获得"国际湿地城市"称号的全球首批城市。从建成区绿化覆盖率这一指标看，乌

海市、巴彦淖尔市、银川市、吴忠市、太原市、晋中市、洛阳市、新乡市、濮阳市和济南市绿化覆盖水平较高，分别达到 43.00%、40.84%、42.40%、42.30%、43.38%、40.20%、44.15%、41.50%、40.70% 和 41.20%，大幅超过了 2019 年国家园林城市系列标准中建成区绿化覆盖率不低于 36% 的要求。

2014～2018 年黄河流域各省区绿地率和建成区绿化覆盖率指标总体呈上升趋势。其中黄河流域上游地区增长幅度明显，一方面是由于其绿化基础薄弱，各项指标处于较低水平，因此具有较大的提升空间；另一方面受政策推动和经济社会发展的驱动，绿色空间建设取得了较好成绩。四川省在大规模绿化全川行动的推动下，绿地率从 2016 年的 27.44% 增长至 2019 年的 36.08%，增加约 9 个百分点；建成区绿化覆盖率增加约 3 个百分点，增长幅度在黄河流域九省区位居第一（见图 1）。宁夏回族自治区在全面防沙治沙和大力推进大规模国土绿化的背景下，绿地率从 2014 年的 32.55% 持续增长至 2019 年的 37.97%，由此可见，黄河流域各省区的城市绿色空间建设得到较大程度的发展。

在生态文明建设背景下，黄河流域各省市经过几年的艰苦努力，坚决落实绿色发展理念，贯彻执行"绿水青山就是金山银山"的发展思路，实现了黄河流域绿色空间不断增量发展的美好愿景，在一定程度上促进城市生态环境和绿色发展持续向好。

2. 人均公园绿地面积指标稳步上升

人均公园绿地面积表示城市建成区中公园绿地面积的人均占有量，它是反映一个城市居民生活环境和生活质量的重要指标。2019 年各项统计数据显示，黄河流域九个省区中，青海省、河南省、四川省人均公园绿地面积分别达到 11.45 平方米、13.45 平方米和 12.97 平方米，大幅超过了国家园林城市的标准。近年来，河南省各部门重点关注城市园林绿化建设，充分贯彻落实生态文明建设理念，牢牢把握"五位一体"的战略布局，以园林城市创建为目标，以百城提质建设工程为载体，对城市的边缘化地带如边角地、弃置地、墙角等全部重新设计并实施绿化，建设了一批小微绿地，为拓展城市绿化空

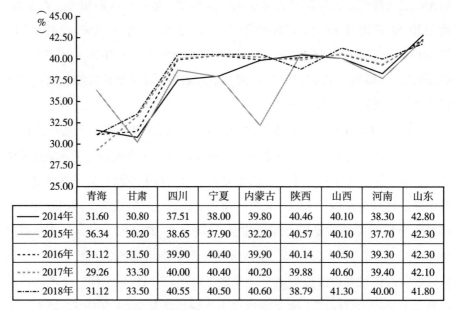

	青海	甘肃	四川	宁夏	内蒙古	陕西	山西	河南	山东
2014年	31.60	30.80	37.51	38.00	39.80	40.46	40.10	38.30	42.80
2015年	36.34	30.20	38.65	37.90	32.20	40.57	40.10	37.70	42.30
2016年	31.12	31.50	39.90	40.40	39.90	40.14	40.50	39.30	42.30
2017年	29.26	33.30	40.00	40.40	40.20	39.88	40.60	39.40	42.10
2018年	31.12	33.50	40.55	40.50	40.60	38.79	41.30	40.00	41.80

图1　2014～2018年黄河流域九省区建成区绿化覆盖率

资料来源：根据相关统计数据制作。

间添上了浓墨重彩的一笔。与此同时，在城市建成区中建成了一大批城市公园、街头游园、林荫道路、城市绿道和屋顶花园等，从根本上提高了公园绿地服务半径覆盖率，城市人居生态环境从本质上得到了改善。甘肃省兰州市对于绿地公平性的改进有自己的建设措施，截至2019年，兰州市已初步形成了由综合公园、专类公园、小游园和其他公园构成的完整的公园绿地体系，市民的生活处于一片绿色之中，绿地建设与管理水平持续提升使得公园绿地服务半径覆盖率达到81.2%。四川省、内蒙古自治区、陕西省、山西省、河南省和山东省均推进"300米见绿，500米见园"和"城市双修"的建设。此外，黄河流域定西市、呼和浩特市、乌海市、银川市、中卫市和吴忠市等地级市的人均公园绿地面积分别为17.20平方米、19.70平方米、19.50平方米、16.98平方米、15.29平方米和22.6平方米，明显高于其他地区和国家园林城市的建设标准，充分体现了这些地区较高的绿色空间建设水平。

综合分析2014～2018年黄河流域九省区的人均公园绿地面积，其中四川、宁夏、山西、河南等省区的人均公园绿地面积逐年递增（见图2），尤其是河南省黄河流域"百千万"试点工程极大地促进了城市绿色空间建设，使其人均公园绿地面积增长幅度高于其他省区，五年内增长了 2.76 米²/人，仅郑州市在 2019 年已建成公园、游园、微公园 400 个，建成投用便民服务中心 50 个。城市绿化美化等生态文明建设逐步完善，绿地的公平性有了战略性的提高，城市居民生活环境得到较大改善，生活质量得到大幅提升。

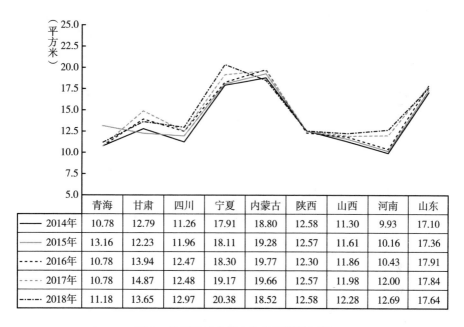

	青海	甘肃	四川	宁夏	内蒙古	陕西	山西	河南	山东
—— 2014年	10.78	12.79	11.26	17.91	18.80	12.58	11.30	9.93	17.10
—— 2015年	13.16	12.23	11.96	18.11	19.28	12.57	11.61	10.16	17.36
---- 2016年	10.78	13.94	12.47	18.30	19.77	12.30	11.86	10.43	17.91
---- 2017年	10.78	14.87	12.48	19.17	19.66	12.57	11.98	12.00	17.84
-·-· 2018年	11.18	13.65	12.97	20.38	18.52	12.58	12.28	12.69	17.64

图2　黄河流域省份人均公园绿地面积

资料来源：根据相关统计数据制作。

（二）城市绿色空间建设质量稳步提升，人居环境得到改善

城市绿色空间的建设逐渐受到人们的重视，黄河流域各省区坚决贯彻落实绿色发展的理念，积极推进城市绿色空间建设，大力提升绿色空间建设质量，改善人居环境。

1. 绿色空间建设支撑水源涵养区的保护

位于黄河发源地的青海、四川、甘肃三省是我国重要的水源涵养区和水

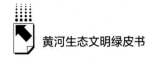
源补给区，城市绿色空间建设重点支撑水源涵养区的保护。

青海省重点打造江河生态文化带，改善人居环境。西宁市着重推进海城市绿地海绵体系建设，通过河道、流域等水生态建设逐步形成城市沟谷型景观和开放生态型绿廊，完善城市绿色设施建设。

甘肃省重点推进沿黄两岸带状绿地建设，有序实施大规模国土绿化，注重小微绿地、生态公园的建设，城市绿色空间质量有了很大提升。其中兰州以沿黄绿地建设为抓手，建设城市绿带，通过实施城市绿化精品工程，按照"一街一品、适地适树"的原则，建设各具特色的园林景观街区，先后完成城关区甘南路、酒泉路等一批道路景观绿化项目和建成城市小游园 16 个，提高市民生活质量。实施"见缝插绿"工程，在黄河风情线上各处绿地公园、银滩湿地公园、街旁小游园等城市公共绿地种植树木和花灌木，大量栽植草花地被植物，2020 年以来已经完成斑秃裸露绿地补植补栽 22.93 公顷，实现了城市道路绿化升级。嘉峪关市建成公共绿地 110 多处，道路景观与水生态整治方面都取得进展。

此外，黄河流经的四川省若尔盖县在绿道建设方面取得较大进展，这对黄河流域生态屏障建设起到积极的推动作用。

2. 绿色空间助力生态敏感区的保护和修复

宁夏、内蒙古分布着大量荒漠，生态环境敏感脆弱。建设地区绿色空间有助于保护和修复生态敏感区。

宁夏积极推进保护和建设区境范围内的湿地公园。如银川通过湿地生态修复工程使湿地面积达到 5.31 万公顷，自然湖泊、沼泽湿地近 200 个，市区湿地率达到 10.65%，湿地保护率达到 78.5%，拥有国家湿地公园 6 个，重现"塞上湖城"的风采。

内蒙古造林面积显著提升，在公园建设与品质提升方面有所进展。其中呼和浩特实施坡耕地水土流失治理、沿黄生态廊道建设、人工湿地建设等工程，促进生态敏感区的保护与修复。包头市制定实施《沿黄生态保护与建设规划》，扎实推进黄河国家湿地公园"五片区"建设工程，促进湿地的保护与修复。素有"黄河明珠"美誉的乌海市实施乌海湖东岸景观提质、城区道路绿化等一批重点绿化工程来改善人居环境。

3. 中下游地区突出绿网体系建设，改善人居环境

黄河中下游省份陕西、山西、河南、山东重点突出绿网体系建设，促进城乡统筹发展；打造休闲游憩体系，保障城市高质量发展；加快沿黄重点项目建设，提升人居环境品质。

突出绿网体系建设，促进城乡统筹发展。陕西省积极推进环城绿带、生态绿廊和海绵城市的建设，强化城镇中心、老城区等绿化薄弱地区的园林绿化建设，推动改善全省人居环境。延安市完成老城区中心改造、二道街环境提升项目，建成陕北首个国家湿地公园——南泥湾国家湿地公园。山西省进一步推进环城绿色屏障构建，提升建成区绿地质量，推进城市绿道绿廊建设，连通城市内外绿地，加强城市中心区、老城区、薄弱地区的园林绿化。河南省着力打造山水林田湖草全要素生态网络，优化城乡绿地布局，其中郑州生态建设成效凸显，铁路沿线、生态廊道等整治连通绿道530公里，市区新增绿地3455万平方米。山东省突出绿网体系建设，加强城市绿地与区域范围内山水林田湖等要素联系，着重建设区域生态绿带、环城绿带、大型郊野公园、小城镇绿地、社区和庭院绿地以及铁路、公路、水系绿廊，推进城市绿道建设。

打造休闲游憩体系，保障城市高质量发展。陕西省榆林市城市公园体系建设卓有成效。山西省以公共体育设施为特色构建城市休闲游憩体系，市级以建设城市"15分钟健身圈"规划项目为主，各县市注重体育公园建设，规划建成市级体育公园13个，县级体育公园20个；截至2019年底各县平均完成150公里以上健身步道。山东省济宁市打造"文化名城，生态水城"形象，市民公园、儿童公园、凤凰台植物园、龙湖湿地公园建成开园，新增绿化面积360万平方米；滨州市新增口袋公园58处、绿地146万平方米，城市绿化美化的园艺性、多彩性、亲民性明显增强。河南省郑州市建成公园、微公园、游园460个；焦作市完成大沙河节点公园建设。

加快沿黄重点项目建设，提升人居环境品质。山西省以黄河、长城、太行山三大旅游建设为特色，推进黄河风景道、太行山步道建设，打造沿黄休闲游憩体系；依托河南省三门峡天鹅湖湿地旅游度假区等著名景区，推进黄

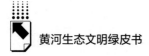

河沿线景区基础设施建设和文化产业开发。河南省新乡市加快推进"6带""9园"等46个沿黄生态带重点项目。

二 城市绿色空间发展面临诸多挑战

近年来有关部门和沿黄九省区为保护黄河流域生态环境，在城市绿色空间建设方面做了大量工作，多项指标有了稳步提升，但仍存在区域发展不均衡、建设要点有待明确、生态系统服务能力有待提高、管理水平有待提升等诸多挑战。

（一）绿色空间区域发展均衡程度和生态承载力需要进一步提高

黄河始于青海省青藏高原，横跨内蒙古高原、黄土高原和华北平原等地貌单元，黄河流域各省区由于自然条件、资源环境、产业经济和社会文化等发展条件差异较大，绿色空间建设水平差距明显。

1. 流域内绿色空间的发展程度存在一定的不均衡性

从总体上看，黄河上游地区的城市绿色空间的建设水平低于中下游地区，绿色空间的人均占有率较低；经济发达地区的绿色空间建设水平明显高于经济较不发达地区。

数据显示，位于黄河上游地区的青海、甘肃两省，2018年建成区绿化覆盖率仅为31.12%和33.50%，远低于其他各省区。这受自然地理环境的影响，黄河上游地区海拔高，昼夜温差大，降雨量普遍较小，绿化举措受到很大的限制。作为人口大省的四川、河南两省建成区绿化覆盖率较高，但人均公园绿地面积却偏低；同样作为人口大省的山东各项指标皆处于较高水平，城市绿色空间的建设水平与人口数量和地方经济水平均密切相关。

除此之外，黄河流域中下游地区的绿色空间建设水平虽然优于上游地区，但仍有部分省区绿色空间发展停滞，如2014～2018年黄河流域中下游各省区中陕西省和山东省的建成区绿化覆盖率均呈下降趋势，分别下降

1.67 个和 1.00 个百分点；内蒙古自治区人均公园绿地面积整体呈下降趋势，下降了 0.28 平方米。其原因可以从以下两个方面进行分析。第一，自然要素。从水文地理方面看，黄河中游夏秋季多暴雨，降雨量丰富，沙源丰富，多水多沙，洪峰流量大，含沙量高，导致水土保持性较差，从而引发了河道淤积与侵蚀河段的交互出现，冬季水量少并且结冰，下游河道宽浅散乱，泥沙淤积严重，气候较为干燥，降雨量较少，这在一定程度上影响了绿色空间的建设，绿地质量难以维护。第二，社会经济要素。从人口经济方面看，以内蒙古自治区和山东省为例，2014～2018 年内蒙古自治区地区生产总值呈下降趋势，地区生产总值下降 557.66 亿元，山东省地区生产总值虽然未呈下降趋势，但是先增后减，增长十分缓慢，这说明作为城市建设的基础，经济发展是绿色空间建设的重要基石。

2. 黄河流域城市的生态承载力需要进一步提高

近年来，黄河流域由于缺乏相关明确的法律法规，管理状态粗放，随着城市的不断扩张，黄河流域的绿色空间系统受到了不同程度的破坏。上游区域甘肃、宁夏等地，气候多干旱少雨，荒漠化问题严重，生态环境本底脆弱，关键性水土资源匹配条件差；部分城市大气复合型污染凸显，城市水体、湖泊和内陆河水污染较重，局部地区重金属累积性风险增大，部分河段已经完全丧失生态功能，黄河流域城市的生态承载力已经处于严重过载状态。

根据《2019 年中国生态环境统计年报》，黄河上游的甘肃全省累计受沙尘天气影响天数为 273 天，荒漠化和沙化土地面积分别达到 1950.20 万公顷和 1217.02 万公顷；四川省生物丰度指数和土壤胁迫指数与上年相比呈下降趋势；黄河干流宁夏段监测断面水质达到Ⅱ类标准，全区水土流失面积为 16130 平方公里（2018 年中国水土保持公报数据）。陕西省的黄河中游总体轻度污染，陕北延河轻度污染；山西全省空气质量达标天数为 232 天，全省地表水水质轻度污染。河南省全省空气质量级别为轻度污染，黄河流域水质轻度污染。

由此可见，黄河流域上游地区荒漠化、沙化以及水土流失情况较为严峻，生物多样性下降；中下游地区整体生态环境状况不容乐观，空气质量普遍较差，水质污染严重，水土流失情况严峻，生态承载力有待提升。

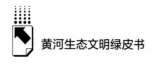

（二）黄河流域绿色空间建设与发展要点有待明确

1.流域内绿色空间分类建设与发展要点有待明确

黄河流域内人口、经济、资源、环境差异明显，综合分析各省区绿色空间建设现状，发现绿色空间展要点有待明确：位于上游水源涵养区、水土保持区的青海、甘肃两省绿色空间总量低，生态脆弱、资源富集，具有重要的水源涵养和补给作用，应着力生态屏障体系的构建，强调整体增量以加大保护力度，但如青海、甘肃等省，建设重点仍放在重点城市绿色空间提质上，并未着力全省增绿；位于水土保持区和沙漠化防治区的宁夏、内蒙古、陕西和山西等省区绿色空间总量较好，生态敏感，随着城市开发规模的逐步扩大，环境问题比较严重，因此绿色空间建设应强调保护与修复，增量与提质并存；河南、山东两省的绿色空间总量较好，城镇化水平较高，人口众多，人地矛盾复杂，应着力提高绿色空间的质量，增强绿色空间的服务水平，有效改善人居环境。

2.绿色空间重点工程的辐射带动和区域联动效应有待提高

黄河流域绿色空间重点工程主要包含中心城市绿色空间建设以及各省区沿黄项目建设两方面。其中流域内中心城市以兰州、郑州、济南为主，其城市绿色空间建设质量显著提高，居民生活环境得到有效改善，此外，三江源国家公园、祁连山国家公园、各省区沿黄绿廊、黄河湿地、三门峡风景区、新乡沿黄生态带等重点项目的发展也体现了黄河流域绿色空间建设的成就，然而尚未形成以重点工程建设为抓手，辐射周边城镇、联动区域发展的形势，各中心城市、各沿黄重点工程的发展局限性依然较大，未能形成以黄河为纽带的绿色空间区域协同发展模式。经济发达区域如下游各省及中心城市绿色空间质量提升显著，但带动性差，未能辐射周边区域整体发展，质量参差不齐。

（三）绿色空间生态系统服务能力有待提高

1.城乡融合发展薄弱，绿网体系建设有待加强

黄河流域内各省区为了打造绿色空间网络体系，统筹兼顾山水林田湖草，坚持"绿水青山就是金山银山"发展理念，然而依然存在对于山水林

田湖草作为生命共同体的内在机理和规律认识不足的问题，对于落实整体保护、系统修复、综合治理的理念和要求还有很大差距，这突出体现在城乡融合发展和绿网体系建设等方面。

近几年，流域内部分省区着重加强城乡绿网体系建设，如陕西省积极推进环城绿带、生态绿廊和海绵城市的建设，为提高全省人居环境质量，在绿化薄弱的地区进行了园林建设，提升了老城区及城镇中心的绿化覆盖率；山西省进一步推进环城绿色屏障构建，提升建成区绿地质量。而其他省区，尤其是经济相对落后地区，如甘肃省除兰州各市、内蒙古除呼伦贝尔等市，绿色空间多以点状形式分布于城市建成区内，绿色空间布局不完整，生态系统服务能力有待加强。

2. 绿色空间社会服务能力较弱，休闲游憩体系建设有待加强

随着经济社会的发展和居民生活水平的不断提升，城市居民更多地愿意进行户外出游体验，他们的游憩方式更加多样化，例如休闲度假、健身、社交、野营等，游憩需求较从前有了很大的提升。

综合分析黄河流域各省区的绿色空间建设现状，除山西省以公共体育设施为特色构建城市休闲游憩体系外，其余各省区均未明确绿色空间休闲游憩建设特色。部分省区进行了绿道建设，如青海西宁绿道建成400多公里，四川千里绿色走廊项目建设等，大多在该省区重点城市，并未形成省内游憩系统及跨区域游憩体系。

（四）绿色空间管理水平有待提升

目前黄河流域各省区绿色空间信息化水平参差不齐。与经济水平挂钩，下游平原区绿色空间信息化水平整体较高，配备较为完善的微信公众号、微博，公园网上导览系统等。中游区域也有一定的绿色空间信息化体现。而上游区域，仅各省区以旅游为核心产业的区域、国家公园拥有官方公众号和独立官方网站，城市建成区内部的绿色空间信息化体系完全未建立。更没有黄河流域跨省区的绿色空间共享信息系统，对全局管理绿色空间及协同、可持续发展造成了很大阻碍。

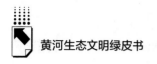
三 城市绿色空间发展的应对举措

（一）加强科学研究，坚持规划引领，为黄河流域绿色空间发展提供科学依据

党的十八大以来，习近平总书记站在党和国家事业发展全局的战略高度，多次针对治水兴水发表重要讲话，提出要坚持"因地制宜、分类施策"的思路以保护黄河流域生态并促进其高质量发展。因此，针对黄河流域的自然地理条件和社会经济状况进行科学研究，分析不同地域特点；坚持分类发展，明确建设要点，采取差异化、有针对性的发展策略。

1. 加强科学研究，研判绿色空间建设基底地域差异

黄河流域全域气候条件差异显著，西北部为干旱气候，中部属半干旱气候，东南部基本属半湿润气候；人口分布不均，上中游地区的较低收入人口相对集中；经济社会发展相对滞后，存在显著地区差异。从城市绿色空间的角度来看，青海、甘肃两省的绿色空间总量不足，青海、四川、陕西、山西、河南的人均公园绿地面积整体上低于其他省区。由于受地形、气候、水资源、社会经济状态等条件的影响，城市绿化建设水平呈现显著地域差异。因此，要加强科学研究，综合分析各省区绿色空间建设与发展的基础条件和制约因素，研判地域差异，明确不同区域所处的发展阶段、面临的主要矛盾和机遇挑战，为制定科学合理的绿色空间发展策略提供依据。

2. 坚持规划引领，高标准推进绿色空间重点项目建设

坚决贯彻落实习近平总书记关于黄河流域生态保护和高质量发展的重要讲话精神和重要指示内涵，大力推进各省区沿黄绿地规划和重点项目建设。加快黄河流域各省区城市绿地系统规划的编制和修编，充分与黄河流域生态保护和高质量发展相衔接，建议将黄河纳入城市总体规划和城市绿色空间规划。高标准推进重点项目建设，加快启动兰州、郑州、济南等重点城市黄河

流域生态保护和高质量发展的绿色空间专项规划的编制工作，重点打造沿黄生态廊道和景观廊道。

（二）坚持分类发展，进一步丰富和完善绿色空间发展举措，提高生态系统服务能力

科学研判是分类发展的基本前提，分类发展是黄河流域绿色空间建设的基本思路。应从长远出发，充分遵循"因地制宜、分类指导"的原则，尊重实际，明确黄河流域不同区域的建设要点，制定适宜的绿色空间发展策略，提升生态系统服务能力。

1. 进一步加强上游水源涵养区的生态保护，高标准制定保护措施

进一步加强上游水源涵养区的生态保护，充分认识各自然要素对黄河生态系统的重要作用。上游区域甘肃、宁夏等地，气候多干旱少雨，荒漠化问题严重，生态环境本底脆弱，关键性水土资源匹配条件差。城市绿色空间是城市中的"生态担当"，对连通城市内外自然系统，改善城市内部生态环境，维持生态系统稳定与安全具有重要作用。上游水源涵养区的城市绿色空间建设以"保护"为基本原则，将绿色空间建设作为夯实城市生态基底的关键，突出两个重要抓手。一是强化"国家公园—自然保护区—自然公园"的自然保护地体系建设，以该体系为支点辐射、带动城市绿色空间的建设与发展，主要应用于城市边缘区、乡村的绿色空间建设。二是以水系为主要线索，注重城市中水系的保护与利用，将水系作为连接城市内部系统与外部自然系统的关键要素，建设连接廊道。因此，上游地区将城市绿色空间作为生态系统的重要补充，完善上游流域作为水源涵养区的生态功能。

2. 促进中游水土保持区、沙漠化防治区的生态修复，补足生态短板

中游各省区应该形成华北平原的重要生态屏障，控制好沙漠化，增强流域水土保持能力是重中之重，因此该区域以"生态保护与修复"为基本原则，从两个基本方向进行强化。一是以重要的生态保护和修复等重点工程为依托，通过植树造林、绿化荒山等手段，构筑生态屏障，带动城市绿色空间

的发展；加强内蒙古的沿黄一线乌兰布和库布齐沙漠及毛乌素沙地生态治理；积极推进陕西秦岭生态保护和修复与沿黄生态廊道建设，提高自然生态系统质量和稳定性；加快推进山西省"三化"（退化、沙化和盐碱化）土地的治理，实施林下种草、退耕还草等措施修复生态。二是以黄河治理为主脉，拉动城市绿色空间的建设，改善生态环境：中游地区紧紧把握黄河流域生态保护和高质量发展的契机，针对绿色空间采取增量提质的措施，加快推进中心城区改造、公园新建；引导城市边缘区依托自然资源构建自然公园、绿廊、绿道、风景道等线性体系。

3. 提高下游平原地区的绿色空间质量，提升区域绿色空间品质

黄河下游平原地区气候宜人，土地肥沃，经济发达，适合居住，人口集中分布于此，城镇化进程快，环境问题突出。下游城市绿色空间重点强化"绿网体系"建设，改善人居环境，主要体现在以下两个方面。第一，进行空间布局优化，加强城乡生态网络建设：针对黄河下游生态敏感地区，保护其生态系统完整性，打破以行政区为规划边界的限制，衔接各区规划；以生态安全格局、生态空间价值、生态空间需求等方面的分析为依据，划分生态功能区、划定生态空间格局、构建生态网络，从局部到整体构建城乡一体的生态网络格局。第二，聚焦保量提质，优化要素配置，全面提升生态效益：针对黄河下游水资源缺乏这一特点，以水资源为最大限制性要素，优化其他资源土地配置，保障下游生态系统健康；加强下游平原地区绿色空间的要素配置，提高生态系统服务水平和效率，全面改善人居环境。

4. 加快中心城市绿色空间特色建设，构建复合生态系统

当前，我国正大力推进区域协调发展，中心城市与城市群已成为承载发展要素的主要空间形式。以中心城市为核心，协调城市发展定位，形成有序的城市发展格局，建立起多中心、网络型的区域生态治理结构，有助于完善黄河流域空间生态治理格局。加快沿黄中心城市兰州、郑州、济南的绿色空间特色建设，加快郑州建设黄河流域生态保护和高质量发展核心示范区，加速推进郑新融合一体化建设，打造沿黄生态带为新时代绿色发展的标杆。尽

快落实《济南新旧动能转换先行区发展规划（2020—2035年）》，推动黄河两岸生态、经济协调发展。

5. 建立绿色空间动态监管体系

缺乏流域综合管控机制制约着黄河流域可持续发展和生态环境保护。同时，流域综合管控机制也是绿色空间有效发挥生态系统服务的重要保障。建立绿色空间动态监管体系，形成责任明确、系统完善、标准健全、监管高效的绿色空间管理体系，是贯彻落实黄河流域生态保护和高质量发展的必要保障。

（三）统筹黄河流域自然资源与文化资源，构建地域特色突出的景观风貌，促进惠民体系建设

1. 统筹黄河流域自然资源与文化资源，大力弘扬"黄河文化"内涵，探索具有区域特色的绿色空间发展模式

黄河是中华民族的母亲河，黄河文化是中华文明中不可或缺的组成部分。为实现特色发展的目标，须统筹沿黄各省区地域自然资源和文化资源，着重把握其突出特点，深入挖掘黄河沿岸不同区域文化的精髓及其蕴含的时代价值，讲好"黄河故事"，建立以"黄河文化"为丰富内涵，以地域特色为特点的沿黄景观带。在推进黄河流域生态保护和高质量发展的同时，引导各地根据实际情况进行实践探索，走出适合自己的特色黄河发展之路。

2. 全面提升绿色空间质量，推进居民休闲游憩体系建设

各省区根据自身发展的相应情况，提出提升绿色空间质量的措施，对于建成区中的绿化薄弱区域，如城市中心区、老城区、城中村等，应以"见缝插绿"为主要手段，结合适当拆违建绿、拆墙透绿、破硬造绿，通过建设小微绿地、口袋公园等增加绿色空间面积；强化城市绿地与区域范围内其他自然资源要素的联系，优化城市绿地布局，形成较为完整的生态网络，推进绿色网络建设；加强依附铁路、公路、水系等城市线性结构的绿廊建设，推进城市绿道、城市游园建设，满足居民出行"300米见绿，500米见园"

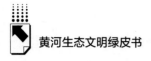

的基本诉求。结合提升绿色空间质量的措施，置入 15 分钟健身圈、阅读圈、休闲圈等体系建设，推进居民休闲游憩体系建设。

（本报告在数据收集与文本撰写过程中得到北京林业大学园林学院霍子璇、杨景茹、朱樱和房卓研四位研究生的大力协助，在此对她们的辛苦劳动表示感谢）

参考文献

樊杰、王亚飞、王怡轩：《基于地理单元的区域高质量发展研究——兼论黄河流域同长江流域发展的条件差异及重点》，《经济地理》2020 年第 1 期。

郭晗、任保平：《黄河流域高质量发展的空间治理：机理诠释与现实策略》，《改革》2020 年第 4 期。

郭晗：《黄河流域高质量发展中的可持续发展与生态环境保护》，《人文杂志》2020 年第 1 期。

韩磊等：《黄河流域土地压力状态及其可持续利用途径——以省会城市为例》，《太原学院学报》（社会科学版）2019 年第 5 期。

金凤君、马丽、许堞：《黄河流域产业发展对生态环境的胁迫诊断与优化路径识别》，《资源科学》2020 年第 1 期。

金凤君：《黄河流域生态保护与高质量发展的协调推进策略》，《改革》2019 年第 11 期。

陆大道、孙东琪：《黄河流域的综合治理与可持续发展》，《地理学报》2019 年第 12 期。

任保平、张倩：《黄河流域高质量发展的战略设计及其支撑体系构建》，《改革》2019 年第 10 期。

苏建军：《黄河流域生态保护和高质量发展背景下甘肃省水生态环境修复治理的思考》，《水利规划与设计》2020 年第 8 期。

徐辉等：《黄河流域高质量发展水平测度及其时空演变》，《资源科学》2020 年第 1 期。

徐勇、王传胜：《黄河流域生态保护和高质量发展：框架、路径与对策》，《中国科学院院刊》2020 年第 7 期。

G.14
黄河流域农村人居环境整治发展报告

巩前文　高兴武　方　然　田　园　杨文杰　王尚宇＊

摘　要：　黄河流域农村人居环境整治基础较为薄弱，历史欠账较多。近年来，黄河流域农村人居环境整治取得了显著进展，建立健全了以问题为导向的农村人居环境治理体系，构建了党委领导共建共治共享的农村人居环境治理格局，初步形成了立足产业、整旧如旧型，立足特色、修缮保护型，化零为整、异地重建型，治理脏乱、达标创建型，干净整洁、提档升级型等五种农村环境整治类型。建议在进一步整治农村人居环境过程中，坚持党建引领，更好发挥农村基层党组织战斗堡垒作用；规划先行，因地制宜构建农村人居环境整治规划体系；机制创新，探索形成政府带动全社会参与的治理机制；政策保障，提供灵活的农村土地要素供给和资金保障。

关键词：　农村人居环境　农村治理　黄河流域

改善农村人居环境，建设美丽宜居乡村。这是实施乡村振兴战略的重要

＊ 巩前文，博士，北京林业大学马克思主义学院副院长、教授、博士生导师，研究方向为"三农"问题与乡村振兴；高兴武，博士，北京林业大学马克思主义学院副教授、硕士生导师，研究方向为乡村基层治理现代化；方然，博士，北京林业大学马克思主义学院副教授、硕士生导师，研究方向为乡村基层治理现代化；田园，博士，北京林业大学马克思主义学院讲师，研究方向为乡村基层治理现代化；杨文杰，北京林业大学马克思主义学院博士研究生；王尚宇，北京林业大学马克思主义学院硕士研究生。

任务，更是关系到农村社会文明和谐和广大农民生活福祉的大事。"人居环境"的概念可以追溯到希腊学者道萨迪亚斯最早提出的"人类聚居学"理论，人类聚居环境不仅包含地球上可供人类直接使用的社会实体环境，还涵盖人类聚落周边的自然环境。我国学者吴良镛将"人居环境"定义为"是人类聚居生活的地方，是与人类生存活动密切相关的地表空间，它是人类在大自然中赖以生存的基地，是人类利用自然、改造自然的主要场所"。[①] 人居环境作为一个多层次和多类型的空间系统，可以细化为城镇人居环境和乡村人居环境两个部分。农村人居环境包含于乡村人居环境的范围内，是对行政村和自然村的生态、环境和社会等多方面的综合反映，由农村社会环境、自然环境和人工环境组成。农村人居环境的整治，对于乡村振兴战略的实施，对于引导农村经济、环境、社会协调发展以及城乡与区域协调发展具有极为重要的意义。

一 黄河流域农村人居环境整治的基础条件

（一）黄河流域水文地理条件差异显著，但特点鲜明

水文地理条件是地区经济发展和人口聚集的基础。黄河作为中国第二大河，发源于青藏高原巴颜喀拉山北麓的约古宗列盆地，流经青海、四川等九省区，最终在山东省东营市垦利区入渤海。黄河干流全长约 5464 公里，水面落差 4480 米，流域面积达到 79.5 万平方公里。黄河流域在地势上总体表现为西高东低。西部水源区平均海拔 4000 米以上，多是常年积雪的高山；中部地区海拔在 1000~2000 米，属黄土地质地貌，水土流失严重；东部主要由冲积平原组成，水流平缓，但河床有逐渐升高的趋势，已造成了悬河。根据流域形成发育的地理条件和水文情况，黄河主干道可划分为上游、中游和下游：自青海省河源区至内蒙古河口镇为上游，河道长 3471.6 公里，流域面积 42.8 万平方公里，占流域总面积的 53.8%；自河口镇至河南桃花峪

---

① 吴良镛：《人居环境科学导论》，中国建筑工业出版社，2001。

为中游，河道长 1206.4 公里，流域面积 34.4 万平方公里，占流域总面积的 43.3%；自桃花峪至山东入海口为下游，河道长 786 公里，流域面积 2.3 万平方公里，占流域总面积的 3%。黄河流域除主干道外，还包括汾河、洮河、渭河等黄河水系支流区域，其左、右岸支流呈不对称分布且疏密不均，流域面积的增速差别很大。其中，11 条较大支流的流域面积总和约 37 万平方公里，占全河集流面积的 50%。从总体来看，黄河流域地区日照充足，太阳辐射较强；季节差别大、温差较大，温度随地形自西向东由冷变暖。黄河流域降水集中，冬干春旱夏秋多雨，7～8 月降水量可占全年降水总量的四成以上；降水量分布不均，南北降水量比值大于 5，这也是黄河流域气候的显著特点之一。

（二）社会经济条件整体较差，农村发展总体滞后

受气候、地形、水资源等条件的影响，流域内各地区人口分布不均，经济发展状况有较大差别。全流域 70% 左右的人口集中在龙门以下的中下游地区，而该区域面积仅占全流域面积的 32% 左右。上游地区人口相对稀少，地区经济发展较落后并且不均衡；中游地区人口密度变大，经济发展模式多为资源型，对于铝矿、石油和煤炭等自然资源和域外市场的依赖性较大，第三产业欠发达，产业模式较为单一；下游地区人口最为密集，不同产业整体发展相对较为均衡，经济发展整体状况较好。[①] 其中，由于资源禀赋、政策方针、历史文化等原因，黄河流域发展的过程中产生了部分经济和人居环境落后地带，如鲁豫、晋豫等两省交界的地区，发展建设程度相对落后。以鲁豫交界地区为例，区内的梁山、范县、开封、东阿等地的人均地区生产总值大多在 10000 元以下。[②] 总体来看，与江浙等发达地区相比，黄河流域地区经济发展协调度较低，经济增长缺乏活力，农村人居环境建设亟待加强。

---

① 王婷等：《黄河流域县城人居环境比较研究》，《四川环境》2010 年第 1 期。

② 朱效明、李旭祥、张静：《黄河流域县级城市人居环境与经济协调发展研究》，《安徽农业科学》2010 年第 10 期。

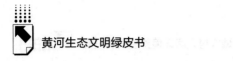

二　黄河流域农村人居环境整治的
重要举措及主要成效

黄河流域各省市县积极贯彻落实《农村人居环境整治三年行动方案》，以问题为导向，抓重点领域和关键环节，大力推进农村基础设施和城乡基本公共服务均等化建设，黄河流域的农村人居环境整治成效显著。

（一）建立健全了以问题为导向的农村人居环境治理体系

黄河流域省市县三级政府联动，党委、政府、基层自治组织、社会组织和农村居民协同，基本形成了流域特色鲜明、地域特征突出的农村人居环境治理体系。

1. 明确了农村人居环境整治的目标

黄河流域的 9 个省区、69 个市（州、盟）、329 个县（市、旗）三级政府分别制定了农村人居环境整治三年行动方案（2018～2020 年），明确了农村人居环境整治的目标。以黄河上游的甘肃省为例，《甘肃省农村人居环境整治三年行动实施方案》提出，到 2020 年全省乡镇生活垃圾收集转运处理设施实现 100% 覆盖，90% 以上的村庄生活垃圾得到有效治理，乡镇、建制村公厕覆盖率达到 100%，农村卫生厕所普及率达到 70%，农村生活污水治理率明显提高，所有村庄环境干净整洁有序，村民环境与健康意识普遍增强。城市近郊及县城周边地区、乡镇及周边村庄、偏远村庄及深度贫困村根据基础条件分类制定具体目标。

2. 确立了农村人居环境整治的重点领域与治理机制

黄河流域各省市县从地区实际出发确立了农村人居环境整治的重点领域和重点任务，并制定了相应的治理机制。以中游的河南省为例，河南省推进农村垃圾治理，建立健全了"五有"（有齐全的设施设备、有成熟的治理技术、有稳定的保洁队伍、有长效的资金保障机制、有完善的监督制度）标准和"四个环节"（扫干净、转运走、处理好、保持住）的农村生活垃圾收运处置体系；推进了农业生产废弃物资源化利用，形成了秸秆收储运体系，提高了秸秆综合利用规模化、产业化水平。推广使用加厚地膜和可降解地膜试验示范，农膜、农药包装废弃物回收利用机制初步形成。

3. 建立了农村人居环境整治的保障体系

黄河流域各省市县分别从组织领导、治理动员、资金筹措、治理标准技术和奖惩机制等角度建立了农村人居环境整治的保障体系。以下游的山东省为例，通过争取国家支持补一块、省市县财政拿一块、政府债券筹一块、社会资本融一块、集体经济投一块、群众自筹掏一块"六个一块"的方式，多渠道筹集建设资金1500亿元。结合全省平原、山区、沿海等不同地域气候环境特点，建立健全完善农村生活垃圾、厕所粪污、生活污水治理，农村道路和村容村貌提升等方面的标准体系，实现农村人居环境治理标准全覆盖。强化技术和人才支撑，把农村人居环境技术、设备和产品研发纳入乡村振兴战略和新旧动能转换重大工程总体布局。省市县三级建立督导机制，逐级建立农村人居环境整治台账，通过工作检查、群众满意度电话调查和第三方现场核查形式，对各市和县（市、区）人居环境整治评估督导并将结果在省内主要新闻媒体上公布。

（二）形成了党委领导共建共治共享的农村人居环境治理格局

在黄河流域农村人居环境整治过程中，通过各级党组织领导、五级书记齐抓共管，各级政府组织动员，村级自治组织积极行动和村民主动参与，逐步形成了党委领导、政府负责、村级组织协同、村民参与、法治保障、科技支撑的农村人居环境治理格局。

以内蒙古自治区为例，自治区要求各级党委、政府把改善农牧区人居环境作为乡村振兴战略的长期任务，自治区党委、政府负总责；旗县（市、区）党委、政府负主体责任；盟市党委、政府做好上下衔接、域内协调和督促检查工作，指导方案实施；苏木乡镇党委、政府做好组织实施工作。引导政府相关部门、社会组织和个人通过物质捐赠、结对帮扶等形式，支持农牧区人居环境设施建设和运行管护。以乡情乡愁和乡土文化吸引和凝聚各方人士参与人居环境整治。发挥农牧民主体作用，通过农牧区基层党组织领导核心和党员先锋模范作用，引导农牧民群众推进移风易俗、改进生活方式。推行人居环境整治项目、合同、投资额公开，接受嘎查村民监督和评议。推进农牧区人居环境整治立法工作，明确农牧区人居环境改善要求、政府责任和村民义务。组织高等院校、科研院所、企业开展农牧区人居环境整治新技术、新工艺、新装备的研发和推广，对项目建设和运行管理人员进行技术培训，培养乡村规划设计、项目建设运行等方面的人才。选派专业技术人员驻村指导，组织开展企业与旗县（市、区）、苏木乡镇、嘎查村对接农牧区环保实用技术和装备需求。

（三）创新形成一批农村人居环境整治的做法和经验

黄河流域农村人居环境整治因地制宜创新探索形成了诸多可复制、可推广的做法和经验。

甘肃省陇南市康县围绕农村人居环境整治"三大革命"（农村厕所革命、农村风貌革命、农村垃圾革命）和"六大行动"（农村生活污水治理、废旧农膜回收利用与尾菜处理、畜禽养殖废弃物与秸秆资源化利用、乡村规划编制、"四好农村路"建设、村级公益性设施共管共享工作）重点工作任务，坚持拆危与治理同步，以美丽乡村建设为抓手，全域推进"绿美净"工程。建立健全农村公共服务设施长效管理机制，选聘公益性岗位3457人，按照"属地管理、全面覆盖、分级负责、责任到人、围绕重点、动态管理"和"定格、定员、定责、定岗"的原则，采取"村收集、镇转运、县处理"的垃圾处理长效机制，实现全县环境卫生网格化管理全覆盖。开展"六争六评""村评户比、家洁院净"等群众参与机制，推动移风易俗，弘扬新风正气。培养造就了想干事、会干事、干成事的"双四有"（心中有党、心中有民、心中有责、心中有戒的干部队伍和建设有规划、落实有队伍、办事有资金、工作有干劲的基层组织）基层战斗堡垒，提振了乡村基层组织和农村干部在群众中的威信，基层干部有了成就感，群众有了获得感。

陕西省西安市鄠邑区，结合自身地理特点、人文特色开展以"全面建成清洁乡村、加快建设生态乡村、积极创造美丽乡村"为目标的环境整治，开展垃圾、污水、厕所、能源等农村新"四大革命"，深入实施"十大工程"，聚力打好美丽经济、美丽村庄、美丽人家、美丽乡风、美丽党建"五个美丽攻坚战"，农村基础设施不断完善，村容村貌持续提升，农民群众生产生活条件有效改善。2019 年，鄠邑区农村户厕提升改造工作在全市排名第二；交通运输部、农业农村部、国务院扶贫办联合授予鄠邑区"四好农村路"全国示范县称号，成为西安市第一个国家"四好农村路"示范县。①山阳县法官镇在村庄清洁行动中，创新推出《农户卫生保洁"五净六无一习惯"责任书》，要求农户家庭卫生达到厨房净、卧室净、厕所净、院内净、个人卫生净的"五净"标准，房前屋后无柴草乱堆、无棚舍乱搭、无垃圾乱倒、无污水乱泼、无畜禽乱跑的"六无"要求，养成每天开展家庭卫生保洁半小时的良好习惯。②

（四）治理农村环境"脏乱差"的村庄清洁行动成效显著

黄河流域各省市县以行动计划为指引，围绕"三清一改"（清理农村生活垃圾、清理村内塘沟、清理畜禽养殖粪污等农业生产废弃物和改变影响农村人居环境的不良习惯），因地制宜、有计划有步骤地开展村庄清洁行动，成效显著，黄河流域的美丽宜居乡村正在逐步变成现实。

以甘肃省为例，甘肃省推进农村"厕所革命"，探索推广了防冻直通式、双瓮漏斗改良式、节水防冻三格式、生活污水一体处理式等 11 种适应不同区域、经济适用、适应"寒""旱"、群众接受的改厕做法和模式，在基础条件较好、群众改厕意愿较强的 2061 个村整村推进农村改厕。全省改建新建农村卫生户厕 55.73 万座，76.7% 的行政村建成卫生公厕。推进全省

---

① 冯亮：《内外兼修绘就美丽乡村新画卷——访西安市鄠邑区副区长谢永平》，《旅游商报》2020 年 7 月 20 日。

② 周全魁、潘朝成：《山阳县法官镇"五净六无一习惯"助推户户干净迎小康》，《中国报道》2020 年 7 月 3 日。

无垃圾专项治理行动和农村"垃圾革命",95%的行政村可以对生活垃圾进行收集、运输,80%的行政村可以对生活垃圾进行处理。以干净、整洁、有序为目标,开展农村"风貌革命"。全省457万人次参与以"三清一改"为主要内容的村庄清洁行动,累计清理农村生活垃圾178万吨,依法清理烂房烂墙烂圈、废弃厂房棚舍29万处。截至2020年7月30日,全省已改建新建卫生户厕147.6万座,卫生厕所普及率30.2%,行政村卫生公厕覆盖率85.6%,生活垃圾集中处理覆盖率80%,废旧农膜回收率81.7%,畜禽粪污综合利用率75%,乡镇和建制村通硬化路全覆盖,建制村通客车率99.8%,累计清理农村生活垃圾276万吨,大部分村庄环境发生明显变化。① 截至2020年底,全省农村卫生户用厕所达到162.7万座,普及率33.2%;全省97.8%的行政村建成卫生公厕,基本实现有需求、有条件的行政村卫生公厕全覆盖。全省累计创建省级美丽乡村示范村900个、市县级美丽乡村示范村2000个,农村生活污水处理和综合利用率达到20.3%。②

以青海省为例,截至2019年10月,青海省美丽乡村建设已开工248个,开工率83%,整合各类建设项目903个,安排结对共建单位850个,累计筹集建设资金11.7亿元。农村"厕所革命"已开工64869座,开工率达到89%,已建成39261座,完工率达到54%。农业面源污染得到有效管控,300个规模养殖场实施设施设备实现提升改造,3个县整县推进粪污资源化利用,22个县开展农田残膜回收。通过清洁行动清理农村生活垃圾40余万吨,拆除残垣断壁、乱搭乱建设施2万多处,整治非正规垃圾堆放点175处,整治率达到72.3%,村容村貌明显改善。③ 经过三年的农村人居环境整治行动,青海省如期完成各项目标任务,全省改造卫生户厕20万座,卫生厕所普及率提高22.5个百分点,达到54.4%。其中,6个一类县无害化卫生厕所普及率达到93.9%,8个二类县卫生厕所普及率达到85.5%,

---

① 樊醒民:《开启村庄"美颜"模式 甘肃省持续推进农村人居环境整治》,《每日甘肃》2020年7月30日。
② 张立华:《甘肃省农村人居环境整治取得阶段性成效》,《农民日报》2021年5月21日。
③ 刘杨:《青海省农村人居环境整治全面推开》,《青海日报》2019年9月25日。

31 个三类县卫生厕所普及率为 37.9%，一、二类县均超额完成目标任务。农村生活垃圾得到有效治理，建立健全了"村收集、乡镇转运、县处理"一体化垃圾处理机制，农村生活垃圾得到治理的行政村达到 91.7%；195 处非正规垃圾堆放点全部得到整治，完成 456 个行政村生活污水治理项目，有效治理率达到 11%，超额完成 10% 的目标任务。同时，"三清一改治六乱"村庄清洁行动 4146 个行政村全覆盖，评选 1000 个清洁村庄，建设 406 个村庄清洁长效机制示范村，实施美丽乡村项目 2100 个，实施农牧民住房提升工程 7 万户，行政村硬化路实现了村村通，村容村貌显著改善。①

以山东省为例，截至 2020 年 6 月，5 个试点县（市、区）有 67 个乡镇（街道）、2304 个行政村启动垃圾分类，覆盖率分别为 74.44%、75.54%；配置分类垃圾桶 60.99 万个、分类运输车 1053 辆，建设垃圾中转站 112 个。自 2017 年起，山东省每年打造 500 个省级美丽乡村示范村，共创建省级美丽乡村示范村 1500 个。12 个县实施果菜有机肥替代化肥项目，处理各类有机资源总量 33.9 万吨，项目区化肥施用总量较上年减少 15% 以上，全省累计新增水肥一体化面积 673 万亩。全省畜禽粪污综合利用率达到 87%，农作物秸秆综合利用率达到 91% 以上。② 截至 2020 年 11 月上旬，山东省全面完成农村人居环境整治三年行动任务，累计完成改厕 1090 多万户，一类县户用厕所无害化改造率达到 90% 以上；因地制宜推广"建设运营一体、区域连片治理"的污水治理办法，完成生活污水治理的行政村占比达到 30% 以上；全省建成运行 130 座城乡生活垃圾处理厂（场），总设计处理能力 8.15 万吨/日，全省农村保洁人员约 25 万人，农村生活垃圾无害化处理的行政村稳定在 95% 以上。③

① 马建辉、陈明菊：《青海省农村人居环境整治三年行动各项目标任务如期完成》，《青海日报》2021 年 2 月 14 日。
② 《山东农村人居环境整治成效明显　乡村绿化美化水平持续提升》，央广网，2020 年 6 月 30 日，http://news.cnr.cn/native/city/20200630/t20200630_525150304.shtml。
③ 毛鑫鑫：《山东完成农村人居环境整治三年行动任务》，《大众日报》2020 年 11 月 26 日。

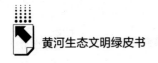
三 黄河流域农村人居环境整治的
主要类型及重点方向

自 2018 年全国推进农村人居环境整治以来，黄河流域不同地区探索农村人居环境整治新路径，在村容村貌整治方面形成了几种富有特点的整治类型。

（一）立足产业，整旧如旧型

立足产业，整旧如旧型，即从农村产业基础出发，将人居环境整治与产业发展相联系，立足本区域农村产业经济发展条件和现状，在推进农村人居环境整治的过程中，既突出整治举措的广度和力度，又强调保留农村原有基本外观风貌的原汁原味，真正达到农村人居环境整治整旧如旧而非旧的程度。

甘肃省渭源县实施渭河源生态保护与综合治理规划，依托渭河源国家森林公园，推进文化旅游产业融合。截至 2020 年，全县有 AAAA 级景区 2 个、AAA 级景区 2 个、AA 级景区 2 个。2020 年举办了第三届渭水文化旅游节、渭源县冰雪旅游活动、"丝路古韵·渭水流歌"旅游文化周活动，全年接待国内外游客 154.13 万人次，比上年增长 2.4%，实现旅游综合收入 7.53 亿元，同比增长 5.4%。[1] 渭河源生态综合治理及乡村旅游产业互促互进的成功，来源于他们敢于彰显农村的"土气"，善于利用乡村的"老气"，巧于焕发农民的"生气"，精于融入时代的"朝气"。[2]

立足产业，整旧如旧型未来发展应坚持从资源禀赋和产业基础出发，着力推进区域农村人居环境整治和产业经济发展的联通互动，继续对本区域农村原本风貌形式进行保护，在实现农村人居环境整治目标的过程中，既促进产业经济的调整升级，又留住一份乡愁。

---

[1] 渭源县人民政府：《2020 年渭源县国民经济和社会发展统计公报》，2020。
[2] 《黄河流域渭河源生态综合治理及乡村旅游》，《定西日报》2020 年 7 月 26 日。

（二）立足特色，修缮保护型

立足特色，修缮保护型，即从当地资源禀赋和传统历史文化出发，对农村人居环境进行修缮保护，加强对农村现代化硬件设施和软件设施的建设，充分挖掘区域农村的品牌优势，着力培育农村特色产业和特色文化，推进建设特色小镇、特色乡村，避免农村发展形态的同质化。

习近平总书记视察宁夏时强调，努力建设黄河流域生态保护和高质量发展先行区。宁夏实施黄河上游生态保护修复和建设工程，坚持重在治理，相继制定了《宁夏回族自治区引黄古灌区世界灌溉工程遗产保护管理条例》和《宁夏引黄灌溉工程遗产保护规划（2018—2035）》。为打造好具有宁夏流域段特色的黄河文化品牌，必须重视遗产的挖掘、保护和修缮工作，守护好我们的宝贵遗产，与此同时善于将黄河文化与全域旅游深度融合。第一，做好惠民工作，以宁夏黄河文化为依托做好重要惠民工程；第二，做好保护性开发工作，建设引黄古灌区世界灌溉工程遗产公园、建设交流平台等；第三，做好宣传教育，包括出版传媒、文博科普、舆论引导、水情教育等，大力传播节水治水兴水正能量，让黄河文化家喻户晓、深入人心。

立足特色，修缮保护型，旨在保留浓郁地方特色的基础上完成对农村的修缮保护，既需要对地方特色的挖掘，并进行保护性开发，开发性地创新保护，如传统民居、传统服饰、传统节日等，也需要对区域农村人居环境进行进一步的修缮保护，从基础设施到生态环境，再到文化氛围、社会关系。

（三）化零为整，异地重建型

化零为整，异地重建型，即一些区域在条件成熟的地方，在农村整体规划中将零散乡村进行整合，在这些零散乡村外另辟新地重新建设，在改善农村人居环境的同时，促进农村社会治理质量水平的提升。

山东省梁山县是典型的黄河滩区，全年有 7~8 个月时间处于汛期，滩区村庄经济发展相对缓慢，基础设施建设普遍落后。滩区群众为躲避洪水，家家户户垫高地基，院落至少高出地面 5 米，生活被描述为"3 年攒钱、3 年垫台、3 年建房、3 年还账"。2017 年，国家发改委批复《山东省黄河滩区居民迁建规划》，济宁市随即出台了滩区迁建实施方案。农发行济宁市分行、梁山县支行紧跟政策，主动对接，发挥政策银行职能作用，搭建信贷支持绿色通道。村民很快住进了新社区。梁山县黄河滩区村民乔迁新居，永远告别黄土高台，实现了祖祖辈辈的"安居梦"。迁建社区按照人均 40 平方米的标准，规划多层和小高层楼房，配套社区服务中心、医护室、老年人日间照料中心、农贸市场、小学、幼儿园和商业街。① 2020 年，梁山县加快推进美丽宜居社区建设，黄河滩区迁建工程竣工，22 个村庄迁出滩区，20436 名村民喜迁新居。

化零为整，异地重建型，农村人居环境改造的前提条件往往比较特殊，不能大搞"一刀切"，要在充分尊重地方农村发展基础以及农村居民现实意愿的基础上谨慎进行。

（四）治理脏乱，达标创建型

治理脏乱，达标创建型，即指针对部分农村地区在不同程度上存在的脏、乱、差等不良人居环境现状，经过全面调查研究，确立科学完善、切实可行的人居环境合格标准，据此对不同农村地区开展的人居环境整治情况进行评价，根据需要引入奖惩和竞争机制，将法律法规的硬性约束和各类评比的柔性激励相结合，发挥引领、示范、辐射作用。

地处黄河中游地区的山西省芮城县，通过树立样板，开展绿色村庄，省、市级美丽宜居示范村，特色小镇各类示范典型创建活动，打造人居环境改造的村庄亮点，以点带面推进本区域农村人居环境综合整治工作质量的提升。一是规划先行，编制"多规合一"的村庄规划。二是治理脏乱跟进，

---

① 《九曲安澜入襟怀——山东济宁市分行精准支持黄河流域生态保护和高质量发展》，中国农业发展银行网站，2019 年 10 月 30 日，http：//www.adbc.com.cn/n5/n1021/c35955/content.html。

开展农村人居环境提升行动，扩大农村生活垃圾收运体系覆盖面，新开工建设生活污水处理设施600个以上，整村分类推进改厕30万户。三是以评促建、评建结合。持续开展绿色村庄，省、市级美丽宜居示范村，特色小镇等创评活动，坚持硬件软件一起抓、面子里子一起做，持续优环境、补短板、提服务。同时，按照"统一规划、集中整合、务实有效、示范引领"的思路，集中整合财政资金，有效吸引社会资源，积极拓展市场运作空间，调动全社会参与治理脏乱，实现了农村垃圾污水集中处理、村庄面貌规范和美观，创建的一批样板示范村起到了辐射带动作用。①

治理脏乱，达标创建型，需要在达标创建的过程中，进一步规范达标创建程序，明确达标创建的目标任务，科学制定考核方式和评价指标，加大对达标创建活动工作的监督力度，使达标创建模式的实效性能够真正得以发挥。尤其值得关注的是，这类区域首先应当采取强有力的举措尽快改变部分农村脏乱横行的现状。

（五）干净整洁，提档升级型

干净整洁，提档升级型，即对于环境基本实现整洁有序，人居环境质量已经得到极大提升的村庄，持续推进人居环境的提档升级，从农村电网到农村饮水，再到交通等城乡基础设施的互联互通，不断满足人民对美好生活的向往和要求。

地处黄河流域的河南省兰考县按照"产业兴旺、生态宜居、乡风文明、治理有效"的要求，以改善农村人居环境为目标，以打造干净、整洁、有序、生态、文明、美丽新农村为重点，通过建立长效机制、落实经费保障、完善设施设备、推行垃圾分类、健全监管制度、建设美丽乡村等举措，推进农村人居环境的"美丽升级"，探索形成了"政府主导、财政支持、农民参与、市场运作"的兰考模式。② 兰考县重视推进国土绿化、

---

① 《【牢记嘱托 砥砺奋进】奔跑吧，山西！向着乡村振兴……》，黄河新闻网，2021年5月11日，http://www.sxgov.cn/content/2021-05/10/content_10487949.htm。

② 余笑笑：《兰考县全力推进农村人居环境"美丽升级"》，《开封日报》2018年4月11日。

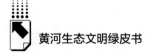

水系连通、农村人居环境改善，扎实开展"十项清零"、文明创建等11个专项行动。正因如此，兰考县连续多年获评"全省改善农村人居环境工作先进县"。

干净整洁，提档升级型，已经基本改变农村脏乱差情况，呈现干净整洁的现状，这类区域应在保持原有建设成绩的基础上，持续推进农村生态宜居常态化发展，进一步创造洁净、优美、舒适的农村人居环境，致力于打造"富美乡村"，促进农村人居环境的提档升级。

四 进一步推进黄河流域农村人居环境
整治的对策建议

（一）党建引领，更好发挥农村基层党组织战斗堡垒作用

黄河流域农村人居环境整治过程中的大量实践表明，整治效果好的村庄都有好的基层党组织。在进一步推进农村人居环境整治过程中，不断加强农村基层党组织建设，彻底改变基层党组织涣散现象，打造具有战斗堡垒作用的农村基层党组织。一是加强农村党组织建设。选好配强村两委班子，特别是选好村党支部书记。村党支部书记是村两委班子的核心，也是带动全村落实各项改革政策的"一面旗帜"，把党性强、为人实、群众基础好的党员推选为村党支部书记，有益于团结带领村民共同建设好村庄。因此，配强村党支部书记要放在农村基层党组织建设工作的重要位置。二是发挥农村党组织的引领带动作用。农村党组织要扛起党领导一切的"大旗"，发挥好党员的示范带动作用，在农村公共基础设施建设和公共服务供给上，带头维护集体利益，不与群众争利，团结群众攻坚克难，以服务群众增强党组织的吸引力和凝聚力。坚持村级组织为民服务公开承诺制，实行群众事务全程代理代办制度，多为群众办暖心、顺意、解困的实事，不断提高群众满意度。三是建立党员与群众之间的互相监督机制。农村人居环境整治是系统长期工程，不是靠一次性投入就能解决的，需要农村居

民把环境保护意识转化为环境保护习惯，并落实到行动，因此，在习惯养成之前，需要监督机制的介入。党员要敢于向不文明的环境行为、不生态的生活习惯"亮剑"，带领和督促群众提高环保意识，养成良好的爱护环境习惯。

（二）规划先行，因地制宜构建农村人居环境整治规划体系

黄河流域农村人居环境整治必须规划先行，在规划引领下，稳步推进。由规划部门牵头，第三方专家团队参与，以县为主体，开展县域层面、乡镇层面和村层面的村庄布局规划，构建"大规划、中规划、小规划"农村人居环境整治规划体系新格局。整个规划体系要坚持人与人、人与社会、人与自然和谐融合的理念，充分体现山区、丘陵、平原、城郊、水乡的地形地貌特色，采用"长藤结瓜""卫星村落""众星拱月""花团锦簇"等多样化的布局形式。既要反映农村特色的风貌，又要充分体现区域产业和文化特色；既要注重现代城市文明的辐射带动，又要反映传统优秀文化的特点。通过制定规划，开展乡村基础设施建设，实现产业发展、农民就业、生态环境、社会保障、乡村文化等共融互促的目标。一是制定县域农村人居环境整治"大规划"。大规划是县域的城镇、村庄布局规划，重点明确城镇发展与乡村发展之间的互动关系，要素之间的流动，乡镇产业之间的合作与错位发展等。二是乡镇层面的"中规划"，明确哪些村要作为中心村建设，哪些村要逐步拆并，并与小城镇建设规划、土地利用总体规划、重要基础设施建设规划进行有机衔接。农村人口的适当集中居住，对集约利用土地、提高基础设施共享性、美化农村环境和发展社区服务业具有积极意义。三是单个村庄的"小规划"。单个村庄的建设规划，要充分体现"三生一文"的要求，即要走生产发展、生活富裕、生态良好、文化支撑的文明发展路子。要与产业结构调整相适应，与农村基础设施、生态环境、交通道路、产业园区、水利设施等专项规划相配套，做到村庄内的生活、生产、生态等功能的合理分区和教育、文化、娱乐、办公等服务设施的合理布点，体现乡村特色。

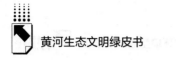

（三）机制创新，探索形成政府带动全社会参与的治理机制

农村人居环境整治既要着眼当前，也要重视长远，重点是形成政府主导、农民主体、社会参与的新机制，尤其是促进农民的参与，避免"政府干、农民看"的现象。一是政策引导与宣传并举，为农民参与"留空间""增意识"。在政策制定中强调农民主体地位和在政策执行中增强农民行动能力是提高农民参与意识的重要举措。首先，地方政府在制定农村人居环境整治政策执行方案时，要发挥政策引导作用，将农民纳入整治主体，让农民充分参与农村人居环境整治工程实施和维护等工作；其次，乡（镇）政府要加强对农村人居环境整治政策宣传的重视程度，定期举办农村人居环境整治政策宣传教育活动，让村里的"大喇叭"及时传达国家和地方农村人居环境整治的新政策和新要求；最后，村集体要主动组织一些有创意的环境评比活动，调动农民参与环境维护的积极性。二是高度重视环境整治行动，为农民参与"提信心""聚合力"。一方面，地方政府要建立农村人居环境整治的长效机制，定期召开农村人居环境整治进度汇报会议，加强对农村人居环境整治工作的监督考核，提高农民对农村人居环境整治的信心，进而增强农民参与农村人居环境整治的动力；另一方面，在农村人居环境整治方案中要明确责任，对农民必须参与或者自愿参与的事务进行清晰界定，确保主体责任严格落实，形成合力解决农村人居环境问题的责任体系。

（四）政策保障，提供灵活的农村土地要素供给和资金保障

黄河流域农村人居环境历史欠账多，整治空间大，需要加强政策供给。一是加大对农村建设用地的支持力度。农村建设用地是乡村产业振兴的重要基础性资源保障。高度重视盘活乡村存量建设用地，除了通过土地整理挖掘可用建设用地潜力，还要盘活闲置宅基地。通过开展土地综合整治工程和闲置宅基地复垦工程，把节约出来的建设用地和宅基地复垦置换出来的建设用地全部用于农村基础设施建设和产业发展，强化乡村振兴的用地保障。二是积极探索在县市建立政府主导下的农村人居环境整治投融资公司。加强与金

融机构的合作，引导各类金融机构支持中心村培育建设，丰富农村贷款产品，创新农村贷款方式，大力开展小额信用贷款、农户联保贷款、信用担保贷款和农村集体"四荒"地抵押，积极推进林权抵押贷款和农机具抵押贷款，稳步探索农房抵押贷款土地承包经营权抵押、集体经营性建设用地使用权抵押贷款试点，为农村人居环境整治提供信贷支持。积极探索金融机构入村开展上门金融服务和开办流动网点等新形式，提供更为灵活的农村金融服务。

G.15
黄河流域生态保护信息化
建设发展报告

陈志泊　许福　赵东　孙国栋　王春玲　王海燕

段瑞枫　张军国　闫磊　苏晓慧*

摘　要：　本报告立足于"智慧黄河""生态黄河"的建设需求，介绍
黄河流域生态保护信息化的发展脉络和前沿技术趋势。从标
准规范建设、信息化基础设施建设、应用平台建设等方面分
析概括了绿色智慧黄河的建设现状，指出了制约黄河流域生
态保护信息化建设的关键因素，即先进信息技术应用不充
分、标准化程度不够以及全流域治理缺乏统筹规划等。报告
最后指出了符合生态文明建设理念的绿色智慧黄河发展趋
势，以及潜在的技术突破点与创新性应用。

关键词：　生态保护　智慧黄河　信息化建设　黄河流域

---

* 陈志泊，博士，北京林业大学信息学院院长、教授、博士生导师，研究方向为林业物联网及
大数据处理；许福，博士，北京林业大学信息学院副院长、教授、博士生导师，研究方向为
遥感信息处理和智慧林业；赵东，博士，北京林业大学工学院副院长、教授、博士生导师，
研究方向为农林机械装备及智能化、无损检测；孙国栋，博士，北京林业大学信息学院副教
授，硕士生导师，研究方向为生态监测物联网与机器学习；王春玲，博士，北京林业大学信
息学院副教授，硕士生导师，研究方向为大数据技术与人工智能；王海燕，博士，北京林业
大学信息学院副教授，硕士生导师，研究方向为数据分析与预测、林业信息服务；段瑞枫，
博士，北京林业大学信息学院教师，研究方向为智能通信、集成电路设计、卫星通信；
张军国，博士，北京林业大学研究生院副院长、教授、博士生导师，研究方向为生态智能监
测与信息处理；闫磊，博士，北京林业大学工学院教授、博士生导师，研究方向为林木装备
自动化与智能化、机器视觉与人工智能；苏晓慧，博士，北京林业大学信息学院教师、硕士
生导师，研究方向为林业信息化与空间信息技术。

"信息化"是党的十八大提出的"新四化"的重要建设内容之一，加快物联网、云计算、人工智能等新一代信息技术的推广应用，对用信息化引领黄河流域治理现代化具有重要意义。党的十九大指出，必须坚定不移贯彻绿色发展理念，大力推进生态文明建设。2019年，习近平总书记提出了黄河流域生态保护和高质量发展的重大国家战略，为信息化引领治黄现代化指明了新的发展方向，绿色智慧黄河建设进入快车道。绿色智慧黄河是"智慧黄河""生态黄河"的融合和延伸，是新时代黄河流域生态保护和高质量发展的顶层设计，是支持并实现透彻感知、网络深度覆盖、信息资源高度共享、集成智能化应用与专业决策的"人—自然—社会"相互耦合的智能化生态保护系统。

一 绿色智慧黄河建设的意义和内容

推动黄河流域生态保护和高质量发展是一项复杂的系统工程，充分利用现代信息科学技术，为黄河流域治理搭建新的信息技术平台，动态监测黄河水环境变化、水沙关系变化、流域生态环境变化，是新时代国家有关黄河流域生态保护和高质量发展的重大战略举措。当今世界正迈向信息时代和智能时代，信息技术和智能化生产工具在节约能源资源和保护生态环境方面发挥了越来越重要的作用。

近十年来，我国以需求为牵引、以问题为导向，先后开展了"数字黄河""智慧黄河"等重大信息化建设工程，以信息化带动黄河流域治理现代化，推动黄河流域生态保护和高质量发展。从总体来看，黄河流域生态保护与治理过程中信息化程度不断提高，从早期的基于3S技术的监测，逐步过渡到融合3S、物联网、大数据技术的"山水林田湖草沙冰"空天地一体化监测，出现了一批诸如祁连山、三江源生态保护信息化平台建设等重要的应用示范项目。

我国黄河流域生态保护信息化建设工作虽然取得了很大成绩，但也面临很多挑战，传统的信息化手段难以有效解决黄河流域生态保护和高质量发展

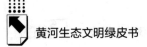

面临的突出问题。比如，黄河流域生态保护中新一代信息技术的应用深度和应用广度还不够，受不同时段、不同地区的工程建设影响，在信息采集、传输、存储、分析、共享、利用等方面采用的技术标准没有完全统一，信息资源共享程度低，存在比较严重的"信息孤岛"现象，影响了全流域的整体生态保护和治理成效。

借助新一轮科技革命和产业变革浪潮的发展机遇，绿色智慧黄河建设围绕大数据中心、工业互联网、5G、人工智能等"新基建"领域，聚焦黄河流域信息化标准规范建设、信息化基础设施建设、信息化应用平台建设三个方面，实现云平台、移动和星际网络接入、边缘计算资源等计算要素的融合一体化，全面提升黄河流域生态保护的绿色化、智慧化水平，统筹推进流域经济社会发展和生态环境保护，促进黄河流域高水平建设和发展。

二 绿色智慧黄河建设现状

（一）标准规范建设

标准化是信息化建设的重要基础性工作，通过统一技术要求、业务要求和管理要求等标准化手段，可以保障信息化工程建设有章可循、有法可依，形成一个有机整体，避免盲目建设和重复建设，降低成本，提高效益，保障信息化建设的高效、快速、有序开展。

黄河流域信息化标准规范按照"一国标、二部标、三省标、四自建"的"四部曲"建设思路，结合流域特点，按照急用先行、加强应用的原则，有序推进黄河流域信息化标准规范建设。经过多年的不懈努力，目前已初步形成了由信息化基础设施、业务应用和保障环境组成的治黄信息化标准体系，制定了《水利信息化常用术语》（SL/Z 376-2007）、《水利信息化项目验收规范》（SL 588-2013）等相关行业规范。2013年，水利部黄河水利委员会（以下简称"黄委"）发布了《黄河水利信息化发展战略》，对治黄信息化作了顶层设计和战略性部署；2015年出台的《黄河水利委员会信息化资源整合共享实施方案》（黄总办〔2015〕369 号），明确了信息化资源整合共享的目标、任务、重点工作等；2016 年，黄委从治黄全局和战略高度推动信息资源整合共享，部署实施信息化"六个一"重点工作，提出以信息化引领治黄现代化，以信息化倒逼内部管理的规范化和现代化；扎实推进信息化与治黄工作深度融合，着力推动数字黄河向智慧黄河升级发展，为实现黄河治理体系和治理能力现代化提供强有力的支撑。[①]

（二）信息化基础设施建设

20 世纪 90 年代初，黄河流域生态保护信息化程度较低，主要采用单机系统，为本地用户提供本地资源服务，不支持网络远程访问。

20 世纪末 21 世纪初，随着宽带互联网的日益成熟，黄河流域各部门开始构建基于服务器、工作站的局域网信息系统，构建了部分典型生态保护信息系统。比如，2002 年黄委采用光纤环网技术实现了驻郑单位的局域网络连接，构成了黄委的骨干计算机网络，使得异地会商、实时动态图像传输成为现实，为水利信息可视化提供了技术支持。[②]

21 世纪以来，数据中心技术快速发展，黄河流域各部门开始建设数据中心机房，在一个物理空间内实现信息的集中存储、传输、交换、管理，使得各类生态数据的存储、传输、分析能力大大提高。2002～2004 年黄河流域水资源保护局建设了花园口和潼关两座水质自动监测站，为黄河水资源保护和监督管理提供了大量的水质监测资料，在引黄济津安全供水、突发性水污染事故预警预报等工作中发挥了不可替代的作用。[③]

随着云计算技术的发展和成熟，2015 年，黄河水利委员会在水利财务分中心和异地容灾备份项目的基础上，初步建立了黄河云平台系统，集成了

---

① 吴晖、李长松：《黄委信息化"六个一"推动智慧黄河建设》，《水利信息化》2018 年第 4 期。
② 张振洲、于海泓：《黄河水利委员会信息建设中的关键技术》，《人民黄河》2002 年第 5 期。
③ 黄河流域水资源保护局：《黄河水质自动监测站关键技术开发与研究》，《科技成果》2008 年 1 月 1 日。

黄委 OA 办公系统，防汛业务系统，气象、水文、地理信息、遥感影像等信息系统①，有效地提高了基础设施利用效率和信息的分析处理效率。

2018 年以来，中央经济工作会议明确了 5G、人工智能、工业互联网、物联网等"新型基础设施建设"的定位，使得黄河流域生态保护信息化建设有了更加明确的指导。以"物联网＋边缘设备"为基础的无线监测系统、"卫星通信＋北斗导航"构筑的空天网络、5G 通信网络等也在陆续建设中。以"物联网＋边缘设备"构建的空天地一体化监测系统能够对黄河流域的水质、大气进行监测，提高了信息收集效率。

（三）应用平台建设

1. 典型生态系统信息化平台建设

信息化技术的应用和实施有效提升了黄河流域森林、湿地、荒漠、草原等典型生态系统的保护水平，降低了人工管理成本，提升了保护成效和管理效率。

（1）森林生态系统保护信息化

森林具有涵养水源、保持水土、净化环境、保持生物多样性等功能。2017 年，青海省利用信息化、虚拟化和云计算等信息技术，搭建了多源汇交、天地一体、动态更新、界面友好的生态监测数据信息服务系统。2019 年，青海省级融媒体平台"大美青海云"正式上线，构建了基于"互联网＋生态"的综合信息平台，通过数据汇交、数据共享实现对生态环境监测评价业务、科研和管理的支撑。

为解决祁连山生态环境破坏问题，2018 年甘肃省张掖市启动了"天眼"生态环境监测平台，以卫星遥感技术为支撑，采用航空遥感和地面监测等多种手段，构建了"一库八网三平台"空天地一体化的生态监管网络，搭建了从数据采集、数据处理到数据应用的一体化平台。基于移动平台、射频识

---

① 冯建、李自尊、汤进：《基于黄河云平台的数据持续保护技术应用研究》，《河南科技》2017 年第 19 期。

别、物联网等获取地理信息数据、地面监测数据和卫星遥感数据等，通过数据处理、挖掘整合，实现对大气环境质量、水环境质量、土壤污染等的精细化监测，为祁连山和黑河湿地自然保护区森林退化、湖泊变化、沙漠化和生物多样性提供数据支撑，提升了生态环境监管的科学化、精准化水平。

随着信息技术的进步，融合3S、图像处理、云计算、热成像、无人机等技术的森林火灾监测系统和有害生物防控系统成为森林防火和有害生物防控的有效手段。黄河流域各省区积极打造森林火灾监测系统。2010年，山西省在全国首家建设了"省—市—县（监控点）"三级森林远程视频监控系统，实现了对全省70%以上森林的24小时实时监控预警，提高了森林火灾的预防和扑救能力，使森林火灾的年发生率低于2次/10万公顷，年受害率低于0.1‰，控制率低于10公顷/次。此系统还支持森林资源管理和有害生物监测，可实现电视电话会议和森林火灾可视指挥等综合功能。2017年，河南省卢氏县林业局搭建了由县级指挥中心、24个前端监测节点组成的森林防火预警监控系统，具备夜间成像和可见光成像两种火灾分析探测模式，能够在恶劣条件下实现全天候的监测任务，成功预警了卢氏县的多起火情，避免了火情蔓延。2019年，河南省建成了覆盖全省的森林火灾监测系统。

2009年，山东省济南市林业局建立了美国白蛾虫情测报体系，在全市建立了30处监测站（点），全天候观测虫情发展动态，及时准确地发布虫情预警和响应措施，做到虫情早发现、早报告、早防治，形成全市联动的预报预警网络。2018年，四川省成都市对林业有害生物监测防治实行"横向到边、纵向到底"的网格化管理，实现了长效监测全覆盖，保证了成都市的林业生产健康发展。2019年，山东省建立了"省—市—县—镇"四级虫情测报预警体系，为实现现代林业提供技术支撑。

北京林业大学一直致力于黄河流域森林防火与有害生物防控等相关技术研究。在火灾和病虫害易发区建立了完善的监控网络，全天候监测林区状态，包括烟雾报警器监测林区烟雾浓度，温湿度传感器监测林区温度、湿度，搭载高清摄像头的无人机监测着火点和病虫害受灾点，基于远程摄像头和卫星遥感数据通过光谱反射差异变化判别是否发生病虫害等。

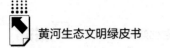
（2）湿地生态系统保护信息化

湿地，被称为"地球之肾"。黄河流域既拥有上游源头区及峡谷区湿地、河套平原地区湿地和中游湿地，也拥有下游黄河口三角洲湿地。

近年来，遥感技术迅速发展，为大区域湿地快速调查和监测提供了有效的技术手段。中科院地理所利用"北京一号"小卫星2006年的遥感数据对黄河流域湿地格局进行了监测。根据"北京一号"小卫星成像特点及黄河流域湿地特征，建立了黄河流域湿地遥感分级分类体系，得到了2006年黄河流域湿地分布图，为合理构建流域湿地保护框架体系提供了参考和指导。

北京师范大学基于黄河流域气候分区、地貌单元及湿地遥感数据，构建了黄河流域生态地理综合湿地分类系统。将湿地气候—地貌分类单元作为生态系统层次保护对象，结合黄河流域鸟类分布范围作为物种层次的保护对象，构建了黄河流域湿地保护优化格局，识别湿地保护空缺。该分类系统表明：黄河流域大部分沼泽湿地集中在黄河上游区域，源区保护区覆盖面积大，在内蒙古、甘肃及四川部分区域一些稀有湿地类型游离在保护体系外；黄河中游湿地类型以河道和河滩湿地类型为主，保护覆盖率极低，保护空缺严重；黄河下游湿地主要集中在黄河三角洲区域，目前保护体系完整，保护空缺面积极小。该分类系统为黄河流域湿地保护优先区及保护红线规划的确定提供了决策参考。

甘肃省构建了以"地面—无人机—高分卫星"为主、基于物联网的空天地一体化监测系统，进行"山水林田湖草"系统的综合监测，支持生态环境、自然资源、水塔与人类活动变化等监测，监测网络覆盖了三江源、祁连山、青海湖、柴达木盆地、河湟谷地五大生态板块。监测体系日益完善，从之前的生态环境状况、土壤侵蚀等12类249项指标，扩大到冰川、冻土、生物多样性等15类273项指标。2019年5～9月，该监测系统的76个多源遥感数据集在国家青藏高原科学数据中心陆续发布，相关数据和成果已应用于甘肃省与青海省生态环境厅生态环境综合监测平台的构建、自然资源部自然资源综合观测网络工程建设以及祁连山科考。

2021年3月，生态环境部卫星环境应用中心发布了利用卫星遥感数据对黄河流域湿地状况进行监测与分析的最新成果，得到了2018年黄河流域湿地分布图，分析了2000～2018年湿地变化规律。2018年黄河流域湿地面积约为22708.35平方公里，面积最大的为沼泽湿地，占全流域湿地面积的39.6%；湿地面积比2000年增加1021.62平方公里，增加面积最大的湿地为人工湿地；黄河流域湿地存在部分退化、人工化、水资源过度开发、水污染严重、湿地生物多样性降低等问题。

（3）荒漠生态系统保护信息化

治理水土流失、保护和建设良好的生态环境是黄河上中游地区可持续发展的前提和基础。改革开放40多年来，黄河上中游地区在水土保持生态建设方面取得了显著成效。特别是信息技术的采用，提供了新思路，促进了黄河上中游地区水土保持工作的开展。

黄河上游地区是中国土地荒漠化的重灾区之一，是中国荒漠化监测和治理工作的重点区域。吉林省地质调查院和中国国土资源航空物探遥感中心采用美国陆地卫星MSS、TM、ETM、CBERS四期数据，基于卫星遥感和地理信息系统技术对30年来黄河上游荒漠化时空演变及成因进行了研究，分析了1975～2007年黄河上游荒漠化的时空分布特征，探索演变成因，并结合该区域气温和降水数据，分析了其与荒漠化演变进程的关系。结果显示：2000年之前是荒漠化的增加时期，2000年之后是荒漠化的减少时期。结合气温和降水量数据叠加分析得出，气候变化是黄河上游荒漠化发展的重要原因，地质背景是内因，人类活动起催化作用。由此可见，信息技术的应用使荒漠化防治更有章可循。

近年来，以黄河流域水土保持生态环境监测系统（一期）工程等重点项目为引领，初步形成了以信息技术为支撑的黄河流域水土保持监测网络系统；建设了郑州监控中心、黄河流域水土保持生态环境监测中心和天水、西峰、榆林、临潼4个监测分中心；建成了涵盖自然环境、社会经济、水土流失、预防监督、水保监测和空间数据等内容，总量超过20TB的水土保持数据库，有效支撑了水土保持核心业务，提升了行业管理和科学决策水平。从2010年起，连续发布年度《黄河流域（片）大型生产建设项目水土保持公

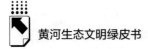

报》，其在政府决策、经济社会发展和公众信息服务等方面发挥了积极
作用。

黄河上中游管理局设计的数据管理系统以黄河流域全国水土流失动态监
测项目涉及的 29 个水土保持监测站的气象数据为处理对象，实现了降雨、
风速、风向等气象信息实时展示、历史数据下载，以及逐日降雨量、降水过
程摘录表的自动计算、整理汇编等功能，为小流域监测站原型观测数据提供
了先进的技术支撑平台，也为今后信息化建设提供了重要的基础条件。

黄河流域水土保持生态环境监测中心经过多年的能力建设和项目实
践，建成了黄河流域水土保持监测信息采集、传输、处理、共享网络，建
成的黄河流域水土保持数据库数据量积累达 50TB，开发的黄河流域水土
保持数据库管理和生产建设项目、水土保持监测管理等应用系统，为流域
水土保持监督、监测等提供了科学、及时、有效的信息支撑，有力提升了
水土保持综合监管能力，能够为水土保持行业和经济社会发展提供优质的
信息化服务。

2020 年黄河水利科学研究院研发出一套集成星载多源遥感影像智能翻
译（空）、无人机遥感数据高效分析（天）、野外精准快速调查（地）的
"空天地一体化"监管技术，具有采集数据类型多、影像翻译方法精度高、
大数据挖掘及影像翻译速度快、水土保持监管技术支撑能力强等优点。

（4）草原生态系统保护信息化

草原在保持水土、防风固沙、保护生物多样性、维护生态平衡方面具有
不可替代的作用。黄河流域草原退化严重降低了水源涵养能力，提升信息化
支撑能力是有效促进草原资源保护的重要途径。通过卫星遥感、无人机航
拍、地面监控探头等立体监控网络、大数据技术，对草原资源、有害生物的
地理位置和群体数量等进行实时监测，进而实现对异常情况的预警，为依法
保护草原和促进草原合理利用提供了技术支撑。当前，面向草原生态保护的
信息化应用以监测系统和数据平台为主。

青海省确立了"地面、遥感、气象"三位一体的草原监测方法，在重
点草原和生态功能区建设国家级固定监测点 23 个，布设长期定位监测样地

586个，建立了覆盖全省主要草原类型的地面监测网络，对草原物候期以及草原重大生态工程实施成效进行监测，并针对祁连山地区的草原资源和生态状况开展专题监测。草原监测数据已成为评价各类草原保护工程和草原补奖政策实施效果的重要依据，为草原畜牧业生产以及草原有害生物防控提供技术支撑和信息服务。开发了信息共享和数据处理平台，该平台实现了卫星遥感信息共享、草原监测预警、数据加工处理和统计报表生成等多种功能，使现有监测数据处理、报告编写等工作更加程序化、精准化和效率化。

内蒙古自治区建有多个草原生态系统定位研究站，对草原退化、沙化、盐渍化，以及雪灾、火灾、草原生物灾害等自然灾害进行监测。定位研究站的核心技术是低功耗物联网实时采集系统与"天地结合"的监测手段，借助云端的高性能图像识别技术，实现植被、土壤、气象等环境要素及草原植被图像数据的实时采集、传输，实现动态、准确、全覆盖监测，实时掌握草原生态状况，对宏观决策和指导草原生态保护建设以及畜牧业生产发挥了重要作用。

2021年5月，中国矿业大学学者发表了基于谷歌地球引擎的黄河流域植被覆盖时空变化特征的最新研究成果，获取了1987～2020年的植被覆盖度数据，分析了流域内煤炭国家规划矿区植被覆盖度的时空变化特征。研究结果显示，34年间黄河流域的平均植被覆盖度由1987年的45.74%上升至2020年的58.17%，同期流域内煤炭国家规划矿区植被覆盖度由35.56%增至53.61%，黄河流域植被覆盖度改善的面积（33.19%）远大于植被覆盖度退化的面积（3.55%）。[①] 应用云平台获取的长时序、多源数据能够客观揭示黄河流域及规划矿区植被覆盖度时序和空间变化异同特征，为科学认识与评价整个流域及规划矿区生态状况、制定生态保护修复政策等提供数据支撑。

2. 生物多样性保护信息平台建设

黄河流域土地、能源矿产和生物等资源较丰富，汇集了我国大部分物

---

① 李晶等：《基于GEE云平台的黄河流域植被覆盖度时空变化特征》，《煤炭学报》2021年第5期。

种。这些物种是黄河生命体系的重要组成部分，对黄河流域的生命健康和人民安澜至关重要。保护好黄河流域的野生动植物对于保护生态环境、维持物种稳定平衡、促进国家社会安定繁荣具有重要意义。

内蒙古蒙草大数据公司利用大数据、遥感、无人机、物联网技术，配合网格化人工采集、检验的方法，构建了"空天地人网"五位一体的数据体系，目前已为内蒙古地区建立了基于大数据的应用指挥平台，支持草原生态产业大数据、野生动物管理大数据等管理功能，覆盖"山、水、林、田、湖、草"多个不同生态类型。该系统支持物种种类统计分析、物种数量和空间分布分析、物种时空动态分布分析、生物多样性指数分析、人为干扰统计分析、属性查询等功能，通过大数据分析为野生动植物保护提供科学的系统性支撑。

山东江河湿地生态研究院设计了基于 WebGIS 的黄河三角洲湿地生物多样性信息管理系统，利用 WebGIS 和数据库技术对黄河三角洲湿地生物的分布等数据进行分析，支持湿地生物多样性监测、管理，支持实时信息发布，提升了生物多样性保护的信息化和智能化水平，为政府的宏观科学决策提供了参考。中国科学院黄河三角洲滨海湿地生态试验站在黄河三角洲建立了地表观测场，与大气观测网络、地下水盐观测网络构成立体观测体系，实现了对黄河三角洲滨海湿地生态、资源等数据的综合立体连续观测。基于立体观测体系并根据 CERN 监测规范建立了湿地监测指标体系和常规监测数据库，建成了我国第一个滨海湿地生物多样性信息系统网站，提高了滨海湿地生态系统管理能力，探索并提供区域经济社会可持续发展的先进模式与优化管理策略。

北京林业大学构建了黄河流域野生动植物保护系统，提高了野生动植物资源监测、管理、保护和利用水平。该系统以生物多样性保护为宗旨，以野生动植物监测、分析数据为依托，及时掌握野生动植物现状及动态变化情况，支持物种种类统计分析、物种数量和空间分布分析、物种时空动态分布分析、生物多样性指数分析、人为干扰统计分析等智慧管理功能。

3. 国家公园和自然保护地信息平台建设

2017 年 9 月，中办、国办印发《建立国家公园体制总体方案》，指出国家公园是我国自然保护地最重要的类型之一，纳入全国生态保护红线区域管控范围。目前，我国已建立 10 个国家公园体制试点，其中，三江源国家公园、祁连山国家公园、大熊猫国家公园位于黄河流经的区域。以统一管控、统一布局、统一协调为前提，国家林业和草原局国家公园规划研究中心从国家公园智手、智脑和智眼 3 个模块入手，搭建国家公园大数据平台，在智慧国家公园建设方面迈出了扎实的一步。

2019 年 6 月，中办、国办印发的《关于建立以国家公园为主体的自然保护地体系的指导意见》提出，要建设各类各级自然保护地"空天地一体化"监测网络体系，充分发挥地面生态系统、环境、气象、水文水资源、水土保持、海洋等监测站点和卫星遥感的作用，开展生态环境监测；依托生态环境监管平台和大数据，运用云计算、物联网等信息化手段，加强自然保护地监测数据集成分析和综合应用，全面掌握自然保护地生态系统构成、分布与动态变化，及时评估和预警生态风险，并定期统一发布生态环境状况监测评估报告。

截至 2020 年 7 月，黄河流域已建立自然保护区 680 余处，其中国家级自然保护区 152 处，主要分布在黄河源头、祁连山、贺兰山、太行山、秦岭、黄河三角洲等生物多样性丰富，水源涵养、土壤保持等生态功能极为重要的区域，约占流域总面积的 17%。山东黄河流域共有各级各类自然保护地 90 个，青海共有各级各类自然保护地 79 个，陕西黄河流域共建成 173 个自然保护地。

在自然保护区建设监管方面，原国家测绘地理信息局开发了基于 3S 技术的自然保护区监管系统，以实现自然保护区的监测管理、开发保护等。甘肃农业大学和甘肃太子山国家级自然保护区管理局构建了基于无人机的自然保护地监测信息系统；甘肃祁连山自然保护区构建了巡护监管系统，提供基于信息化的森林管护手段，可以有效保护自然资源，提供更多生态多样性变化本底数据和基础资料。

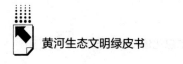

三 "十四五"期间绿色智慧黄河的
发展趋势与建设建议

近年来，尽管黄河流域生态保护信息化建设取得了很多成就，但仍存在一系列的挑战和不足。

（一）当前信息化建设的挑战和不足

1. 信息化建设碎片化严重

黄河流域存在的突出困难和问题，表象在黄河，根子在流域。当前黄河流域生态保护基本处于"九省治黄、各管一段"的局面，九省区利益诉求、发展重点不尽相同，仍然存在以粗放式发展驱动 GDP 增长的传统惯性，流域治理重大问题协商、协作难度较大，导致各省区的信息系统互不相通，信息化建设碎片化严重。

2. 信息化建设缺乏顶层设计

多年来，黄河流域不同省区的各部门在信息化建设中的协调和沟通不足，往往仅基于自身业务需求开展信息化建设工作，缺少统一规划和指导。各单位间缺乏深层次的交流，各层级间的业务协同未形成合力，阻碍了黄河全流域生态保护信息化能力的提升。

3. 信息化标准程度不够

当前黄河流域生态保护信息化的国家和行业标准制定和应用尚不充分，信息化建设标准不统一，信息资源共享程度低，系统互联互通困难，带来了信息采集、传输、存储、分析、分享、利用等方面的一系列问题。

4. 信息技术应用不充分

在当今"互联网＋"时代发展趋势下，5G 通信、卫星互联网、人工智能、大数据以及物联网技术的蓬勃发展为生态保护信息化提供了更多的应用可能，当前这些新技术在黄河流域生态保护中的应用尚不够普及和深入。如何运用好新一代信息技术，使之更好地服务黄河流域的生态保护，是一项极具挑战性的任务，既需要相关部门的支持，也需要科研机构、高校和业内企业的深入研究及大胆尝试。

（二）"十四五"期间绿色智慧黄河发展建议

绿色智慧黄河的总体框架结构应包括监测感知、网络传输、保护与治理、智能平台与应用等部分。由信息采集与传输系统获取基础数据，据此构建大数据资源池，以标准规范体系、信息安全体系、运维保障体系为支撑，开发各类业务系统和智能应用，实现流域监管信息和生态保护信息的互联互通、信息共享和业务协同。

"十四五"期间，建议各相关部委和黄河流域九省区重点从以下五个方面开展生态保护信息化建设工作。

1. 打通信息壁垒，促进监测数据上"云"，实现有效的数据共享和数据治理

在互联网经济时代，数据是新的生产要素，是基础性资源和战略性资源，也是重要生产力。推进全国生态环境监测数据联网共享，开展生态环境大数据分析，是各地政府的必行之路。与此同时，相关部门应提高黄河流域生态环境、自然资源、水文水利、气象、林业等监测监控能力，促进各省市、各部门的数据共享，从而实现山水林田湖草沙冰、上下游、左右岸、干支流、城市和乡村的统筹谋划、系统保护、精细管控、综合治理。

2. 强化顶层设计，统筹推进黄河流域生态保护信息化建设

加强黄河流域生态保护信息化建设的顶层设计和协调，确定统一的数据标准和接口服务，确保黄河流域内的各类信息系统能够有机集成，具备良好的数据共享能力和扩展分析能力。各地政府应注重技术平台和运行机制建设，整合生态环境监测、国土空间监测、水文水位监测、卫星环境应用等资源，建立"监测全面、解析透彻、指挥精准、监管严实"的闭环精细化监管体系。

3. 加强信息技术国家标准和行业标准建设

根据绿色智慧黄河建设需要，修订整合已有信息技术标准，重点在基础

平台建设、网络安全、信息（数据）接入、资源整合等方面构建适度超前的绿色智慧黄河技术标准；加快水利工程设施智慧化改造与建设标准制定。从绿色智慧黄河的建设、应用、维护等多个角度出发，在技术提升、业务价值、使用效果、用户体验等方面建立绿色智慧黄河评价指标体系，指导和促进智慧应用建设，形成绿色智慧黄河的检验与评价标准。

4. 大力推进基础设施建设，提高信息技术利用率

大力推进黄河流域生态保护数字新基建工程，各地政府应构建黄河流域生态环境大数据，建设以"物联网＋边缘设备"为基础的无线监测系统，以 5G、卫星通信、北斗导航构筑无线网络和空天网络，充分运用 3S 技术、无线传输网络、云计算、物联网、无人机、生态资源环境在线监控、在线解析、遥感遥测等新一代信息技术，实现三维生态环境分析图层建设，动态监测黄河流域生态环境变化、河道演变态势、经济要素分布等情况，并应用耦合专业模型进行决策分析，从而提高分析决策的科学性。

5. 整体协同治理，提高全流域治理能力

发挥信息化的整体性牵引功能，以信息化提升黄河流域各省区间的协作水平，实现全流域治理。一方面，整合数据资源，实现各部门间的数据共享和资源整合，实现数据统一、一数多用、开放共享的黄河流域生态大数据信息体系；另一方面，整合流域内各系统中的数据采集、传输、存储、分析等各业务功能，实现各业务系统的有机集成和统一，构建基于全流域的智能信息采集、利用和分析平台。

参考文献

哈学萍等：《我国测绘地理信息系统的标准化建设探索》，《中国标准化》2018 年第 2 期。

马红斌等：《黄河流域水土保持信息化建设探讨》，《中国水土保持》2016 年第 9 期。

任小龙：《顶层视角下的基层环境监测站信息系统建设机制研究》，《环境与可持续

发展》2013 年第 3 期。

宋越、左群超、牛海波：《国家基础地质数据库整合与集成基本技术框架》，《中国矿业》2016 年第 3 期。

王晓冬、董超：《以数字化转型推进黄河流域生态保护和高质量发展》，《中国经贸导刊》（中）2020 年第 1 期。

魏山忠：《长江水利委员会信息化顶层设计探讨》，《人民长江》2015 年第 4 期。

熊丽君、袁明珠、吴建强：《大数据技术在生态环境领域的应用综述》，《生态环境学报》2019 年第 12 期。

张勇：《城市环境信息化建设存在的问题分析》，《环境与发展》2018 年第 11 期。

赵璐：《"智慧生态黄河"的济南构想》，《济南时报》2020 年 7 月 9 日。

周晓艳等：《黄河流域区域经济差异的时空动态分析》，《人文地理》2016 年第 5 期。

G.16
黄河流域生态文明法治建设发展报告

杨朝霞　林禹秋　王赛*

摘　要：　黄河流域的生态文明法治建设，尽管在专门化、地域化等方
面已取得重大成就，但在科学化、体系化等方面还存在突出
问题。今后，必须全面树立生态文明理念和流域治理思维，
在统筹考虑水资源、水环境、水生态、水灾害、水文化的多
重属性和系统协调上下游、左右岸、干支流利益冲突的基础
上，尽快制定统一的黄河保护法，为黄河流域生态保护和高
质量发展提供坚实的法律保障。在抓好立法工作的同时，还
须切实推进黄河流域生态文明监管体制改革，明确赋予黄河
水利委员会作为黄河流域生态文明监管机构的法律地位，强
化黄河流域生态保护的中央生态环境保护督察。此外，还须
稳步推进生态文明司法专门化建设，强化环境监察公益诉
讼，充分释放司法的保障作用。

关键词：　生态文明　法治建设　黄河流域

"百川之首"的黄河是中华民族的母亲河，黄河流域更是中华文明的重
要发祥地，也是我国重要的生态屏障。然而，近年来黄河流域水资源供需失

---

* 杨朝霞，博士，北京林业大学生态法研究中心主任、教授、博士生导师，研究方向为环境法
学、生态文明；林禹秋，中国政法大学民商经济法学院环境法学博士研究生；王赛，北京林
业大学法学系环境法学硕士研究生。

衡、生态环境脆弱、水沙关系失调等问题日益凸显，如何在党的领导下利用发挥法治手段推动黄河流域生态保护和高质量发展，成为新时代赋予我们的重大课题。

一 黄河流域生态文明立法进展

治理黄河，重在保护，要在治理。法治是生态文明建设的重要法宝，以法治的方式推进黄河流域生态保护和高质量发展是推进黄河流域国家治理现代化的必然选择。以法治方式治理黄河，必须坚持立法先行的原则，充分发挥法律的引领和推动作用。

（一）我国的生态文明立法进展

我国的生态文明法制建设（分为环境立法的专门化和传统立法的生态化两部分），在整体上大致历经了环境卫生时期（1949～1972 年）、环境保护时期（1973～1996 年）、可持续发展时期（1997～2017 年）三个发展时期，现在正进入生态文明时期（2018 年及以后）。[1]

环境立法的专门化方面，形成了由 38 部法律、150 多件行政法规、250多件部门规章、50 多件司法解释、2000 多件技术标准等构成的立法体系。其中，法律的情况如下。一是综合法（龙头法）1 部，即《环境保护法》。二是专项法 3 部，包括《环境影响评价法》《城乡规划法》《长江保护法》。三是环境法（污染防治法）共 10 部，包括《水污染防治法》《大气污染防治法》《固体废物污染环境防治法》《环境噪声污染防治法》《海洋环境保护法》《放射性污染防治法》《清洁生产促进法》《环境保护税法》《核安全法》《土壤污染防治法》。四是资源法共 15 部，包括《水法》《矿产资源法》《土地管理法》《渔业法》《海域使用管理法》《海岛保护法》《深海海底区域资源勘探开发法》《资源税法》《煤炭法》《电力法》《石油天然气管

---

① 杨朝霞：《生态文明观的法律表达——第三代环境法的生成》，中国政法大学出版社，2020。

道保护法》《节约能源法》《可再生能源法》《循环经济促进法》《反食品浪费法》。五是生态法 6 部，包括《水土保持法》《防沙治沙法》《森林法》《草原法》《野生动物保护法》《生物安全法》等。六是灾害法 3 部，包括《防震减灾法》《防洪法》《气象法》。

法律生态化方面，宪法、民法、行政法、刑法、诉讼法等基础性部门法中的《宪法》《民法典》《行政许可法》《治安管理处罚法》《刑法》《民事诉讼法》《行政诉讼法》等，经济法、社会法、文化法领域性部门法中的《农业法》《旅游法》《畜牧法》《动物防疫法》《进出境动植物检疫法》《农村土地承包法》《测绘法》《乡村振兴促进法》《文物保护法》等也有一部分关于生态文明建设的条款。

此外，自 2014 年党的十八届四中全会通过的《关于全面推进依法治国若干重大问题的决定》提出要"形成完善的党内法规体系，坚持依法治国、依法执政、依法行政共同推进"以来，我国就生态文明建设议题出台了一系列党内法规和政策文件，① 对环境立法发挥了十分重要的指引作用。例如，《党政领导干部生态环境损害责任追究办法（试行）》《生态文明建设目标评价考核办法》《领导干部自然资源资产离任审计规定（试行）》《中央生态环境保护督察工作规定》《关于全面推行河长制的意见》《生态环境损害赔偿制度改革方案》《关于在湖泊实施湖长制的指导意见》《关于构建现代环境治理体系的指导意见》《关于建立健全生态产品价值实现机制的意见》《黄河流域生态保护和高质量发展规划纲要》等。

（二）黄河流域水事立法进展

经过新中国成立以来 70 多年的发展，特别是改革开放以来 40 多年的推进，黄河流域生态保护和高质量发展的法制建设取得了初步成就，基本构建

---

① 例如《黄河下游浮桥建设管理办法》（1990 年）、《黄河水权转换管理实施办法（试行）》（2004 年）、《黄河下游滩区运用财政补偿资金管理办法》（2012 年）、《农业部关于实行黄河禁渔期制度的通告》（2018 年）、《水利部办公厅关于开展黄河岸线利用项目专项整治的通知》（2020 年）、《支持引导黄河全流域建立横向生态补偿机制试点实施方案》（2020 年）等。

初具雏形的黄河流域水事立法和政策体系。

一是水事专门法4部。包括《水法》《水污染防治法》《水土保持法》《防洪法》。

二是水事行政法规近10件。主要有《黄河水量调度条例》《防汛条例》《抗旱条例》《水文条例》《河道管理条例》《取水许可和水资源费征收管理条例》《蓄滞洪区运用补偿暂行办法》等。

三是水事部门规章10多件。主要有《黄河河口管理办法》《取水许可管理办法》《水量分配暂行办法》《水行政许可听证规定》《水行政许可实施办法》《入河排污口监督管理办法》《水功能区管理办法》等。

四是技术标准。与黄河直接相关的技术标准主要有《黄河水闸工程管理标准》《黄河水利工程维修养护技术质量标准（试行）》等。

五是地方性法规和地方政府规章50多件。重要的立法有《兰州市城市规划区黄河河道采砂管理暂行规定》《兰州市黄河风情线管理办法》《内蒙古自治区境内黄河流域水污染防治条例》《银川市人民代表大会常务委员会关于加强黄河银川段两岸生态保护的决定》《陕西省城市饮用水水源保护区环境保护条例》《陕西省秦岭生态环境保护条例》《陕西省渭河流域生态环境保护办法》《河南省黄河工程管理条例》《河南省黄河防汛条例》《河南省黄河河道管理办法》《郑州黄河湿地自然保护区管理办法》《郑州市黄河风景名胜区管理办法》《山东省黄河工程管理办法》《山东省黄河河道管理条例》《山东省黄河防汛条例》《山东黄河三角洲国家级自然保护区条例》等。

值得特别说明的是，20世纪80年代以来，黄河流域沿线的九省区制定了大量地方性法规和地方政府规章，不仅有对黄河河道、湖泊、支流管理的重视，还有对流域内整体生态环境保护的考量，① 更有对黄河风景名胜区、自然保护区等重要生态空间的关注，甚至还出台了跨地区的《沿黄河经济

---

① 例如，制定了《内蒙古自治区境内黄河流域水污染防治条例》《陕西省渭河流域生态环境保护办法》等流域性立法。

协作带联合协作互惠办法》，力求最大限度地促进生态环境保护与资源开发利用的协调统一，推动黄河流域高质量的绿色发展。特别是《陕西省渭河流域生态环境保护办法》从水资源管理、水污染防治、地表植被和生物多样性保护、开发建设管理、农村环境保护等方面，对渭河流域的生态保护和高质量发展作出了较为全面的规定，较好地体现和贯彻了习近平生态文明思想中的"三生共赢"（生产发达、生活美好、生态良好）理念。2020年7月以来，黄河流域有关省市公布了《河南省黄河流域生态保护和高质量发展条例（草案征求意见稿）》《东营市黄河三角洲生态保护与修复条例（征求意见稿）》等地方立法草案征求意见稿。

二　黄河流域生态文明执法进展

生态文明法治建设，立法是前提，执法是关键。以历次重大环境保护大会和国务院机构调整为标准，可将我国的生态文明执法专门化发展大致划分为孕育阶段（1949～1972年）、建设阶段（1973～1987年）、发展阶段（1988～2017年），现在正处于优化阶段（2018年及以后）。

（一）生态文明监管体制改革进展

执法作为法治建设的重要环节，其力度和成效决定了立法的预期目标和法律实效之间的距离。目前，我国环境执法中最大的障碍在于监管体制的不顺畅。长期以来，我国的生态文明监管体制存在如下突出问题。一是地方政府及其相关职能部门对环境保护的监管分工不够明晰，责任难以落实；二是地方保护主义对环境监测、环境监察执法的外部干预仍未根除；三是监管机关权责关系尚未理顺，阻碍了行政高效化的进程；四是跨部门、跨区域、跨流域的联合和协作机制尚未有效建立，各自为政的问题较为突出；五是人才培养及保障机制不健全导致执法队伍能力不足；等等。譬如，黄河水利委员会仅有对堤内（河道）事务的监督、协调、查处等十分有限的执法权，造成"水利不上岸，环保不下水"的尴尬局面。

为了有效解决上述问题，我国近年来全面推进生态文明监管体制改革。2015 年，中共中央、国务院印发《生态文明体制改革总体方案》。2017 年，中央全面深化改革领导小组通过《按流域设置环境监管和行政执法机构试点方案》。2018 年，《中共中央关于深化党和国家机构改革的决定》和《深化党和国家机构改革方案》出台，此次改革是对生态文明建设监管体制进行的系统性、整体性、重构性的改革。根据该方案，水利部履行的编制水功能区划、排污口设置管理、流域水环境保护职责划转至新组建的生态环境部履行。至此，黄河流域生态文明监管体制综合化水平进一步提升，监管成效也日渐凸显。

（二）生态文明督察问责进展

为加强环境执法监管和稽查，2014 年国务院办公厅印发了《关于加强环境监管执法的通知》，环境保护部印发了《环境保护部约谈暂行办法》《环境保护部综合督查工作暂行办法》《环境监察履职尽责暂行规定》《环境监察稽查办法》。关于对黄河流域生态环境有直接威胁的腾格里沙漠污染问题，中共中央办公厅、国务院办公厅专门印发了《关于腾格里沙漠污染问题处理情况的通报》。2015 年，中央全面深化改革领导小组审议通过了《环境保护督察方案（试行）》，提出建立环保督察工作机制，严格落实环境保护主体责任等有力措施，环保督察工作开始实现从"督企业"到"督政府"的重大转变。2019 年，中共中央办公厅、国务院办公厅印发《中央生态环境保护督察工作规定》，批准成立中央生态环境保护督察工作领导小组。在此大背景下，黄河流域的环保督察取得了显著成效。以河南省三门峡市为例，自 2019 年以来，该市大力推进黄河河道清理整顿工作，开展黄河湿地保护区突出环境问题排查，清理违规企业 13 家；完成矿山恢复治理面积 4.95 万亩；实施"四水同治"项目 34 个；持续推进"绿盾"行动监测点位整改。

（三）污染整治行动进展

污染整治是黄河流域生态文明建设的重中之重。近年来，黄河流域的水、大气、土壤、固体废物等污染治理都取得了可喜的成绩。以 2018 年为例，蓝天保卫战取得显著成效。生态环境部推动建立汾渭平原大气污染防治协作机制，自协作小组成立以来，山西、陕西、河南三省及所辖 11 市深入贯彻落实党中央、国务院关于打赢蓝天保卫战的重大决策部署，协同治污，联防联控，扎实推进大气污染综合治理攻坚行动。2018 年 10～12 月，区域 PM$_{2.5}$ 平均浓度下降 7.2%，首战告捷。2018 年，黄河流域地表水水质达到或优于Ⅲ类的比例为 66.4%，较 2006 年提高 16.4 个百分点；水质劣于 V 类的比例为 12.4%，较 2006 年降低 12.6 个百分点，总体由 2006 年的中度污染改善为轻度污染，水污染防治效果良好。化学需氧量、氨氮和总磷，较 2006 年分别降低 56.0%、78% 和 45%。

这些成就不仅增强了污染治理的信心和决心，而且实实在在地惠及黄河流域的民生，是黄河流域生态文明执法的重大进步。

（四）生态保护修复行动进展

习近平总书记指出："黄河流域构成我国重要的生态屏障，是连接青藏高原、黄土高原、华北平原的生态廊道，拥有三江源、祁连山等多个国家公园和国家重点生态功能区。黄河流经黄土高原水土流失区、五大沙漠沙地，沿河两岸分布有东平湖和乌梁素海等湖泊、湿地，河口三角洲湿地生物多样。"① 可见，黄河流域的生态保护工作在全国的生态文明建设中具有重要地位。

2016 年 12 月，国务院办公厅发布《湿地保护修复制度方案》，以更好地发挥湿地在涵养水源、净化水质、蓄洪抗旱、调节气候和维护生物多样性等方面的重要作用。国家高度重视黄河流域湿地保护工作，2016～2018 年安排中央财政湿地补助资金 13.25 亿元、中央预算内投资 3.32 亿元，在黄河流域九省区实施了湿地保护与恢复、湿地生态效益补偿试点、退耕还湿等

---

① 《习近平：在黄河流域生态保护和高质量发展座谈会上的讲话》，新华网，2019 年 10 月 15 日，http://www.xinhuanet.com/politics/2019-10/15/c_1125107042.htm。

多项政策和项目工程。同时，黄河流域各省区湿地保护工作日益加强，纷纷出台响应《湿地保护修复制度方案》的实施方案，其中8个省区还开展了省级湿地保护立法，湿地保护目标任务得到较好落实。

2018年4月，生态环境部、农业农村部、水利部联合印发《重点流域水生生物多样性保护方案》，对整个黄河流域生物多样性保护的工作重点和主要任务作出了相应部署，并公布了长江、黄河、珠江、松花江、淮河、海河和辽河等七个重点流域水生生物多样性保护方案。

中国高度重视荒漠化治理和植树造林工作，[①] 黄河流域的工作进展尤为显著。例如，黄河流域内曾被称为"生命禁区""死亡之海"的库布齐沙漠，通过采用治沙与经济并存的复合生态模式和"公司+农户""企业+基地"的联盟发展方式，历经30年的持续治理后，终于创造了"沙漠变绿洲"的世界奇迹，提前实现了联合国提出的到2030年实现土地退化零增长的目标。

（五）生态环境执法检查进展

执法检查和问责处理是行政执法的重要环节。为贯彻落实水利部"水利工程补短板，水利行业强监管"的水利改革发展总基调，切实推进黄河流域陈年积案"清零"和"清四乱"工作，确保《河湖执法工作方案（2018—2020年）》《河湖执法陈年积案"清零"行动实施方案》确定的目标任务如期完成，2019年9~10月，黄河水利委员会4个检查调研组分赴青海、宁夏、甘肃、陕西、内蒙古、新疆6省区进行河湖执法检查和调研。检查调研组抽取乐都、湟中、银川、灵武、天水、白银、乌鲁木齐、库尔勒等12市23县（市、区）作为调研单位，实地核查了39个陈年积案处置情况，查阅了执法案卷及相关资料；分别在6省区召开了河湖执法工作座谈

---

① 2009~2019年，中国累计完成造林7039万公顷，是全球同期森林资源增长最多的国家。2000年以来，全球新增绿化面积的1/4来自中国。自20世纪末以来，中国的荒漠化土地面积由年均扩展1.04万平方公里转变为年均缩减2424平方公里，"沙退人进"的梦想终于变为现实。

会。从检查和调研的总体情况来看，流域 6 省区水利厅及各级水行政主管部门认真落实水利部决策部署，明确执法目标重点，积极开展河湖专项执法检查、河湖违法陈年积案"清零"和"清四乱"行动，严厉打击非法侵占河湖、非法采砂、非法取水、违法涉河建设、违法设障等水事违法行为，依法处置了一批重大河湖违法案件，一批积案"清零"，河湖执法取得了显著成效。

三　黄河流域生态文明司法进展

新中国成立以来，生态文明司法专门化的发展，先后经历了起步（1949～1978 年）、成长（1979～1997 年）、发展（1998～2014 年）等阶段，现在正处于完善时期（2015 年及以后）。

（一）环境审判组织专门化进展

环境司法专门化特别是审判组织的专门化，是推进环境司法主流化的重要法宝。截至 2020 年底，全国共设立环境资源专门审判机构 1993 个，包括环境资源审判庭 617 个，合议庭 1167 个，人民法庭、巡回法庭 209 个，基本形成了专门化的环境资源审判组织体系。① 其中，黄河流域九省区法院现有环境资源审判庭 117 个，合议庭（团队）246 个，专业人民法庭（巡回法庭）58 个。此外，多地还开展了不同层面的司法协作改革。例如，河南省濮阳市中级人民法院在濮阳市台前县将军渡建立跨省域黄河流域生态环境司法保护基地，在全国率先开启黄河流域生态环境司法保护跨省域协作模式。三门峡市中级人民法院与三门峡市人民检察院就黄河湿地国家级自然保护区建立长期沟通联络机制，就黄河流域三门峡段非法排放生活污水和工业废

---

① 北京、河北、江苏、福建、江西、上海、辽宁、山西、山东、湖北、陕西、河南、广东、广西、海南、贵州、湖南、重庆、云南、四川、浙江、吉林、青海、甘肃、新疆、内蒙古等 26 个高级人民法院设立了专门环境资源审判庭；江苏、福建、贵州、海南、重庆等地基本建立了覆盖全省的三级法院环境资源审判组织体系。

水，饮用水源地保护，非法占用、破坏黄河干流及重要支流沿线防护林、天然林、公益林、湿地造成水土流失，黄河流域生态恢复，退耕还林等重大问题的防范和治理工作提供指导和协助。

2020年6月，最高人民法院印发的《关于为黄河流域生态保护和高质量发展提供司法服务与保障的意见》，对黄河流域的司法建设作出了全面的规定。目前，黄河流域正在推进跨行政区划集中管辖制度改革，甘肃、山东、河南、陕西、宁夏等省区均积极响应在本省域构建环境资源案件集中管辖机制。

（二）环境资源案件审理进展

从2015年1月到2019年12月，全国法院共审理环境公益诉讼案件5184件，其中社会组织提起的环境民事公益诉讼案件330件，检察机关提起的环境公益诉讼案件4854件。截至2019年12月底，全国各级人民法院共审理政府部门提起的生态环境损害赔偿诉讼案件73件，较好地发挥了环境公益诉讼和生态环境损害政府索赔制度的功能。

2019年7月30日，最高人民法院召开环境资源审判庭成立五周年发布会时指出，近五年来各级人民法院共受理各类环境资源一审案件1081111件，审结1031443件。其中，受理各类环境资源刑事一审案件113379件，审结108446件；受理各类环境资源民事一审案件776658件，审结743250件；受理各类环境资源行政一审案件191074件，审结179747件。

从黄河流域的具体情况来看，2019年河南省全省法院受理生态环境和自然资源案件5647件，审结5346件。其中，刑事一审案件2490件，审结2429件，判处罪犯3134人；民事一审案件1055件，审结968件；行政一审案件2102件，审结1949件。

2020年6月5日，最高人民法院发布了《黄河流域生态环境司法保护典型案例》，对近年来黄河流域生态文明建设过程中出现的重要司法案件进行了梳理和归纳。典型案例如被告人甲波周盗伐林木刑事附带民事公益诉案、义马市朝阳志峰养殖场诉河南省义马市联创化工有限责任公司水污染责任纠纷案、甘肃兴国水电开发有限责任公司诉甘肃省夏河县人民政府单方解除行政协议案等。

结语：制定高水准的黄河保护法

关于黄河流域的生态保护和高质量发展，我国已经初步形成了以《水法》为核心的立法体系，然而在总体上，这些立法的理念较为滞后，针对性不强、衔接性不够，既未站在生态文明建设和绿色发展的高度，系统树立水资源、水环境、水生态、水灾害的理念，也未专门针对黄河流域生态保护的实际情况采取专门的立法对策，无法对黄河流域的生态保护和高质量发展提供坚实的法律保障。鉴于此，有必要制定一部专门的黄河保护法。

其一，制定黄河保护法是提高应对洪水等自然灾害能力的迫切要求。黄河流域泥沙淤积严重，暴雨集中，洪涝灾害始终是中华民族的一大心腹之患。尽管经过多年的治理，我国防洪减灾建设取得重大成就，但洪水风险依然是黄河流域的最大威胁。当前，黄河水沙防控体系尚未全面建立，下游防洪短板突出，洪水预见期短、威胁大，"地上悬河"形势严峻，游荡性河段河势也未得到完全控制，仅河南、山东就有近百万人生活在洪水威胁之中。历史上，黄河三年两决口、百年一改道。正所谓"黄河宁，天下平"，当前，我们有必要将降低和化解洪水风险作为一切工作的重中之重。

从立法上看，我国现行的《防洪法》《蓄滞洪区运用补偿暂行办法》等防汛抗洪方面的法律法规，在一定程度上保障了黄河防汛事业的顺利进行。然而，鉴于黄河的独特性，需对黄河防洪体系与制度的建设、运行与调度，黄河河道和堤防工程建设的规划、审批与监督，黄河水文情报预报体系的建设、运行，滩区与蓄滞洪区安全建设与管理，防洪投入保障体系，防汛指挥中心的职权，流域管理机构和地方政府在防汛指挥中的职权分工和联动协作等方面，作出针对性的规定。① 制定黄河保护法，对防汛抗洪作出全面体系的规定，是提高应对黄河洪水灾害能力行之有效的重要手段。

其二，制定黄河保护法是推进黄河水资源保护、节约和合理利用、改善流域水质的有力武器。黄河水资源总量不足长江水资源总量的7%，人均占有量仅为全国平均水平的27%，如何搞好上、中、下游之间水量的合理和公平分配，如何在同一河段搞好生活用水、工业用水、农业用水和生态用水之间的水量分配，是一项特别重要而又异常艰难的复杂工程，务必作为重点工作来抓。例如，银川被誉为"国际湿地城市"，但实际上是以大量引入黄河水为代价的，这种传统的分配方式是否合理，是否公平，能否调整过来？此外，黄河流域水资源利用方式还较为粗放，农业用水效率还不高，水资源开发利用率高达80%，远超一般流域40%的生态警戒线。因此，搞好黄河水资源的节约和集约利用也是当前一大要务。习近平总书记指出，黄河流域的治理要做到"以水而定、量水而行，因地制宜、分类施策"。当前的主要问题是，部分地区和部门争相引入高耗水、高污染的化工、造纸等工业项目，盲目扩大农业垦荒种植面积，在沙漠化地区不当引水发展湿地城市，争夺有限的黄河水资源，同时造成了水量性缺水（水量不足导致的水资源短缺）和水质性缺水（水质污染导致的水资源短缺）的双重危机，亟待在《水法》的基础上制定专门的黄河保护法，在根本上解决这一顽瘴痼疾。

对此，有必要通过确立水资源论证、入河排污许可证、污染物排放总量控制等法律制度，来遏制黄河水污染加剧趋势，用立法的方式来保护黄河水质。此外，还需通过对流域内国民经济和社会发展规划、城市规划、重大建设项目的布局等活动进行水污染专项论证，实现对黄河水资源的统筹配置，使全流域内经济社会发展与黄河水资源保护相适应，走生态文明高质量发展之路。2021年4月，水利部和国家发展改革委公布的《黄河保护立法草案（征求意见稿）》要求把水资源作为最大刚性约束，其内容涉及合理分配、

① 任顺平、刘中利、方艳：《浅谈制定〈黄河法〉的重要现实意义》，《水利发展研究》2002年第4期。

约束利用、节约利用、集约利用、有偿使用、循环利用、开源利用等方方面面，然而在水资源公平分配（特别是上、中、下游之间的公平分配）方面的制度设计明显不足，建议下一步作出有力规定。

其三，制定黄河保护法是遏制水土流失、改善流域生态环境的必然选择。黄河危害，根在泥沙，治黄的根本在于做好黄土高原的水土保持和荒漠化防治工作。黄土高原跨青、甘、宁、蒙、陕、晋、豫七省区，总面积约64万平方公里，人口约1亿，气候干旱、自然条件恶劣，水土流失严重，生态环境脆弱，发展基础薄弱，发展较为滞后。对此，《水土保持法》使黄河流域的水土保持工作有法可依，但实践表明该法至少还存在如下突出问题。黄河流域机构（黄河水利委员会）执法主体地位不明，执法权限不足；流域机构同地方政府之间、地方政府各行业部门之间权责不明；流域水土保持、生态环境建设的整体性、系统性、统一性与上下游分散管理之间的矛盾凸显。这些问题的解决，有赖于制定一部综合性的黄河保护法，对全流域水土保持工作和流域管理机构作出全新、专门的规定。

其四，制定黄河保护法是摆脱当前分散式、部门性、零碎性立法模式弊端、充分释放法律作用的必要之举。目前，我国涉及黄河流域的立法主要有《水法》《水污染防治法》《防洪法》《水土保持法》《防震减灾法》《突发事件应对法》《土壤污染防治法》《环境影响评价法》《环境保护法》《海洋环境保护法》等。这些立法采用水量、水质、水保、防洪等的分散立法模式，在行政监管体制设计上以条块分工为基础，缺乏整体主义的流域立法思维。

从认识论看，这种分散立法的模式，割裂了水资源的合理分配、节约利用、水土保持、生态流量、水质保护（污染防治）、防洪安全的整体性和系统性，还忽视了上下游、左右岸的联系性和统一性。从功能论来看，这种分散立法的模式，既难以协调部门之间的利益冲突，也难以协调区域之间的利益冲突。实际上，放眼全球，统筹考虑水量利用、水质保护、水土保持和水害应对问题，采用流域综合管理已成为依法治水的时代潮流和国际趋势。

实际上，黄河流域的经济系统、社会系统和自然系统是一个统一的复合系统，整个流域的"山水林田湖草沙冰"也是一个生命共同体，应当采用经济社会发展和生态环境保护一体化政策、"山水林田湖草沙冰"综合保护和统一开发利用的治水范式和流域立法模式。依此而言，制定专门的黄河保护法是革除当前立法模式弊端，建立统一高效的流域监管体制、跨流域协作机制和司法审判组织体系，充分释放法律作用的不二选择。

总之，有必要将黄河流域生态保护和高质量发展推上立法专门化的快车道，以生态文明法律观为理论指导，在摸清"事实"（黄河流域上、中、下游以及 9 个省区、13 条支流主要的生态环境问题）、明晰"事理"（水文、气候、水土保持等方面的原理，特别是生态流量问题）、辨明"法理"（水权、水资源损害赔偿和水生态环境损害赔偿等）的基础上，① 科学借鉴美国田纳西河、法国卢瓦尔河、日本琵琶湖以及中国太湖等流域立法的经验，尽快修改完善"黄河保护立法草案（征求意见稿）"，制定一部高水平流域立法全球样本。

参考文献

王金南：《黄河流域生态保护和高质量发展战略思考》，《环境保护》2020 年第1 期。

孙佑海：《黄河流域生态环境违法行为司法应对之道》，《环境保护》2020 年第1 期。

邱秋：《域外流域立法的发展变迁及其对长江保护立法的启示》，《中国人口·资源与环境》2019 年第 10 期。

张艳芳、石琰子：《国外治理经验对长江流域立法的启示——以美国田纳西流域为例》，《人民论坛》2011 年第 5 期。

---

① 杨朝霞：《生态文明观的法律表达——第三代环境法的生成》，中国政法大学出版社，2020。

G.17
后 记

黄河是中华民族的母亲河，但也以"善淤、善决、善徙"成为国家和人民的心腹之患。"黄河宁，天下平"是人民对国泰民安的殷切向往，是对人与自然和谐共生的美好期盼。习近平总书记在 2017 年 10 月召开的党的十九大上强调，建设生态文明是中华民族永续发展的千年大计。2019 年 9 月 18 日，习近平总书记在黄河流域生态保护和高质量发展座谈会上指出，保护黄河是事关中华民族伟大复兴和永续发展的千秋大计。黄河流域生态保护和高质量发展就是为实现中华民族的千年梦想而确立的重大国家战略。2019 年 10 月 16 日，《求是》杂志全文刊登习近平总书记《在黄河流域生态保护和高质量发展座谈会上的讲话》。那一天也是北京林业大学 67 周年校庆。学校党委高度重视，党委理论学习中心组召开集中学习扩大会对习近平总书记的重要讲话进行专题学习，并决定举全校之力成立黄河流域生态保护和高质量发展研究院。2019 年 10 月 18 日，北京林业大学黄河流域生态保护和高质量发展研究院正式揭牌成立，国家林业和草原局副局长彭有冬，中国工程院院士沈国舫，校党委书记王洪元、校长安黎哲共同为研究院揭牌。2020 年 10 月 16 日，研究院获批成立国家林业和草原局黄河流域生态保护重点实验室、黄河流域生态保护和高质量发展科技协同创新中心两个科技平台。

研究院在成立之初就把创设和出版"黄河生态文明绿皮书"作为发挥新型高校智库和国家高端智库作用，服务国家战略和区域发展的重要工作。2020 年春季，在社会科学文献出版社的大力支持下，绿皮书编撰工作正式启动。全校有近百名教师、数十名博硕士研究生和本科生共同参与，2020 年秋季《黄河流域生态文明建设发展报告（2020）》初稿编撰完成，包括生态保护和治理、高质量发展、黄河文化三个部分，共 30 多万字。但受疫情影响，很多研究难以开展实地调研。本着精益求精的原则，各分报告又对相关问题进行了深入研究，对书稿进行反复修改。在此期间，2020 年 8 月，中共中央政治局召开会议，审议《黄河流域生态保护和高质量发展规划纲要》，明确了统筹山水林田湖草沙的治理思路；2020 年 10 月，党的十九届五中全会把"推动黄河流域生态保护和高质量发展"纳入"十四五"规划建议；2021 年 3 月，全国人大审议批准的《中华人民共和国国民经济和社会发展第十四个五年规划和 2035 年远景目标纲要》对"扎实推进黄河流域生态保护和高质量发展"作了专门部署；2021 年 7 月，中央审议通过的《青藏高原生态环境保护和可持续发展方案》强调坚持山水林田湖草沙冰一体化保护和系统治理；2021 年 10 月，中共中央、国务院印发《黄河流域生态保护和高质量发展规划纲要》。因此，我们决定把黄河生态文明绿皮书的第一本《黄河流域生态文明建设发展报告（2020）》的主题确定为"山水林田湖草沙冰一体化保护和系统治理"，后续第二本和第三本将分别聚焦"黄河文化"和"高质量发展"。以后争取每三年为一个周期，就黄河流域生态保护、黄河文化、高质量发展等主题进行持续跟踪和系统研究。

《黄河流域生态文明建设发展报告（2020）》由林震统稿，安黎哲审定。在绿皮书的编撰过程中得到了相关学院的大力支持，还有一些老师和同学协助做了大量工作，他们是杨金融、高阳、柳映潇、杨文杰、杨雪坤、张苏元、陈萌瑶、孟芮萱、耿飒等，在此一并表示感谢！

最后欢迎广大读者朋友们多提宝贵意见和建议，协助我们共同提升"黄河生态文明绿皮书"的质量，为实现两个千年目标而努力！

Abstract

The Yellow River is the mother river of the Chinese nation, but it also affects the security and development of the country and the people because of its fragile ecology and frequent floods. The protection of the Yellow River is a thousand-year plan related to the great rejuvenation of the Chinese nation, and the Eco-civilization Construction is a millennium plan for the sustainable development of the Chinese nation. Ecological Conservation and High-quality Development of the Yellow River Basin became a major national strategy in the autumn of 2019. Beijing Forestry University took the lead in establishing the Yellow River Basin Ecological Conservation and High-quality Development Research Institute in the country, and then established the Science and Technology Collaborative Innovation Center of Yellow River Basin Ecological Conservation and High-quality Development in National Forestry and grassland Administration. In order to better serve the national strategy and regional development and give full play to the role of new university think tanks and national high-end think tanks, the research institute innovated the brand of the green book of Yellow River eco-Civilization, integrated the advantages of multi-discipline and cross-discipline in the school, united domestic and foreign experts and scholars to carry out collaborative innovation research and published the *Annual Report on Eco-civilization Construction of the Yellow River Basin*, which provides intellectual and theoretical support for strengthening the ecological conservation of the Yellow River basin to eradicate the flooding, promoting high-quality development to achieve common prosperity, and telling a good story of the Yellow River to enhance cultural self-confidence.

Ecological Conservation and High-quality Development of the Yellow River Basin is a complex systematical engineering. General Secretary Xi Jinping pointed out that the appearance of the problems existing in the Yellow River basin lies in the Yellow River and the roots in the Yellow River basin; the key to harnessing the Yellow River is protection and management; it is necessary to pay more attention to the systematicness, integrity, and coordination of protection and management, and adhere to the systematical management, comprehensive management, and source management of mountains-rivers-forests-farmlands-lakes-grasslands-sands-ice. The *Annual Report on Eco-civilization Construction of the Yellow River Basin (2020)* is the first green book of the Yellow River eco-civilization, with the theme of "Integrated protection and systematic management of mountains-rivers-forests-farmlands-lakes-grasslands-sands-ice", including 1 general report and 15 sub-reports. The general report first expounds the characteristics of the diversity and unity of ecosystems and cultural systems in the Yellow River Basin from the two dimensions of ecology and civilization, and then combs the dialectical relationship between man and the Yellow River, man and nature in the history of Chinese civilization for thousands of years. After that, it systematically expounds the significance and connotation of Integrated protection and systematic management of mountains-rivers-forests-farmlands-lakes-grasslands-sands-ice in Yellow River basin under Xi Jinping Thought on Eco-civilization in the new era, and comprehensively analyzes the present situation and existing problems of Ecological Conservation and management in the Yellow River basin, and finally puts forward policy suggestions from the aspects of strengthening top-level design, institutional guarantee and basic research. The 15 sub-reports contain three themes. The first is the analysis of the current situation and utilization of ecosystems and natural resources in the Yellow River basin, including forestry, grassland and prataculture, wetlands, glacial and permafrost, water resources and water conservancy projects, biomass resources, etc. The second is the analysis of the progress of comprehensive management, systematical management and source management of the ecological environment in the Yellow River Basin, including the construction of nature protected area, soil and water conservation, desertification land prevention, Mine ecological restoration water and air pollution control, the construction of urban greenspace and the renovation of rural human settlements. The third is the analysis of the support and guarantee system for the

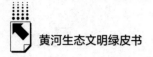
construction of eco-civilization in the Yellow River Basin, including the informatization construction of the "Green and Intelligent Yellow River" and the construction of the rule of law led by the Yellow River Protection Law. These sub-reports provide in-depth analysis of specific areas from the perspective of the whole basin, and put forward policy recommendations for strengthening protection and governance in the context of the "14th Five-year Plan".

Keywords: Eco-civilization Construction; Ecological Conservation; High-quality Development; Yellow River Basin

Contents

I General Report

Abstract: The Yellow River is the second largest river in China. It spans three steps and forms a diverse and integrated ecosystem; The Yellow River is the mother river of the Chinese nation. It has nurtured hundreds of millions of descendants of Chinese Nation and formed a diversified and unified cultural system. In thousands of years of flood control of the Yellow River, there are both successful experience and failure lessons, which runs through the relationship between man and water, man and nature. Since the founding of new China, the Communist Party of China has led the people in the comprehensive management of the Yellow River and made achievements in the stability of the Yellow River every year. Nowadays, the Ecological Conservation and High-quality Development of the Yellow River Basin have become a major national strategy. We should make an overall plan for the governance of mountains, rivers, forests, fields, lakes, grass, sand and ice systems, comprehensive governance and source governance, so as to make the Yellow River a happy river for the benefit of the people.

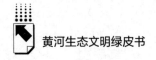
Keywords: Ecological Civilization; Comprehensive Governance; Yellow River Basin; Yellow River Civilization

Ⅱ   Sub-reports

G.2   Report on Forestry Development in the Yellow River Basin

Wang Xinjie, Zhang Chunyu, Wang Yifu and Zhang Peng / 037

Abstract: The Yellow River basin is generally a forest-deficient area, with an existing forest area of 16.2948 million hectares and a forest coverage rate of 19.74%, which is lower than the national average. This report analyzes the situation of forest resources, forest production, forest administration, forestry industry development and employees in the whole basin, Qinghai Tibet Plateau, Sichuan Gansu Basin, Mengxin Plateau, Loess Plateau and Fenwei Plain, Yiluo River and Huang Huai Hai Plain in 2019. And the report points out the problems existing in regional forestry development, and puts forward measures to increase forest coverage Suggestions on improving forest quality and ecological stability of forest system.

Keywords: Forest Resources; Forest Administration Management; Forestry Industry; Forest Quality; Yellow River Basin

G.3   Report on the Development of Grassland and Grass Industry in the Yellow River Basin

Lu Xinshi, Ji Baoming, Yang Xiuchun and Dai Xinling / 084

Abstract: The Yellow River Basin has 2.585 billion mu of grassland, accounting for 73.4% of the national grassland area. It is not only an important grassland distribution area and grassland development area in China, but also a world-famous alpine grassland biodiversity center. In this report, the grassland

grassland industry area in the Yellow River Basin is divided into three main geographical types: the upper Qinghai Tibet Grassland Area, the Middle Loess Plateau grassland area and the lower Huang Huai Hai plain grassland area. This report is argue that the current situation, achievements and existing problems of grassland and grassland industry development in each type of area are summarized. According to the future development direction and tasks of different regions, this report puts forward the strategic suggestions of zoning and hierarchical system management and vigorously developing grass and animal husbandry.

Keywords: Grassland; Grassland Industry; High-quality Development; Yellow River Basin

G . 4 Report on Wetland Development in the Yellow River Basin

Zhang Mingxiang, Zhang Zhenming, Dong Panpan and Ma Ziwen / 099

Abstract: Wetland ecosystem protection is an important part of the protection of the Yellow River Basin. Strengthening wetland protection and management in the Yellow River Basin is of great significance to maintain the ecosystem function of the basin and promote the high-quality development of the whole basin. At present, the wetland ecological environment in the Yellow River Basin is fragile. In order to deeply understand the current situation of wetland development in the Yellow River Basin and promote wetland protection in the Yellow River Basin, this report puts forward policy suggestions on strengthening wetland protection and high-quality development in the Yellow River Basin Based on the existing problems of wetlands in the Yellow River Basin and aiming at maintaining ecological security in the Yellow River Basin, To realize the beautiful vision of the Yellow River as a happy river for the benefit of the people.

Keywords: Wetland; High-quality Development; Yellow River Basin

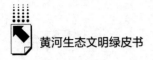

G.5 Historical Status and Development Report of Glacial Permafrost in the Source Area of the Yellow River

Luo Dongliang, Guo Wanqin, Jin Huijun and Sheng Yu / 120

Abstract: Climate warming and humidification combined with enhanced human activities have resulted in the rapid shrinkage of the cryosphere in the source area of the Yellow River, weakened the water conservation capacity of the source area of the Yellow River, and may aggravate the transformation of its carbon source effect. Permafrost degradation and glacier retreat have become key constraints affecting the ecological conservation and high-quality development of the source of the Yellow River. This report systematically summarizes the monitoring and current situation of glaciers and frozen soil in the Yellow River Basin, analyzes the response of glaciers and frozen soil in the Yellow River basin to climate change, and predicts its development at the end of this century, in order to provide scientific reference for the improvement of water conservation function and carbon sequestration in the Yellow River Basin.

Keywords: Glacial Permafrost; Climate Warming; Water Conservation; Source Area of the Yellow River

G.6 Yellow River Water Conservancy Development Report

Li Min, Huang Kai, Yang Junlan and Li Jixuan / 143

Abstract: The tightening of resource constraints and the degradation of ecosystems highlight the sharp contradiction between economic and social development and resource environment in the Yellow River Basin. The scientific development and utilization of water resources and the coordinated development of social economy and environment have become one of the important strategic issues in the construction of ecological civilization in the Yellow River Basin. This report makes a systematic summary of the history and current situation of water resources utilization, water conservancy construction and water conservancy supervision in the Yellow River Basin, and the analysis shows that the water resource utilization efficiency of the Yellow River Basin is low overall, and the problems in water resources development are mainly reflected in the imbalance between water supply and demand, serious soil erosion, river and lake management and water conservancy project management system to be perfected. On this basis, the present report puts forward the corresponding policy suggestions, with a view to providing scientific reference for the development of water conservancy and water resources management in the Yellow River Basin.

Keywords: Water Conservancy Development; Water Resources Utilization; Water Conservancy Supervision; Yellow River Basin

G.7 Report on the Development of Biomass Energy Resources in the Yellow River Basin

Song Guoyong, Peng Feng and Yuan Tongqi / 166

Abstract: Biomass is the most abundant renewable carbon resource in the earth. The efficient development and utilization of biomass energy can alleviate energy demand, improve environmental ecosystems and promote high-quality economic development in the region, which is one of the most effective means to achieve the goals of "carbon peak" and "carbon neutrality". The Yellow River Basin is rich in biomass resources and has huge development space. Based on the climate, topography, soil and other factors of the Yellow River Basin, this report introduces the main biomass energy resources in the upper, middle and lower reaches of the Yellow River Basin, that is, the types and distribution of agricultural straw resources and forest resources, the current situation of biomass energy development, and the development direction of biomass energy in the Yellow River Basin, as well as the opportunities and challenges.

Keywords: Biomass Energy; Straw Forest; Forest Trees; Renewable Carbon; Yellow River Basin

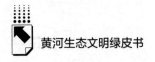

G.8 Report on the Construction and Development of Natural

Reserves in the Yellow River Basin

Xu Jiliang, Ma Jing, Tian Shan and Wang Jinfeng / 187

Abstract: The Yellow River Basin is an important ecological barrier in China and an important area of the Belt and Road Initiative and its ecological environment is fragile. The provinces and regions of the Yellow River Basin attach great importance to the ecological conservation and management, and have achieved remarkable results in the construction of natural protection sites, but there is still a certain gap compared with the requirements of establishing a system of natural protection areas with national parks as the main body. We need to make new breakthroughs in promoting the construction of demonstration provinces in national parks, optimizing the system of natural protection sites, perfecting the institutional mechanism of natural protection areas, strengthening the supervision and protection of natural protection areas, giving priority to the implementation of key regional ecological migration projects, and developing green economy and cultural industries.

Keywords: National Parks; Nature Conservation Areas; Nature Conservation System; High-quality Development

G.9 Water and Soil Conservation Development Report of the

Yellow River Basin　　　　*Yu Xinxiao, Fan Dengxing* / 204

Abstract: The Yellow River Basin is an important ecological barrier and economic belt in China, and it is also one of the areas with the most serious soil erosion and vulnerable ecological environment. Since the founding of the People's Republic of China, China has attached great importance to the water and soil conservation work in the Yellow River Basin, and has successfully explored a comprehensive treatment of soil erosion with the characteristics of the Yellow

River Basin, and achieved world – renowned results. In the new historical period, the high – quality development of soil and water conservation in the Yellow River basin needs to coordinate the strategic layout of integrated prevention and control in the upstream, middle and downstream of the basin, coordinate the promotion of green development and rural revitalization, and improve the comprehensive monitoring system of water and soil conservation in the basin.

Keywords: Water and Soil Conservation; High-quality Development; Yellow River Basin

G . 10   Report on the Development of Desertification Land Management in the Yellow River Basin

Zhang Yuqing, Yu Minghan / 220

Abstract: The Yellow River Basin with a large area of desertified land, is mainly located in the alpine desertified land area at the source of the Yellow River, the typical arid and semi-arid desertification area at the upstream and the desertified land in the old channel of the lower Yellow River at the downstream. Since the 1990s, with the increasing efforts of sand prevention and control, the degree and area of desertified land in the Yellow River Basin have been significantly reduced, but the expansion of local sporadic desertified land still exists. The people of the Yellow River Basin have also formed a number of effective and practical technologies and models in the practice of sand prevention and control. In response to the problems and challenges in the control of desertified land, the report puts forward some suggestions on adhering to scientific desertification control, preventing grassland degradation and promoting the high-quality development of desertification industry.

Keywords: Desertified Land; Desertification Control Model; Yellow River Basin

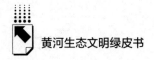
G . 11   Report on the Development of Ecological Rehabilitation
of Mines in the Yellow River Basin

Zhao Tingning, Guo Xiaoping, Xiao Huijie, Jiang Qunou,

Wang Ruoshui, Huang Jiankun, Cheng Jin and Wang Guan / 236

Abstract: The Yellow River Basin is rich in mineral resources, but the mining of mineral resources has caused many problems such as destruction of landscapes, land destruction, water pollution, air quality degradation, and ecological degradation. At present, it is an important work content for ecological conservation and high-quality development of the Yellow River basin to combine artificial restoration technology and ecological self-restoration, innovate the ecological restoration mode of mining areas in the Yellow River Basin, and accelerate the construction of green mines. The ecological restoration of the mines in the Yellow River Basin also needs to further improve the mine supervision system, improve the mine management level, optimize the mining area development and utilization planning, and strengthen the management and recycling of mine waste resources. At the same time, it encourages market-oriented restoration models, vigorously attracts social funds to participate in mine ecological restoration practices, strives to achieve technological breakthroughs in water resources protection, topography and vegetation restoration, so as to achieve green upgrades and sustainable development of mines.

Keywords: Ecological Restoration of Mines; Green Mines; Yellow River Basin

G . 12   Development Report on Water and Air Pollution Control
in the Yellow River Basin

Wang Qiang, Wang Yili and Wang Chunmei et al. / 262

Abstract: This report focuses on the treatment of water pollution and air pollution in the Yellow River Basin. Since the "11th Five-Year Plan", China has intensified the prevention and control of water pollution in the middle and upper reaches of the Yellow River. From 2006 to 2020, the water quality of the Yellow River Basin has shown a gradual improvement trend, and the overall water quality has improved from moderate pollution to light pollution. Air pollution control in the Yellow River basin has also made some achievements, but the level of inhalable particulate matter pollution in most cities is still high, and it is difficult to meet the national air quality standard ii. Particulate dust pollution still cannot be ignored. During the "14th Five-Year Plan" period, we should make overall plans to strengthen the comprehensive treatment of water and air pollution and make contributions to the fundamental improvement of the ecological environment.

Keywords: Water Pollution; Air Pollution; Comprehensive Treatment; Yellow River Basin

G. 13　Report on the Construction and Development of Urban
Green Space in the Yellow River Basin

Liu Zhicheng, Li Liang, Li Fangzheng and Wang Boya / 281

Abstract: The construction and development of urban green space is an important measure to protect the ecological security of the Yellow River Basin and improve people's lives. This report summarizes the positive progress and remaining problems in the construction of green space in the provinces and cities of the Yellow River Basin in terms of the total amount of urban green space, construction quality, and management level, and puts forward policy recommendations from the aspects of adhering to planning, adhering to the classification and development, coordinating the natural and cultural resources of the Yellow River basin, and promoting the construction of the people-friendly system.

Keywords: Urban Green Space; "Three Greens" Indicators; Ecological Conservation; High-quality Development

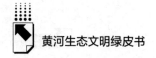
G.14 Report on the Improvement and Development of Rural
Human Settlements in the Yellow River Basin

Gong Qianwen, Gao Xingwu, Fang Ran, Tian Yuan,
Yang Wenjie and Wang Shangyu / 297

Abstract: The foundation of rural residential environment improvement in
the Yellow River Basin is relatively weak and there are many historical
problems. the rural living environment in the Yellow River Basin has made
remarkable progress, established and perfected the problem-oriented rural living
environment governance system, constructed the party committee leadership to
build a common governance and sharing of rural living environment governance
pattern. It has initially formed five rural environment remediation models: industry-
based and old-style model; characteristics-based, repairment and protection
model, piecemeal and remote reconstruction model, dirty and messy
management, standard model, clean and upgrade model, etc. It is suggested that
in the further improvement of rural living environment, we should adhere to the
guidance of party building and better play the role of the battle fortress of the rural
grass-roots party organization, implement plan first and formulate the planning
system of rural living environment according to local conditions, innovate the
mechanism and explore the formation of a governance mechanism in which the
government promotes the participation of the whole society, and provide flexible
rural land supply and financial security.

Keywords: Rural Human Settlement Environment; Rural Governance;
Yellow River Basin

Abstract: Based on the construction needs of the "Smart Yellow River" and "Ecological Yellow River", this report introduces the development of ecological conservation informationization in the Yellow River Basin and the trend of cutting-edge technology. it analyzes and summarizes the construction status quo of the Yellow River with green and wisdom according to the aspects of standard and normative construction, informatization infrastructure construction and application platform construction. It also points out the key factors restricting the construction of ecological conservation informatization in the Yellow River Basin, namely, inadequate application of advanced information technology, insufficient standardization and lack of overall planning for the whole basin governance. Finally, the report pointed out the development trend of the Green and wisdom Yellow River in line with the concept of ecological civilization construction, as well as potential technological breakthroughs and innovative applications.

Keywords: Ecological Conservation; Wisdom Yellow River; Informatization Construction; Yellow River Basin

Abstract: Although the construction of ecological civilization and rule of law in the Yellow River Basin has made great achievements in specialization and regionalization, there are still outstanding problems in scientific and systematic

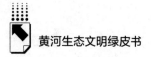
aspects. In the future, we must comprehensively establish the concept of ecological civilization and the thinking of watershed management, and formulate a unified Yellow River Protection Law as soon as possible on the basis of the overall consideration of the multiple attributes and systems of water resources, water environment, water ecology, water disasters, water culture and the coordination of conflicts of interest in upstream and downstream, so as to provide a solid legal guarantee for the ecological conservation and high-quality development of the Yellow River Basin. While grasping the legislative work, it is also necessary to earnestly promote the reform of the Yellow River Basin ecological civilization supervision system, clearly grant the Yellow River Commission the legal status as the regulator of ecological civilization in the Yellow River basin, and strengthen the central environmental protection inspection of the Yellow River Basin ecological conservation. In addition, we should steadily promote the construction of the specialization of ecological civilization justice, strengthen environmental prosecution public interest litigation, and fully release the role of judicial protection.

Keywords: Ecological Civilization; Legal Construction; Yellow River Basin

社会科学文献出版社

皮 书

智库成果出版与传播平台

✣ 皮书定义 ✣

皮书是对中国与世界发展状况和热点问题进行年度监测，以专业的角度、专家的视野和实证研究方法，针对某一领域或区域现状与发展态势展开分析和预测，具备前沿性、原创性、实证性、连续性、时效性等特点的公开出版物，由一系列权威研究报告组成。

✣ 皮书作者 ✣

皮书系列报告作者以国内外一流研究机构、知名高校等重点智库的研究人员为主，多为相关领域一流专家学者，他们的观点代表了当下学界对中国与世界的现实和未来最高水平的解读与分析。截至 2021 年底，皮书研创机构逾千家，报告作者累计超过 10 万人。

✣ 皮书荣誉 ✣

皮书作为中国社会科学院基础理论研究与应用对策研究融合发展的代表性成果，不仅是哲学社会科学工作者服务中国特色社会主义现代化建设的重要成果，更是助力中国特色新型智库建设、构建中国特色哲学社会科学"三大体系"的重要平台。皮书系列先后被列入"十二五""十三五""十四五"国家重点出版规划项目；2013~2022 年，重点皮书列入中国社会科学院国家哲学社会科学创新工程项目。

基本子库 SUB DATABASE

中国社会发展数据库（下设 12 个专题子库）

紧扣人口、政治、外交、法律、教育、医疗卫生、资源环境等 12 个社会发展领域的前沿和热点，全面整合专业著作、智库报告、学术资讯、调研数据等类型资源，帮助用户追踪中国社会发展动态、研究社会发展战略与政策、了解社会热点问题、分析社会发展趋势。

中国经济发展数据库（下设 12 专题子库）

内容涵盖宏观经济、产业经济、工业经济、农业经济、财政金融、房地产经济、城市经济、商业贸易等 12 个重点经济领域，为把握经济运行态势、洞察经济发展规律、研判经济发展趋势、进行经济调控决策提供参考和依据。

中国行业发展数据库（下设 17 个专题子库）

以中国国民经济行业分类为依据，覆盖金融业、旅游业、交通运输业、能源矿产业、制造业等 100 多个行业，跟踪分析国民经济相关行业市场运行状况和政策导向，汇集行业发展前沿资讯，为投资、从业及各种经济决策提供理论支撑和实践指导。

中国区域发展数据库（下设 4 个专题子库）

对中国特定区域内的经济、社会、文化等领域现状与发展情况进行深度分析和预测，涉及省级行政区、城市群、城市、农村等不同维度，研究层级至县及县以下行政区，为学者研究地方经济社会宏观态势、经验模式、发展案例提供支撑，为地方政府决策提供参考。

中国文化传媒数据库（下设 18 个专题子库）

内容覆盖文化产业、新闻传播、电影娱乐、文学艺术、群众文化、图书情报等 18 个重点研究领域，聚焦文化传媒领域发展前沿、热点话题、行业实践，服务用户的教学科研、文化投资、企业规划等需要。

世界经济与国际关系数据库（下设 6 个专题子库）

整合世界经济、国际政治、世界文化与科技、全球性问题、国际组织与国际法、区域研究 6 大领域研究成果，对世界经济形势、国际形势进行连续性深度分析，对年度热点问题进行专题解读，为研判全球发展趋势提供事实和数据支持。